新世纪土木工程高级应用型人才培养系列教材

土力学与基础工程

TULIXUEYUJICHUGONGCHENG

（第二版）　　　　主编　席永慧　陈建峰

同济大学出版社
TONGJI UNIVERSITY PRESS

内 容 提 要

本书共有九章,主要介绍土的物理力学性质与工程分类、土中应力与地基变形计算、土的抗剪强度和地基承载力、土压力、土坡稳定与挡土墙、岩土工程勘察、浅基础和桩基础等。每章后面有思考题与习题,并附有参考答案。全书内容重点突出,实用性强,实例较多,便于自学。

本书为土木工程专业教学用书,也可作为相关专业师生及工程技术人员的学习参考书。

图书在版编目(CIP)数据

土力学与基础工程 / 席永辉,陈建峰主编. --2 版.
--上海 : 同济大学出版社,2017.5
ISBN 978-7-5608-6772-4

Ⅰ. ①土… Ⅱ. ①席… ②陈… Ⅲ. ①土力学—高等
学校—教材②基础(工程)—高等学校—教材 Ⅳ. ①TU4

中国版本图书馆 CIP 数据核字(2017)第 037773 号

新世纪土木工程高级应用型人才培养系列教材

土力学与基础工程(第二版)

席永慧　陈建峰　主编

责任编辑　马继兰　　责任校对　徐春莲　　封面设计　陈益平

出版发行	同济大学出版社　　www. tongjipress. com. cn	
	(地址:上海市四平路 1239 号　邮编:200092　电话:021 - 65985622)	
经　销	全国各地新华书店	
印　刷	同济大学印刷厂	
开　本	787mm×1092mm　1/16	
印　张	14.5	
字　数	362 000	
版　次	2017 年 5 月第 2 版　　2017 年 5 月第 1 次印刷	
书　号	ISBN 978-7-5608-6772-4	

定　价　36.00 元

前　言

　　《土力学与基础工程》为新世纪土木工程高级应用型人才培养的教材,是针对土木工程高级应用型人才培养的需要而编写的。在编写中,理论的阐述以"适度、够用"为原则,侧重结论的定性分析及其在实践中的应用,强调理论联系实际,强调以应用能力培养为核心,并参照了我国土木工程最新设计与施工规范、规程、标准等。全书内容精炼,文字表达通俗易懂,并精选了典型的例题、思考题与习题,便于学生自习。

　　本书主要参照的国家现行规范有:《建筑地基基础设计规范》(GB 50007—2011)、《岩土工程勘察规范》(GB 50021—2001)(2009 版)、《建筑结构荷载规范》(GB 50009—2012)、《土工试验方法标准》(GB/T 50123—1999)、《建筑边坡工程技术规范》(GB 50330—2013)、《建筑基桩检测技术规范》(JGJ 106—2014)等。在编写时,参照了国家注册考试(如注册建造师、注册土木工程师、注册结构工程师)及土木工程其他科目职业资格考试的有关要求,同时,也参考了有关高等院校新编的同类教材。

　　《土力学与基础工程》是新世纪土木工程高级应用型人才培养系列教材中的一本,由席永慧、陈建峰主编,胡中雄、袁聚云主审。第 1—5 章由席永慧编写,第 6—9 章由陈建峰编写。

　　由于时间仓促,加之作者水平有限,书中如有错误和不妥之处,恳请读者批评指正。

编　者

2017 年 4 月

目　　录

0 绪 论

1. 土力学、地基和基础的概念

人类的工程活动就是把各种各样的荷载作用在地壳表面的土(岩)层上。土和其他材料一样,受力后会发生变形及破坏。土是在第四纪地质历史时期地壳表面母岩经受强烈风化作用后所形成的大小不等的颗粒状堆积物,是覆盖于地壳表面的一种松散的或松软的物质。因此,土的性质变化非常复杂,它与母岩的性质、风化的程度、搬运的形式和距离以及沉积的环境和沉积的时间等因素有关。不同的土类有不同的特性。

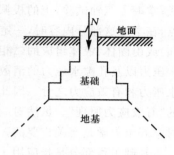

图 0-1 地基及基础示意图

在工程建设中,土往往是作为不同的研究对象。如在土层上修建房物、桥梁、道路、堤坝时,土是用来支撑建筑物传来的荷载,这时,土被用作为地基;而在修筑土质堤坝、路基时,土又被用作为建筑材料;另外,在修建隧道、涵洞及地下建筑等时,土是作为建筑物周围的介质环境。所以,土的性质对于工程建设的质量、性状等具有直接而重大的影响,研究土的力学性质,其主要目的就是为这方面的工程服务。

土力学是以传统的工程力学和地质学的知识为基础,研究土的应力、应变、稳定性和渗透性及其随时间变化规律的学科。

建筑物修建以后,其全部荷载最终由其下的土层来承担。我们把支撑建筑物荷载的那部分地层称之为地基(图0-1)。如果地基未经人工处理,称为天然地基;如果地基软弱,其承载力及变形不能满足设计要求时,则要对地基进行加固处理,这种地基称为人工地基。

建筑物向地基中传递荷载的下部结构称为基础,基础是建筑物的一部分。基础的结构形式很多,具体设计时应该选择既能适应上部结构、符合建筑物使用要求,又能满足地基强度和变形要求,经济合理、技术可行的基础工程方案。通常把埋置深度不大(一般不超过5.0m),只需经过挖槽、排水等普通施工工序就可以建造起来的基础称为浅基础,如条形基础、独立基础、筏形基础等。而把埋置深度较大(一般不小于5.0m)并需借助于特殊的施工方法来完成的各种类型基础称为深基础,如桩基础、地下连续墙、沉井基础等。

地基和基础是建筑物的根基,又属于隐蔽工程,它的勘察、设计和施工质量直接关系到建筑物的安危。工程实践表明,建筑物的事故很多都与地基基础问题有关,而且一旦发生地基基础事故,往往后果严重,补救十分困难,有些即使可以补救,其加固修复工程所需的费用也非常高。

2. 土力学与基础工程学科的内容和学习方法

各种土类成因的复杂性以及上部结构的多样性,这就是土力学及基础工程学科的特点。它是一门跨学科的综合性很强的基础技术课程。它涉及的知识面很广,包括地质学、土质学、胶体化学、弹性力学、塑性力学、水力学、材料力学以及各种结构工程等方面的内容。

土力学作为土木类学科(土力学与基础工程学科)的理论基础,它主要阐述土的物理性质、力学性质以及两者之间的相关性。虽然物理性质对力学性质的影响目前还停留在定性水平上,但掌握这些影响因素,可以提高技术人员的判断力。

这里指的力学性质主要是土受力后所发生的应力、应变和强度的特性。学习这部分内容时(除理论部分外),非常重要的一点是掌握和熟悉土的力学性质的测试方法,因为土力学有很多概念就隐含在其中。例如,掌握了压缩试验及其曲线,就可以写出地基沉降的计算公式;掌握了三轴试验,土的极限平衡理论就不难理解了。土的固结理论一直被认为是个难点,在学习这部分内容时,一定要时刻记住土是一种由固体、液体和气体组成的三相体(非饱和)或由固体、液体组成的二相体(饱和),其传力机理与其他连续介质不同。它是通过孔隙水压力以及孔隙水压力的消散再传递到固体的骨架上的。所以,土中的应力有总应力、孔隙水压力和有效应力之分。因此,土的变形也好,强度也好,都是和时间有关的。这就是所谓的"有效应力原理"。虽然对应用型人才不要求掌握复杂的计算,但是有效应力原理的概念对学好土力学是至关重要的。

基础工程部分是指应用土力学的基本理论获得的各种土的参数怎样应用于工程设计中。学习这部分内容时,首先要掌握土与结构受力的概念。例如,根据土的反力来计算基础的尺寸和配筋;根据桩侧面上的摩擦力和桩底反力,就可以设计桩的长度和截面积;根据土压力的大小来设计挡土墙、桥台和地下室的墙等。值得注意的是,在进行具体工程设计时,除了符合基本原理外,还必须遵守相应的规范、规程以及某些经验性的要求。专业不同,规范的要求也不同。

在学习方法上,土力学与基础工程学科与一般的数学、力学不同,希望读者要掌握本学科的特殊性,着重理解各类概念的含义。例如,以土的重度而言,就有饱和重度、天然重度、有效重度、干重度等;饱和重度是用来计算总自重应力;在计算沉降时,自重应力应按有效重度计算;此外,土的压缩性也有弹性模量、压缩模量、变形模量等的不同。注意搞清概念,掌握原理,这是技术人员的基本功。

3. 土力学与基础工程学科与相邻学科及专业的关系

土力学与基础工程学科的许多理论都是在相邻学科研究成果的基础上发展起来的。例如,土的基本性质方面主要依靠矿物学、胶体化学和土壤学等,土的分类指标液限和塑限直接采用农业土壤的测试方法;土中应力分布采用弹性力学中的布辛奈斯克解的结果;强度方面涉及塑性力学的内容;地下水的渗流按达西定律考虑的等。因为土的性质的复杂性,在实际应用时会有一定的差距,有时要作经验性的修正,所以要注意学习理论联系实际的处理方法。

过去人为地把土木工程分割成工民建、桥梁、道路、水利和港工等,其实这些专业仅是上部结构的形式和受力特点不同而已,对下部而言,并无多大差异。例如,工民建专业主要重视地基的沉降对上部结构的影响;路堤和土坝主要受地基的稳定性控制;码头港口的桩多为高桩承台,除了承受竖向荷载,还承受水平荷载。随着教学改革的深入,专业分工的概念将逐渐淡化。所以,我们不能把自己的知识面限制在一个狭小的所谓"专业"的框框内,而应使自己成为一个能适应土木工程各个专业的通用人才。

1 土的物理性质及工程分类

学习重点和目的

本章介绍土的生成、土的组成、各种物理指标的定义及指标间的相互关系、土的状态、土的工程分类以及土的渗透性。这些内容是评价土的工程性质、分析与解决土的工程技术问题的基础,是国家有关注册工程师考试必须掌握的内容,所有的土木工程技术人员都必须熟练地掌握。

通过本章的学习,要求读者掌握土的物理性质指标的定义及相互换算的方法、判断其紧密状态和软硬程度的各种状态指标、土的分类方法。同时要求了解水在土中渗透的规律。

1.1 土的形成

1.1.1 地质作用与风化作用

岩石与土构成地球外表的地壳。在漫长的地质历史中,地壳的物质成分、形态和构造都在不断地发生变化。这种导致地壳成分、形态和构造变化的作用称为地质作用。

地质作用按其能源来源的不同可分为内力地质作用和外力地质作用。

内力地质作用是由于地球内部的重力、放射性元素蜕变产生的热能和地球产生的动能等引起地壳升降、陆海变迁、岩石褶皱与断裂、火山活动和地震活动等。

外力地质作用是由于气温变化、雨雪、山洪、风、空气、生物活动等引起的地质作用,如剥蚀作用、搬运作用、沉积作用等。

风化作用一般分为物理风化、化学风化和生物风化。物理风化是指岩石和土的粗颗粒受各种物理作用力及各种气候因素的影响,如温度的昼夜和季节变化、降水、刮风、冬季水的冻结等原因,导致体积变化而发生裂缝,或者在运动过程中因碰撞和摩擦而破碎,于是岩体逐渐变成碎块和细小的颗粒,但它们的矿物成分仍与原来的母岩相同,称为原生矿物。化学风化是指母岩表面和碎散的颗粒受环境因素(如水、空气以及溶解在水中的氧气和碳酸气等)的作用而改变其矿物的化学成分,形成新的矿物(也称次生矿物)。动物、植物和人类活动对岩体的破坏称生物风化,生物风化同时具有物理风化和化学风化的作用。

1.1.2 地质年代的概念

在地球形成至今的大约 60 亿年历史中,地壳经历了一系列的演变,形成了各种类型的地质构造、地貌以及复杂多样的岩石和土。地质年代是指地壳的发展历史、地壳运动、沉积环境及生物演变相应的时间段落。对建筑物场地进行工程评价时,离不开地质年代。在地质学中,把地质年代划分为太古代、元古代、古生代、中生代和新生代五大代,每个代又分为若干纪,每纪又分若干世及期。最近的地质年代是新生代第四纪,距今约 100 万年的历史。第四纪地质年代又可划分为更新世和全新世两类,如表 1-1 所示。工程上遇到的土都是在第四纪地质历史时期内形成的。

表 1-1   土的生成年代

纪（或系）	世（或统）		距今年代/万年
第四纪（Q）	全新世（Q_4）	Q_4^3 晚期	<0.25
		Q_4^2 中期	0.75～0.25
		Q_4^1 早期	1.3～0.75
	更新世（Q_P）	晚更新世（Q_3）	12.8～1.3
		中更新世（Q_2）	71～12.8
		早更新世（Q_1）	距今 71 万年以前

1.1.3 第四纪沉积物

地球表面的坚硬岩石长期受到风、霜、雨、雪的侵蚀和生物活动的破坏作用，逐渐破碎崩解成为大小悬殊的颗粒，经过不同的搬运方式在各种自然环境下沉积下来，由于历史不长，只能形成未胶结的松散沉积物，这就是建筑工程中通常称的"第四纪沉积物"或"土"。不同类型的第四纪沉积物各自具有一定的分布规律和工程特征，根据地质成因的条件不同而有以下几种。

1. 残积土

岩石经风化作用后残留在原地的碎屑堆积物称为残积土。残积土没有分选作用和层理构造，与基岩之间没有明显的界限，矿物成分与基岩大致相同。该种土具有较大的孔隙，均匀性很差，作为建筑地基时易产生不均匀沉降。

2. 坡积土

高处的风化碎屑物经雨水或融雪及本身的重力作用搬运后，在较平缓的山坡上的堆积物称为坡积土。坡积土为不良地质条件。

3. 洪积土

由于暴雨或融雪等暂时性洪流冲刷地表，把山区或高地的大量风化破屑物携带到山谷冲沟出口或山前平原而形成的堆积物称为洪积土。一般地，离山前较近的洪积土是良好的天然地基；离山较远地段的洪积土通常也是良好的天然地基；而在上述两部分之间的地区，是不良的建筑物地基。

4. 冲积土

由河流流水作用将两岸基岩及其上部覆盖的坡积土、洪积物质剥蚀后搬运、沉积在河流坡降平缓地带而形成的堆积物称为冲积土。冲积土分布很广，主要分为平原河谷的冲积土和山区河谷的冲积土。山区河谷的冲积土是良好的天然地基。平原河谷的冲积土则比较复杂。例如河床沉积土大多为中密砾砂，承载力高且压缩性低；河漫滩沉积土具有两层地质构造，上层承载力低，压缩性大，是不良建筑地基。

5. 淤积土

淤积土是在静水或缓慢的流水环境下沉积，并伴有生物化学作用而成的堆积物，有海相、湖泊相、沼泽相沉积土，一般土质松软，含水量高。

此外,还有冰积土和风积土。它们分别是在冰川地质作用和风的地质作用下形成的。

1.2 土的组成

土是由岩石经过物理风化和化学风化作用后的产物,是由各种大小不同的土粒按各种比例组成的集合体,土粒之间的孔隙中包含着水和气体,是一种三相体系,即土的固体颗粒称为固相;土体孔隙中的水称为液相;而孔隙中的空气则称为气相。土的颗粒与颗粒之间的相互联结或架叠构成土的骨架。当土骨架的孔隙全部被水占满时,这种土称为饱和土;有时一部分被水占据,另一部分被气体占据,称为非饱和土;当骨架的孔隙仅含空气时,就称为干土。这三种组成部分本身的性质以及它们之间的比例关系和相互作用决定了土的物理力学性质。因此,研究土的性质,首先必须研究土的三相组成。

1.2.1 土的固相

土的固体颗粒是三相体系中的主体,它的矿物成分、颗粒大小、形状与级配对土物理力学性质起决定性的作用。

1. 土粒的矿物成分

形成土粒的矿物成分各不相同,主要取决于成土母岩的矿物成分及其风化作用。成土矿物分为两大类:原生矿物和次生矿物。

(1)原生矿物。原生矿物是由岩石经过物理风化生成的,其成分与母岩相同。它包括单矿物颗粒(如石英、长石、云母等)和多矿物颗粒(如漂石、卵石、砾石等)。

(2)次生矿物。次生矿物是由原生矿物经过化学风化后形成的新矿物,其成分与母岩完全不相同,主要是黏土矿物,常见的黏土矿物有高岭土、伊利石和蒙脱石三类。

在风化过程中,由于微生物作用,土中产生复杂的腐殖质矿物,此外,还会有动植物残体如泥炭等有机物。有机颗粒紧紧地吸附在无机矿物颗粒的表面形成了颗粒间的连接,但是这种连接的稳定性较差。如土中腐殖质含量多,会使土的压缩性增大。有机质含量超过3%～5%的土应予注明,不宜作为填筑材料。

土颗粒的成分、特点及对工程性质的影响如表1-2所示。

表1-2 　　　　　　　　　　**土颗粒的成分、特点及对工程性质的影响**

固相构成		颗粒大小	特点及对土工程、力学性质的可能影响
矿物质	原生矿物	粗大,呈块状或粒状	性能稳定,吸附水的能力弱,无塑性
	次生矿物(高岭土、伊利石和蒙脱石)	细小,呈片状或针状	① 高度的分散性,呈胶体性状,性质较不稳定;② 有较强的吸附水能力,含水率的变化易引起体积胀缩;③ 对于黏土矿物,它的结晶结构的不同,会带来土工程性质的显著差异;④ 具塑性
	有机质	细粒和胶态	亲水性强,大量的有机质是不良的地基

2. 颗粒的大小和土的颗粒级配

天然土是由大小不同的颗粒组成的,土粒的大小称为粒度。土颗粒的大小相差悬殊,从大于几十厘米的漂石到小于几微米的胶粒。土颗粒的大小与土的物理力学性质有密切的关系。例如,粗颗粒的砾石具有很大的透水性,完全没有黏性和可塑性,而细颗粒的黏土则透水性很小,黏性和可塑性较大。

1）土粒粒组成分

工程上常用不同粒径颗粒的相对含量来描述土的颗粒组成情况,这种指标称为粒度成分。天然土的粒径一般是连续变化的,为了描述的方便,工程上常把大小相近的土粒合并为组,称为粒组,如表 1-3 所示。粒组间的分界线是人为划定的,划分时应使粒组界限与粒组性质的变化相适应,并按一定的比例递减关系划分粒组的界限值。

表 1-3　　　　　　　　　　土粒粒组的划分

粒组名称	粒径范围/mm	一般特性
漂石或块石颗粒	>200	透水性很大,无黏性,无毛细水
卵石或碎石颗粒	60~200	透水性很大,无黏性,无毛细水
圆砾或角砾颗粒	2~60	透水性大,无黏性,毛细水上升高度不超过粒径大小
砂粒	0.075~2	易透水,无黏性,遇水不膨胀,干燥时松散,毛细水上升高度不大
粉粒	0.005~0.075	透水性小,湿时稍有黏性,遇水膨胀小,干时稍有收缩,毛细水上升高度较大,易冻胀
黏粒	$d \leq 0.005$	透水性很小,湿时有黏性、可塑性,遇水膨胀大,干时收缩显著,毛细水上升高度大,但速度慢

2）土的颗粒大小分析试验

土中某粒组的土粒含量定义为该粒组中土粒质量与干土总质量之比,以百分数表示。土中各粒组的相对含量称为土的颗粒级配。确定粒径分布范围的试验称为土的颗粒大小分析试验。常用的试验方法有两种,对粒径大于 0.075mm 的土粒常用筛分析的方法,而对小于 0.075mm 的土粒则用密度计法和移液管法。

筛分法是利用一套孔径由大到小的筛子。将按规定方法取得的干土样倒入依次叠好的筛中,置于筛析机上震摇 10~15min。由上而下顺序称出留在各级筛及底盘上的土粒质量,即可求得各个粒组的相对含量。

密度计法是利用大小不同的土粒在水中的沉降速度不同来确定小于某粒径的土粒含量的方法,具体方法步骤详见《土工试验方法标准》(GB/T 50123—1999)等。

3）土颗粒级配曲线

颗粒分析试验结果可用表或曲线来表示。用表表示的常见于土工试验成果表(表1-4),如图 1-1 所示的为根据颗粒分析试验结果,绘制的粒径级配曲线。

表 1-4　　　　　　　　　　试样 b 筛分法颗粒分析表

筛孔直径/mm	20	10	2	0.5	0.25	0.075	<0.075	总计
留筛土质量/g	10	1	5	39	27	11	7	100
占全部土质量的百分比/%	10	1	5	39	27	11	7	100
小于某筛孔径的土质量百分比/%	90	89	84	45	18	7		

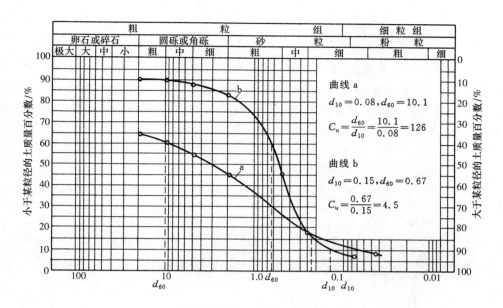

图 1-1 土颗粒粒径级配曲线

实践证明,表示土样级配组成情况的较理想的方法是粒径级配累积曲线法。在半对数坐标纸上,纵坐标表示小于某粒径的土占土总质量的百分数;横坐标表示土的粒径,用对数表示,可以把相差几千、几万倍的颗粒的含量表达得更清楚。由曲线的坡度陡缓可以大致判断土的均匀程度。在图 1-1 中,曲线分别表示两个土样颗粒组成情况,曲线陡者(曲线 b)表示粒径相差不大,土粒较均匀;曲线缓者(曲线 a)则表示粒径相差悬殊,土粒级配良好。

按粒径分布曲线可求得:

(1) 土中各粒组的土粒含量,用于粗粒土的分类和大致评估土的工程性质;

(2) 某些特征粒径,用于建筑材料的选择和评价土级配的好坏。

在工程上采用不均匀系数 C_u 来定量地分析颗粒级配的不均匀程度:

$$C_u = \frac{d_{60}}{d_{10}} \qquad (1\text{-}1)$$

C_c 为土颗粒的曲率系数,表示土颗粒组成的又一特征:

$$C_c = \frac{d_{30}^2}{d_{60}d_{10}} \qquad (1\text{-}2)$$

式中,d_{10},d_{30},d_{60} 分别为相当于累计百分含量为 10%,30% 和 60% 的粒径,其中 d_{10} 为有效粒径,d_{60} 为限制粒径。

不均匀系数 C_u 反映大小不同粒组的分布情况。工程上把 $C_u<5$(如土样 b)的土称为匀粒土,级配不良;C_u 越大,表示粒组分布范围比较广,$C_u>5$(如土样 a)的土视为不均匀,即级配良好。但如 C_u 过大,表示可能缺失中间粒径,属不连续级配,故需同时用曲率系数来评价。曲率系数则是描述累计曲线整体形状的指标。我国《土的工程分类标准》(GB/T 50145—2007)规定:对于细粒含量<5% 的砾石类土和砂类土级配满足 $C_u \geqslant 5$ 且 $1 \leqslant C_c \leqslant 3$ 为级配良好,否则为级配不良。

不均匀系数 C_u 具有工程意义。如在填土工程中,可根据不均匀系数 C_u 的值来选择土料。若 C_u 较大,则土粒不太均匀,此类土较易夯实,能获得较大的密实度。

1.2.2 土的液相

土在自然条件下总是含水的,可处于液态、气态或固态。其中,固态水主要存在于冻土层中,气态水对土的性质影响不大。这里主要讨论土的液态水,其类型和数量对土的状态和性质都有重大影响。按照水与土相互作用程度的强弱,可将土中水分为结合水和自由水两大类,如表 1-5 所示。

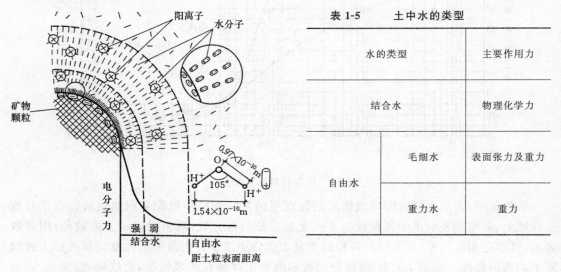

图 1-2 黏粒表面的水

表 1-5 土中水的类型

水的类型		主要作用力
结合水		物理化学力
自由水	毛细水	表面张力及重力
	重力水	重力

1. 结合水

结合水是由土颗粒表面电分子力吸附在土粒表面的一层水。结合水又可分为强结合水和弱结合水(图 1-2)。

1) 强结合水

强结合水存在于最靠近土颗粒表面处,水分子和水化离子排列得非常紧密,以致其密度大于 1,并有过冷现象(即温度降到零度以下而不发生冻结的现象)。它的特征为:无溶解能力,不受重力作用,不传递静水压力,温度在 105℃ 以上时才能蒸发,冰点为 −78℃,密度为 1.2～2.4g/cm³。这种水牢固地结合在土粒表面,其性质接近于固体,具有极大的黏滞性、弹性及抗剪强度。当黏土中仅含强结合水时,黏土呈固体状态;砂土只含强结合水时呈散粒状态。

2) 弱结合水(薄膜水)

在距土粒表面较远地方的结合水称为弱结合水,也称薄膜水,由于引力降低,弱结合水的水分子的排列不如强结合水紧密,弱结合水可从较厚水膜或浓度较低处缓慢地迁移到较薄的水膜或浓度较高处,这种运动与重力无关,这层不能传递静水压力的水定义为弱结合水。弱结合水的存在,使土具有可塑性。

2. 自由水

自由水存在于土粒电场影响范围以外,其性质与普通水相同,服从重力定律,传递静水压力,冰点为 0℃,具有溶解能力。

自由水按其移动所受作用力的不同,可分为毛细水和重力水。

1) 毛细水

毛细水是受水与空气交界面的张力作用而存在于细小孔隙中的自由水，一般存在于地下水位以上的透水层中。

毛细水不仅受到重力的作用，还受到表面张力的支配，能沿着土的细孔隙从潜水面上升到一定的高度。如图 1-3 所示，它表示表面张力的作用，地下水沿着不规则的毛细管上升到自由水位以上高度处，形成毛细上升带。毛细上升带的上升高度与孔隙的大小有关：孔隙较大的粗粒土，一般无毛细现象；土颗粒愈细，毛细水上升愈高，粉土中毛细水上升高度最大，往往可达 2m。

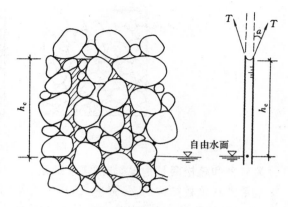

图 1-3 土中的毛细升高

在工程中常需研究毛细水的上升高度和速度，因为毛细水的上升会使地基潮湿，强度降低，变形增大，另外，毛细水上升的高度对公路路基土的干湿状态、建筑物底层的防潮有重要影响。在寒冷地区要注意冻胀问题。

2) 重力水

重力水位于地下水位以下，在重力或压力差作用下能在土中渗流，对于土颗粒和结构物都有浮力作用，在土力学计算中应当考虑这种渗流及浮力的作用力。在 1.6 节中将进一步讨论重力水的渗流问题。

1.2.3　土的气相

土中气体指存在于土孔隙中未被水占据的部分。

土中气体可分为两种类型：流通气体和密闭气体。

流通气体是指与大气连通的气体，常见于无黏性的粗粒土中。当土受到外力作用时，气体很快就会从孔隙中排出，对土的工程性质没有多大的影响。

密闭气体是指与大气隔绝的以气泡形式出现的气体，常见于黏性细粒土中。对土的工程性质有很大的影响。在压力作用下这种气体可被压缩或溶解于水中，而当压力减小时，气泡会恢复原状或重新游离出来。含气体的土称为非饱和土，非饱和土的工程性质研究已成为土力学的一个新分支。

1.2.4　土的结构

土的结构是指土粒单元的大小、形状、相互排列及联结的特征。土的结构一般可分为单粒结构、蜂窝结构和絮状结构三种基本类型。

1. 单粒结构

单粒结构是砂、砾等粗粒土在沉积过程中形成的代表性结构。由于砂、砾的颗粒比较大，在沉积过程中土粒间的分子吸引力与其重力相比可以忽略不计，即土粒在沉积过程中主要受重力控制。当土粒在重力作用下下沉时，一旦与已沉稳的土粒相接触，就滚落到平衡位置形成单粒结构。这种结构的特征是土粒之间以点与点的接触为主。根据其排列情况，又

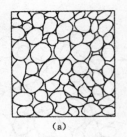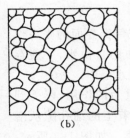

(a)　　　　　　　(b)

图 1-4　单粒结构

可分为紧密和疏松两种情况,如图 1-4 所示。

　　呈紧密状单粒结构的土,强度大,压缩性小,是良好的天然地基。但具有疏松单粒结构的土,其骨架是不稳定的,当受到震动及其他外力作用时,变形很大。这种土层如未经处理一般不宜作为建筑物的地基。

　　2. 蜂窝结构

　　蜂窝状结构是以粒径在 0.02mm 以下为主的土的结构特征。粉粒在水中下沉过程中,接触到已下沉的土颗粒,由于颗粒间的引力大于自重力,就停留在接触点上不再下沉,形成具有很大孔隙的蜂窝结构,如图 1-5 所示。

　　3. 絮状结构

　　絮状结构是黏土颗粒(粒径<0.005mm)特有的结构,这些颗粒不因自重而下沉,长期悬浮在水中,形成孔隙很大的絮状结构,如图 1-6 所示。

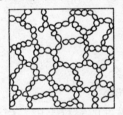

图 1-5　蜂窝结构　　　　图 1-6　絮状结构

1.3　土的三相比例指标

　　土的三相物质在体积和质量上的比例关系称为三相比例指标。三相比例指标反映了土的干燥与潮湿、疏松与紧密,是评价土的工程性质的最基本的物理性质指标,也是工程地质勘察报告中不可缺少的基本内容,有重要的实用价值。

　　为了推导土的三相比例指标,通常把在土体中实际上是处于分散状态的三相物质理想化地分别集中在一起,构成如图 1-7 所示的三相图。在图中,右边注明各相的体积,左边注明各相的重量或质量。图中各项指标解释如下:

　　V_a——土中空气的体积;

　　V_w——土中水的体积;

　　V_s——土粒的体积 V_s;

　　V_v——土中孔隙体积,$V_v = V_w + V_a$;

V——土样的总体积，$V = V_s + V_w + V_a$；

W_a——土中空气的重量；

W_w——土中水的重量；

W_s——土粒的重量；

W——土样的总重量。

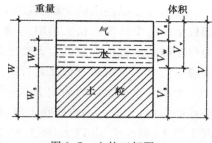

图 1-7 土的三相图

通常认为空气的重量可以忽略，即 $W_a \approx 0$，则土样的重量就仅为水和土粒重量之和，即 $W = W_w + W_s$。

三相比例指标共 9 个，分为两种，一种是试验指标；另一种是换算指标。

1.3.1 试验指标

通过试验测定的指标有土的重度 γ、土粒的相对密度 G_s 和含水量 w。

1. 土的重度 γ

土单位体积的质量称为土的重度，其表达式为：

$$\gamma = \frac{W}{V} \tag{1-3}$$

土的重度常用环刀法测定，即用一个已知的环刀切入土样，然后称重，并减去环刀的重量，得到土样重，再与环刀的体积相比，天然状态下土的重度变化范围在 16～22kN/m³。

对天然土求得的重度称为天然重度，以区别于其他条件下的指标，如下面将要讲到的干重度、饱和重度等。

2. 土粒的相对密度 G_s

土粒重量与同体积 4℃时水的重量之比，称为土粒相对密度（无量纲），其表达式为：

$$G_s = \frac{W_s}{V_s} \times \frac{1}{\gamma_w} = \frac{\gamma_s}{\gamma_w} \tag{1-4}$$

式中，γ_w 为纯水在 4℃时的重度，近似等于 9.8kN/m³，实用上常取 10kN/m³。

土粒相对密度在实验室内用比重瓶法测定。土粒相对密度主要取决于土矿物成分，不同土类的土粒相对密度变化幅度不大，在有经验的地区可按经验值选用。一般土粒的相对密度值见表 1-6。

表 1-6   土粒相对密度参考值

土　名	砂　土	砂质粉土	黏质粉土	粉质黏土	黏　土
土粒相对密度 G_s	2.65～2.69	2.70	2.71	2.72～2.73	2.74～2.76

3. 土的含水量 w

土中水的重量与固体（土粒）重量之比，称为土的含水量，其表达式为：

$$w = \frac{W_w}{W_s} \times 100\% \tag{1-5}$$

含水量是描述土的干湿程度的重要指标，常以百分数表示。含水量的变化对黏性土等细粒土的力学性质有很大影响，一般说来，同一类土（细粒土）的含水量愈大，土愈湿愈软，作为地基时的承载能力愈低。天然土体的含水量变化范围很大，从干砂的含水量接近于零到蒙脱土的含水量可达百分之几百。

土的含水量常用的测定方法一般用"烘干法"。适用于黏性土、粉土与砂土常规试验。在试验室内，先取一小块原状土样，称出其湿土重量，然后置于烘箱内，在 105℃～110℃ 的恒温下烘干（黏性土 8h 以上，砂土 6h 以上），取出烘干后土样，冷却后称干土重量，湿、干土重量之差与干土重量之比，就是土的含水量。

1.3.2 换算指标

除了上述三个试验指标之外，还有六个可以通过换算求得的指标，称为换算指标，包括土的干重度、饱和重度、有效重度、孔隙比、孔隙率和饱和度。

1. 土的干重度 γ_d

土单位体积中固体颗粒的重量，称为土的干重度，其表达式为：

$$\gamma_d = \frac{W_s}{V} \tag{1-6}$$

干重度反映土颗粒排列的紧密程度，干密度越大，土越密实，强度就越高。干重度常用作为填土密实度的施工控制指标。

2. 土的饱和重度 γ_{sat}

当土孔隙中全部充满水时，单位体积土的重量称为土的饱和重度 γ_{sat}，其表达式为：

$$\gamma_{sat} = \frac{W_s + V_v \gamma_w}{V} \tag{1-7}$$

3. 有效重度 γ'

当土浸没在水中时，土的颗粒受到水的浮力作用，土体的重力也应扣除浮力。所以，有效重度是扣除浮力以后的土颗粒重量与土的总体积之比（又称为浮重度），其表达式为：

$$\gamma' = \frac{W_s - V_s \gamma_w}{V} = \gamma_{sat} - \gamma_w \tag{1-8}$$

4. 土的孔隙比 e

土中孔隙的体积 V_v 与土粒体积 V_s 之比，称为土的孔隙比，以小数计，其表达式为：

$$e = \frac{V_v}{V_s} \tag{1-9}$$

孔隙比用来评价土的紧密程度，或从孔隙比的变化推算土的压密程度，在土力学的计算中经常用到这个指标。

5. 土的孔隙率 n

土中孔隙的体积 V_v 与土的总体积 V 之比，称为土的孔隙率，以百分数表示，其表达式为：

$$n = \frac{V_v}{V} \tag{1-10}$$

6. 土的饱和度 S_r

饱和度是指土孔隙被充满的程度，即土中水的体积 V_w 与孔隙体积 V_v 之比，其表达式为：

$$S_r = \frac{V_w}{V_v} \quad (1\text{-}11)$$

相应于四种重度（天然重度 γ、干重度 γ_d、饱和重度 γ_{sat}、有效重度 γ'），工程上还常用天然密度 ρ、干密度 ρ_d、饱和密度 ρ_{sat} 和有效密度 ρ'。在数值上，重度等于密度乘以重力加速度 g，即

$$\gamma = \rho g = 10\rho \quad (1\text{-}12)$$

从上述四种土的重度或密度的定义可知，同一土样，各种重度或密度在数值上有如下关系：

$$\gamma_{sat} > \gamma > \gamma_d > \gamma'$$
$$\rho_{sat} > \rho > \rho_d > \rho'$$

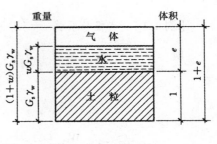

图 1-8　土的三相草图

1.3.3　三相比例指标的互相换算

土的三相比例指标之间可以互相换算，根据上述三个试验指标，可以用换算公式求得全部计算指标，也可以用某几个指标换算其他的指标。为便于理解，可在图 1-7 的三相草图上假定土粒体积 $V_s = 1$（图 1-8），并在图上按定义得到各个部分的体积或重量，就可换算有关指标，这种换算关系见表 1-7。

表 1-7　　　　　　　　　　　　土的三相比例指标换算公式表

指标名称	符号	三相比例表达式	常用换算公式	备注
重度/(kN·m⁻³)	γ	$\gamma = \dfrac{W}{V}$	$\gamma = \gamma_d(1+w)$ $\gamma = \dfrac{G_s(1+w)}{1+e}\gamma_w$	试验测定
相对密度	G_s	$G_s = \dfrac{W_s}{V_s} \cdot \dfrac{1}{\gamma_w}$	$G_s = \dfrac{S_r e}{w}$	试验测定
含水量	w	$w = \dfrac{W_w}{W_s} \times 100\%$	$w = \dfrac{S_r e}{G_s}$ $w = \dfrac{\gamma}{\gamma_d} - 1$	试验测定
干重度/(kN·m⁻³)	γ_d	$\gamma_d = \dfrac{W_s}{V}$	$\gamma_d = \dfrac{\gamma}{1+w}$	
饱和重度/(kN·m⁻³)	γ_{sat}	$\gamma_{sat} = \dfrac{W_s + V_v \gamma_w}{V}$	$\gamma_{sat} = \gamma' + \gamma_w$ $\gamma_{sat} = \dfrac{G_s + e}{1+e}\gamma_w$	
有效重度/(kN·m⁻³)	γ'	$\gamma' = \dfrac{W_s - V_s \gamma_w}{V}$	$\gamma' = \gamma_{sat} - \gamma_w$	
孔隙比	e	$e = \dfrac{V_v}{V_s}$	$e = \dfrac{G_s(1+w)\gamma_w}{\gamma} - 1$	
孔隙率	n	$n = \dfrac{V_v}{V} \times 100\%$	$n = \dfrac{e}{1+e}$	
饱和度	S_r	$S_r = \dfrac{V_w}{V_v} \times 100\%$	$S_r = \dfrac{wG_s}{e}$ $S_r = \dfrac{w\gamma_d}{n\gamma_w}$	

[例 1-1] 试推导公式 $e = \dfrac{\gamma_s(1+w)}{\gamma} - 1$。

解 令 $V_s = 1$，利用图 1-8 得：$V_v = e$

则
$$W_s = V_s G_s \gamma_w = G_s \gamma_w$$

$$W_w = w W_s = w G_s \gamma_w$$

$$\gamma = \frac{W}{V} = \frac{G_s \gamma_w + w G_s \gamma_w}{1+e} g = \frac{G_s \gamma_w + w G_s \gamma_w}{1+e} = \frac{(1+w)G_s \gamma_w}{1+e}$$

故
$$e = \frac{\gamma_w G_s(1+w)}{\gamma} - 1 = \frac{\gamma_s(1+w)}{\gamma} - 1$$

[例 1-2] 某地基土样数据如下：环刀体积 60cm^3，湿土质量 0.1204kg，干土质量 0.0992kg，土粒相对密度为 2.71。试计算：天然含水量 w；天然重度 γ；干重度 γ_d。

解 已知：干土质量 $m_s = 0.0992\text{kg}$，湿土质量 $m = 0.1204\text{kg}$

水的质量 $m_w = 0.1204 - 0.0992 = 0.0212\text{kg}$

含水量
$$w = \frac{W_w}{W_s} \times 100\% = \frac{m_w}{m_s} \times 100\% = \frac{0.0212}{0.0992} \times 100\% = 21.4\%$$

天然重度
$$\gamma = \frac{W}{V} = \frac{0.1204 \times 10^{-3} \times 10}{60 \times 10^{-6}} = 20.07\text{kN/m}^3$$

孔隙比
$$e = \frac{G_s(1+w)\gamma_w}{\gamma} - 1 = \frac{2.71 \times (1+0.214) \times 10}{20.07} - 1 = 0.639$$

1.4 土的物理状态指标

土的物理状态指标是指土的密实程度和软硬程度。对于无黏性土（粗粒土）是指土的密实程度，对黏性土（细粒土）是指土的软硬程度。

1.4.1 无黏性土的密实度

砂土、碎石土统称为无黏性土。砂土的密实度对其工程性质具有重要的影响。密实的砂土具有较高的强度和较低的压缩性，是良好的建筑物地基；但松散的砂土，尤其是饱和的松散砂土，不仅强度低，且水稳定性很差，容易产生流砂、液化等工程事故。用来衡量无黏性土的密实度的物理量有：孔隙比 e、相对密实度 D_r、标准贯入锤击数 N。但对不同的无黏性土来说难以定出通用的统一的指标。

1. 孔隙比 e

以孔隙比作为无黏性土的划分标准如表 1-8 所示。

土的孔隙比虽然在一定程度上能反映无黏性土的密实度，但它没有考虑土的粒径级配的影响。粒径级配不同的砂土即使具有相同的孔隙比，但由于颗粒大小不同，颗粒排列不同，所处的密实状态也会不同。

表 1-8 无黏性土根据密实度划分孔隙比 e

密实度 土的名称	密实	中密	稍密	松散
砾砂、粗砂、中砂	$e<0.60$	$0.60 \leqslant e \leqslant 0.75$	$0.75 < e \leqslant 0.85$	$e>0.85$
细砂、粉砂	$e<0.75$	$0.70 \leqslant e \leqslant 0.85$	$0.85 < e \leqslant 0.95$	$e>0.95$

2. 相对密实度 D_r

为了同时考虑孔隙比和级配的影响,引入相对密实度的概念。

相对密实度 D_r 是用天然孔隙比 e 与同一种砂土的最疏松状态孔隙比 e_{max} 和最密实状态孔隙比 e_{min} 进行比较,根据 e 靠近 e_{max} 或靠近 e_{min} 来判断它的密实度。

可按下式计算砂土的相对密实度

$$D_r = \frac{e_{max} - e}{e_{max} - e_{min}} \tag{1-13}$$

由于

$$e = \frac{G_s(1+w)\gamma_w}{\gamma} - 1 = \frac{G_s \gamma_w}{\gamma_d} - 1 = \frac{G_s \rho_w}{\rho_d} - 1$$

所以,砂土的相对密实度也可按下式计算:

$$D_r = \frac{\rho_{dmax}(\rho_d - \rho_{dmin})}{\rho_d(\rho_{dmax} - \rho_{dmin})} \tag{1-14}$$

式中 ρ_d——无黏性土的天然干密度或填筑干密度;

ρ_{dmax}——无黏性土的最大干密度;

ρ_{dmin}——无黏性土的最小干密度。

从式(1-13)可以看出,当砂土的天然孔隙比 e 接近于最小孔隙比 e_{min} 时,相对密实度 D_r 接近于 1,表明砂土最密实的状态;而当天然孔隙比接近于最大孔隙比 e_{max} 时,则表明砂土处于最松散的状态,其相对密实度接近于零。根据砂土的相对密实度可以按表 1-9 将砂土划分为密实、中密和松散三种密实度。

表 1-9 按 D_r 值划分砂土密实度的标准

密实度	密 实	中 密	松 散
相对密实度 D_r	1~0.67	0.67~0.33	0.33~0

砂土的最小孔隙比和最大孔隙比可直接由试验测定。将风干的砂土试样用漏斗法测定其最小干密度,用振击法测定其最大干密度。具体试验步骤参见《土工试验方法标准》(GB/T 50123—1999)中的相对密度试验。

[例 1-3] 从天然砂土层中取得的试样通过试验测得其含水率 $w=11\%$,天然密度 $\rho=1.70\text{g/cm}^3$,最小干密度为 1.41g/cm^3,最大干密度为 1.75g/cm^3,试判断该砂土的密实程度。

解 已知 $\rho=1.70\text{g/cm}^3$,$w=11\%$,从图 1-8 中已知:

$$\rho = \frac{m}{v} = \frac{m_s + m_w}{v} = \frac{m_s + w m_s}{v} = \rho_d + w \rho_d$$

所以，该砂土的天然干密度为：

$$\rho_d = \frac{\rho}{1+w} = \frac{1.70}{1+0.11} = 1.53 \, \text{g/cm}^3$$

由 $\rho_{dmin} = 1.41 \, \text{g/cm}^3$，$\rho_{dmax} = 1.75 \, \text{g/cm}^3$，代入式(1-14)可得

$$D_r = \frac{\rho_{dmax}(\rho_d - \rho_{dmin})}{\rho_d(\rho_{dmax} - \rho_{dmin})} = \frac{1.75 \times (1.53 - 1.41)}{1.53 \times (1.75 - 1.41)} = 0.4$$

由于 $0.33 < D_r < 0.67$，所以，根据表 1-9，该砂土处于中密状态。

3. 标准贯入试验

考虑到原状砂样一般很难从现场取得，因此，现行《建筑地基基础设计规范》(GB 50007—2011)采用标准贯入试验锤击数 N 来确定砂土的密实度（表 1-10）。关于标准贯入试验的方法，具体见第 7 章。

表 1-10   按 N 值划分砂土的密实度

砂土的密实度	松 散	稍 密	中 密	密 实
标准贯入试验的贯入锤击数 N	$N \leqslant 10$	$10 < N \leqslant 15$	$15 < N \leqslant 30$	$N > 30$

1.4.2 黏性土的物理特征

在生活中，经常可以看到这样的现象，雨天土路泥泞不堪，车辆驶过便形成深深的车辙，而在久晴以后土路却异常坚硬。这种现象说明土的工程性质与它的含水量有着十分密切的关系，因此，需要定量地加以研究。

1. 黏性土的状态与界限含水量

黏性土的状态主要是指软硬程度。黏性土随着含水量的变化，可具有不同的状态。土从泥泞到坚硬经历了几个不同的物理状态。含水量很大时土呈泥浆状的液体状态；含水量逐渐减少时，泥浆变稠，显示出塑性。所谓塑性就是指可以塑成任何形状而不发生裂缝，并在外力解除以后能保持已有的形状而不恢复原状的性质。当含水量继续减少时，则发现土的可塑性逐渐消失，从可塑状态变为半固体状态。

土从一种状态变到另一种状态的分界含水量（图 1-9）称为界限含水量，流动状态与可塑状态间的分界含水量称为液限 w_L；可塑状态与半固体状态间的分界含水量称为塑限 w_p；半固体状态与固体状态间的分界含水量称为缩限 w_s。

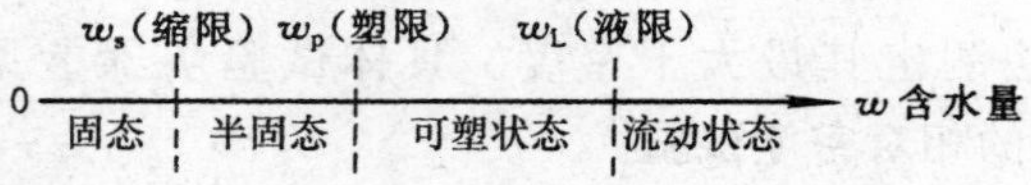

图 1-9   黏性土的物理状态与含水量关系

必须指出，黏性土从一种状态转变为另一种状态是逐渐过渡的，并无明确的界限，工程上只是根据某些通用的试验方法测定这些界限含水量。

液限 w_L 可用两种不同的仪器测定，碟式液限仪和锥式液限仪。目前我国多用锥式液限仪法；在欧美等国家，大多采用碟式液限仪测定液限。

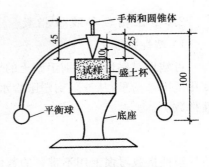

图 1-10　锥式液限仪

锥式液限仪法：试验仪器如图 1-10 所示。首先将土样调成土膏，装入盛土杯内，刮平杯口平面，然后将重量为 76g、锥度为 30° 的平衡锥自由沉入土膏，若经 15s 后沉入深度恰好达到 17mm，则杯内土样的含水量即为该种土的液限值 w_L。

碟式液限仪法是我国《土工试验方法标准》(GB/T 50123—1999)中规定的方法，碟式液限仪的构造如图 1-11 所示。土样的制作与锥式液限仪法同。将土膏分层填在圆碟内，表面刮平，用开槽器将试样划开，形成 V 字槽。然后以每秒 2 次的速度转动摇柄，使圆碟上抬 10mm 并自由落下，记录土槽合龙长度为 13mm 时的下落击数。若下落 25 次，土槽正好合龙 13mm，此时的土样含水量即为液限。

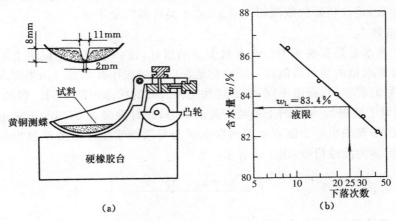

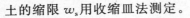

图 1-11　碟式液限仪

塑限 w_p 的测定方法有以下几种：

(1) 搓条法。把塑性状态的土在毛玻璃板上用双手搓条，在缓慢的、单方向的搓动过程中土膏内的水分渐渐蒸发，如搓到土条的直径为 3mm（实心）左右时断裂为若干段，则此时的含水量即为塑限 w_p。搓条法由于采用手工操作，受人为因素的影响较大，成果很不稳定。

(2) 液塑限联合测定法。制备三份不同稠度的试样，用电磁落锥法分别测定圆锥在自重下经 5s 后沉入试样的深度。以含水率为横坐标，圆锥入土深度为纵坐标，在双对数坐标纸上绘制关系曲线，三点应在一直线上（图 1-12）。入土深度为 2mm 所对应的含水率为塑限，取值以百分数表示，准确至 0.1%。

土的缩限 w_s 用收缩皿法测定。

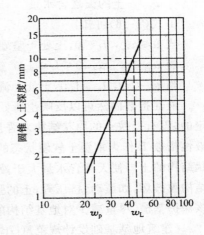

图 1-12　圆锥下沉与含水量的关系

2. 塑性指数和液性指数

1）塑性指数 I_p

可塑性是黏性土区别于砂土的重要特征。可塑性的大小可用土处在塑性状态的含水量变化范围来衡量，从液限到塑限含水量的变化范围愈大，土的可塑性愈好。这个范围称为塑性指数 I_p。

$$I_p = w_L - w_p \qquad (1\text{-}15)$$

塑性指数习惯上用不带%的数值表示。它的大小与土中结合水的含量、土的颗粒组成、矿物成分以及土中水的离子成分和浓度等因素有关。一般来说，土粒越细，且土中黏粒含量越多，土的可塑性就越大，液限、塑限和塑性指数都相应增大，这是由于黏粒部分含有较多的黏土矿物颗粒和有机质的缘故。

塑性指数是黏性土的最基本、最重要的物理指标之一，它综合地反映了土的物质组成，广泛应用于土的分类和评价。但由于液限测定标准的差别，同一土类按不同标准可能得到不同的塑性指数；塑性指数的数值相同的土，其土类可能完全不同。

2）液性指数 I_L

土的天然含水量是反映土中含有水量多少的指标，在一定程度上说明土的软硬与干湿状况。但仅有含水量的绝对数值却不能确切地说明土处在什么状态。如果有几个含水量相同的土样，但它们的塑限、液限不同，那么这些土样所处的状态可能不同。例如，土样的含水量为32%，则对于液限为30%的土是处于流动状态，而对液限为35%的土来说则是处于可塑状态。因此，需要提出一个能表示天然含水量与界限含水量相对关系的指标来描述土的状态，这个指标称为液性指数，由下式表示：

$$I_L = \frac{w - w_p}{w_L - w_p} = \frac{w - w_p}{I_p} \qquad (1\text{-}16)$$

式中　I_L——液性指数，以小数表示；

　　　w——土的天然含水量。

由式（1-16）可知：

当 $w \leqslant w_p$，$I_L \leqslant 0$，土处于坚硬状态；

当 $w_p < w \leqslant w_L$，$0 < I_L \leqslant 1.0$，土处于可塑状态；

当 $w_L < w$，$I_L > 1.0$，土处于流动状态。

液性指数固然可以反映土所处的状态，但必须指出，由于液限和塑限都是用重塑土膏测定的，没有反映土的原状结构对强度的影响。因为原状土的强度比重塑土强度高，所以，把液性指数 I_L 作为重塑土软硬状态的判别标准比较合适，而用于原状土就偏于保守。保持原状结构的土即使天然含水量大于液限，但仍有一定的强度，并不呈流动的性质，但一旦天然结构被破坏，如震动、挤压等，土的强度立即丧失而出现流动的性质。因此，在基础施工中应该保护基槽，尽量减少对地基结构的扰动。

《建筑地基基础设计规范》（GB 50007—2011）、《岩土工程勘察规范》（GB 50021—2009）对黏性土按液性指数 I_L 划分软硬状态的标准如表1-11所示。

表 1-11   黏性土状态的划分

状 态	坚 硬	硬 塑	可 塑	软 塑	流 塑
液性指数	$I_L \leqslant 0$	$0 < I_L \leqslant 0.25$	$0.25 < I_L \leqslant 0.75$	$0.75 < I_L \leqslant 1.0$	$I_L > 1.0$

注:当用静力触探探头阻力制定黏性土的状态时,可根据当地经验确定。

[例 1-4] 已知黏性土土的液限为 41%,塑限为 22%,饱和度为 0.98,孔隙比为 1.55,试计算塑性指数、液性指数及确定黏性土的状态。

解 根据液限和塑限可以求得塑性指数 $I_p = w_L - w_p = 41 - 22 = 19$,土的比重 G_s 可从表 1-6 查得,为 2.75。

根据表 1-7 中含水量 w 的换算 $w = \dfrac{S_r e}{G_s}$ 可得土的含水量

$$w = \frac{0.98 \times 1.55}{2.75} = 55.2\%$$

液性指数

$$I_L = \frac{w - w_p}{w_L - w_p} = \frac{0.552 - 0.22}{0.41 - 0.22} = 1.74$$

$I_L > 1$,故应为流塑状态。

3. 黏性土的灵敏度和触变性

1) 灵敏度

天然状态下的黏性土通常具有一定的结构性,当受到外来因素的扰动时,土的结构破坏,从而导致土的强度降低和压缩性增大。土的这种结构性对强度的影响,一般用灵敏度来表示。土的灵敏度 S_t 是指原状土的无侧限抗压强度与重塑土的无侧限抗压强度之比,即

$$S_t = \frac{q_u}{q_0} \tag{1-17}$$

式中 q_u——原状土的无侧限抗压强度,kPa;

   q_0——重塑土的无侧限抗压强度,kPa。

所谓原状土样是指取样时保持天然状态下土的结构和含水量不变的黏性土样;当土样的结构受到彻底破坏而含水量保持不变时,则为重塑土样。

按灵敏度的大小可将黏性土分为:

$S_t \leqslant 2$,不灵敏土;

$2 < S_t \leqslant 4$,中等灵敏土;

$4 < S_t \leqslant 8$,灵敏土;

$S_t > 8$,极灵敏土。

土的灵敏度越高,则表示原状土受扰动以后强度降低就越多。在基础工程中,若遇灵敏度较高的土,应特别注意保护基槽(坑)底土,防止人来车往践踏基槽(坑),以免破坏土的结构,降低地基强度。

2) 触变性

当饱和黏性土结构受扰动后其强度会降低,但静止一段时间后,土的强度又逐渐增长,被扰动黏性土的这种强度随时间推移而逐渐恢复的胶体化学性质称为土的触变性。原因在

于停止扰动后，黏性土中土粒、离子和水分子体系随时间而逐渐形成新的平衡状态。在工程施工中(特别是桩基施工)，应充分利用土的触变性，把握施工进程，既保证施工质量，又使桩的承载力提高。如采用深层挤密类的方法进行地基处理时，处理以后的地基应静置一段时间再进行上部结构的修建，以便让地基强度得以恢复。

1.5 土的工程分类

1.5.1 概述

土是自然地质的历史产物，由于土的矿物、成因、沉积环境、沉积历史不同，土的性质也千差万别。在工程建设中为了能大致地判别土的工程特性和评价土作为地基或建筑材料的适宜性，有必要对土进行科学的分类。

对土进行分类的任务就是根据分类用途和土的各种性质差异，将土划分成一定的类别。这样工程人员就可以方便地判断其基本的工程特性，评价其作为建筑材料或地基时的适宜性，并结合其他指标来确定土的承载能力。

土的分类方法有很多，不同部门根据其工程对象采用各自的分类方法。在建筑工程中，土是作为地基以承受建筑物的荷载，因此着眼于土的变形特性和力学强度及其与土的地质成因、组成、级配等的关系来进行土的分类；在道路工程中，需要重点考虑的是路基土的压实和水稳定性问题，因此，分类时主要考虑土的粒组和级配。

本章主要介绍《建筑地基基础设计规范》(GB 50007—2011)中对土的工程分类。该规范关于地基土分类较简单，它按土粒大小、粒组的土粒含量或土的塑性指数把地基土分为碎石土、砂土、粉土和黏性土四大类，然后，再进一步细分。

1.5.2 《建筑地基基础设计规范》(GB 50007—2011)分类法

1. 碎石土的分类

碎石土是指粒径大于 2mm 的颗粒含量超过全重的 50% 的土，按粒径和颗粒形状可进一步划分为漂石、块石、卵石、碎石、圆砾和角砾，见表 1-12。

表 1-12   碎石土的分类

土的名称	颗 粒 形 状	粒 组 含 量
漂 石 块 石	圆形及亚圆形为主 棱角形为主	粒径大于 200mm 的颗粒含量超过全重 50%
卵 石 碎 石	圆形及亚圆形为主 棱角形为主	粒径大于 20mm 的颗粒含量超过全重 50%
圆 砾 角 砾	圆形及亚圆形为主 棱角形为主	粒径大于 2mm 的颗粒含量超过全重 50%

注：分类时应根据粒组含量栏从上到下以最先符合者确定。

2. 砂土的分类

砂土是指粒径大于 2mm 的颗粒含量不超过全重的 50%，且粒径大于 0.075mm 的颗粒含量超过全重的 50％的土。按粒组含量,砂土可再划分为 5 个亚类,即砾砂、粗砂、中砂、细砂和粉砂,见表 1-13。

表 1-13   砂土的分类

土 的 名 称	粒 组 含 量
砾 砂	粒径大于 2mm 的颗粒含量占全重 25％～50％
粗 砂	粒径大于 0.5mm 的颗粒含量超过全重 50％
中 砂	粒径大于 0.25mm 的颗粒含量超过全重 50％
细 砂	粒径大于 0.075mm 的颗粒含量超过全重 85％
粉 砂	粒径大于 0.075mm 的颗粒含量超过全重 50％

注:分类时应根据粒组含量栏从上到下以最先符合者确定。

[例 1-5] 某土样的颗粒分析试验结果,如表 1-4 所示,试确定该土样的名称。

解 按表 1-4 颗粒分析资料,先判别是碎石土还是砂土。因大于 2mm 粒径的土粒占全重 (10＋1＋5)％＝16％,而小于 50％,故该土样属砂土。然后以砂土分类表 1-13 从大到小粒组进行判别。由于大于 2mm 的颗粒只占全重 16％,小于 25％,故该土样不是砾砂。而大于 0.5mm 的颗粒占全重 (10＋1＋5＋39)％＝55％,此值超过 50％,因此,应定名为粗砂。

3. 粉土

粉土系指粒径大于 0.075mm 的颗粒含量不超过全重 50％且塑性指数 I_p 小于或等于 10 的土,其性质介于砂土和黏性土之间,但又不完全与黏性土或砂土相同。粉土的性质与其粒径级配、包含物、密实度和湿度等有关。它在许多工程问题上,表现出某些特殊的性质,如受振动容易液化、冻胀性大等。密实的粉土为良好地基。

4. 黏性土

塑性指数 I_p 大于 10 的土定义为黏性土。黏性土根据塑性指数按表 1-14 细分为黏土和粉质黏土。

表 1-14   黏性土按塑性指数 I_p 分类

土 的 名 称	塑 性 指 数
黏土	$I_p > 17$
粉质黏土	$10 < I_p \leqslant 17$

注:塑性指数由相应于 76g 圆锥体沉入土样中深度为 10mm 时测定的液限计算而得。

5. 特殊土

特殊土是在特定的地理环境或人为条件下形成的具有特殊性质的土。它的分布一般具有明显的区域性。我国特殊土的类别较多,例如:淤泥、人工填土、红黏土、黄土、膨胀土、残积土、冻土、盐渍土、污染土、湿陷性土等。

(1) 淤泥

淤泥为在静水或缓慢的流水环境中沉积,并经生物化学作用形成,其天然含水量大于液限,天然孔隙比大于或等于 1.5 的黏性土。

天然含水量大于液限而天然孔隙比小于 1.5 但大于或等于 1.0 的黏性土或粉土为淤泥质土。

含有大量未分解的腐殖质,有机质含量大于60%的土为泥炭,有机质含量≥10%且≤60%的土为泥炭质土。

（2）人工填土

人工填土是指由于人类活动形成的堆积物。其成分较杂乱,均匀性较差。按组成成分及成因,可分为素填土、压实填土、杂填土和冲填土,其分类标准见表1-15;按堆积时间可分为老填土和新填土。

表 1-15 人工填土按组成成分及成因的分类

土 的 名 称	组 成 物 质
素填土	由碎石土、砂土、粉土、黏性土等组成的填土
压实填土	经过压实或夯实的素填土
杂填土	含有建筑垃圾、工业废料、生活垃圾等杂物的填土
冲填土	由水力冲填泥砂形成的填土

（3）红黏土

由碳酸盐岩系出露的岩石,经红土化作用形成的棕红、褐黄等色的高塑性黏土称为红黏土。其液限一般大于50%。有些地区的红黏土也具有胀缩性,厚度分布不均,岩溶现象较发育。红黏土经再搬运后仍保留红黏土基本特性,液限大于45%,但小于50%的土则称为次生红黏土。红黏土多分布在我国广西、贵州、四川等省区。

（4）膨胀土

膨胀土系指土中黏粒成分主要由亲水性矿物组成,具有显著的吸水膨胀和失水收缩两种变形特性其自由膨胀率大于或等于40%的黏性土。

膨胀土在通常的情况下其强度较高,压缩性低,很容易被误认为是良好的地基,然而它是一种具有较大和反复胀缩变形的高塑性黏土。

（5）湿陷性土

湿陷性土为在一定压力下浸水后产生附加沉降,其湿陷系数大于或等于0.015的土。

1.5.3 细粒土按塑性图分类

用塑性指数 I_p 对细粒土分类虽较简便,但分类界限最高为17,不能区别不同的高塑性土,而且相同塑性指数的细粒土可有不同的液限和塑限,故相同塑性指数的土的性质也会不同。因此,用塑性指数 I_p 和液限 w_L 两个指标对细粒土分类比只用塑性指数一个指标更加合理。卡萨格兰德（A. Casagrande）统计了大量试验资料后,于1948年首先提出了按 I_p 和 w_L 对细粒土分类定名的塑性图,其基本原则为许多国家所采用。

我国《土的工程分类标准》（GB/T 50145—2007）中规定了两种塑性图,可根据所采用不同液限的标准进行选用。当取碟式仪测定的含水率或质量为76g、锥角为30°的液限仪锥尖入土深度为17mm对应的含水率为液限时,应按塑性图1-13进行分类。塑性图是以塑性指数为纵坐标,以液限为横坐标。在图中有两条经验界限,A线的作用是区分有机土和无机土、黏土和粉土;B线的作用是区分高塑性土和低塑性土。图上土名的第一代号表示土的名称,C为黏土,M为粉土。第二代号H为高液限,L为低液限,如ML为低液限粉土。第三代号O表示细粒土中含部分有机质;第三代号G或S分别表示细粒土中含有砾粒或砂粒占优

势的粗粒含量达 $25\%\sim50\%$。

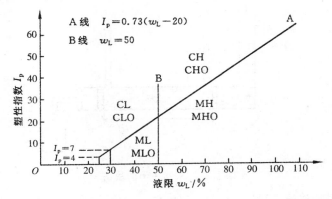

注:图中虚线之间区域为黏土—粉土过渡区

图 1-13　塑性图(锥尖入土深度 17mm)

目前国内不同的行业选用的液限标准不同,其他各国的液限标准又与我国的标准不同,学习和应用时要加以注意。

1.6　土的渗透性

在土建工程的基础施工中,常需采取降低地下水位、排干基坑积水等工程措施。因此,必须研究土中孔隙水(主要是指重力水)的运动规律。地下水的流动常会影响边坡的稳定性并产生流砂、管涌等工程现象,这是岩土工程中很重要的一个问题。

地下水在土的连通孔隙中流动并通过的特性称为土的渗透性。水在土中流动除因土孔隙连通外,还因为有水位差的存在。地下水在重力作用下,由高处向低处流动。例如,基坑开挖至地下水位以下,基坑周围地下水位较高,则地下水会源源不断地流向基坑。

渗透性表明了水通过土孔隙的难易程度和快慢。

1.6.1　达西渗透定律

土孔隙中的自由水在水头差或压力梯度下流动时,由于土的孔隙通道很小,且很曲折,流动过程中黏滞阻力很大,所以,水在土中的流速缓慢,通常的情况下属于层流,即水流流线互相平行。因此,其流动规律符合层流渗透,并可以按照水力学中的达西定律来描述。如图1-14 所示装置的试验,A,B 是两根竖直测压管,两管的水平距离为 l。水从左侧流经土样后从右端流出。由于水流过土样时受到土颗粒的阻力,能量有所损耗,因此,测压管 B 的水头高度较 A 的低,两者水头差 $\Delta h = h_1 - h_2$。实验证明,水在土中的渗透速度与 Δh 成正比而与 l 成反比,即

$$v = k\frac{\Delta h}{l} = ki \qquad (1\text{-}18)$$

式中　i——水头梯度,即土中两点间的水头差 Δh 与渗流长度 l 之比:

$$i = \frac{h_1 - h_2}{l} \qquad (1\text{-}19)$$

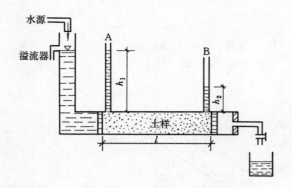

图 1-14　水在土中的渗透

v——端面平均渗流速度,cm/s 或 m/昼夜;

k——反映土的透水性能的比例系数,称为土的渗透系数(cm/s 或 m/昼夜),它相当于水头梯度 $i=1$ 时的渗流速度,故其量纲与流速相同。渗透系数与土的性质有关,可以在试验室内或在野外测定,参考数值可见表 1-16。

表 1-16　　　　　　　　　　　土的渗透系数参考值

土的类型	渗透系数 $k/(\text{cm} \cdot \text{s}^{-1})$
纯砾	$>10^{-1}$
纯砂与砾混合物	$10^{-3} \sim 10^{-1}$
极细砂	$10^{-5} \sim 10^{-3}$
粉土、砂与黏土混合物	$10^{-7} \sim 10^{-5}$
黏土	$<10^{-7}$

达西定律说明,土中孔隙水的渗流速度与水头梯度成正比。但要注意的是,由式(1-18)求出的渗透速度是一种假想的平均流速,并不是土孔隙中水的实际平均流速。因为它假定水在土中的渗透是通过整个土体截面来进行的。而实际上,渗透水仅仅是通过该截面内土粒间的孔隙流动。因此,土中孔隙水的实际渗速要比由式(1-18)所求得的数值大得多。但是由于土体中的孔隙形状和大小异常复杂,要直接测定实际的平均流速是困难的。目前,在渗流计算中广泛采用的流速是假想平均流速。

1.6.2　影响土渗透性的因素

影响土渗透性的因素很多,主要有土的粒度成分和矿物成分、土的结构构造和土中气体等。

1. 土粒大小、矿物成分和级配

土粒大小、形状和颗粒级配会影响土中孔隙的大小及形状,因而影响土的渗透性。土颗粒愈粗、愈浑圆、愈均匀时,土的渗透性也愈好。砂土中含有较多粉土或黏性土颗粒时,其渗透系数明显降低。黏性土中含有较多的亲水矿物时,其体积膨胀,渗透性降低。对黏性土以外的其他土,土的矿物成分对其渗透性影响不大。

2．土的结构构造的影响

天然土层通常不是各向同性的,因此,不同方向,土的渗透性也不同。如黄土具有竖向孔隙大的结构,所以它的竖向渗透系数要比水平方向大得多。层状黏土中常夹有粉砂层,再加上其常见的层理构造,其水平方向的渗透系数远大于竖直方向。这在工程上具有十分重要的意义。

3．土中气体的影响

当土中存在密闭气泡时,即使含量很少,也会对渗透性有很大的影响。它不仅使土的有效渗透面积减少,还会堵塞某些孔隙通道,使土的渗透性大大降低。

1.6.3 土的动水压力、流砂、管涌

在土中,水渗流时会受到土颗粒的阻力 T 的作用,这个力的作用方向与水流方向相反。根据力的平衡条件,水流也必然有一个相等的力作用在土颗粒上。水流作用在单位体积土体中土颗粒上的力称为动水压力 G_D,G_D 和 T 大小相等,方向相反。

动水压力的方向是与渗流方向一致,其数值与水头梯度 i 成正比,它作用在土的颗粒上。

$$G_D = \gamma_w i \tag{1-20}$$

式中　G_D——动水压力,N/cm^3 或 kN/m^3;

　　　γ_w——水的重度,通常取 $10kN/m^3$。

地下水在土中流动时,由于水流方向的变化,常给工程带来不利的影响。当渗流方向从下至上时,动水压力 G_D 的方向向上,与重力作用方向相反,使土粒间的粒间压力减少,一旦向上的动水压力等于或大于土的浮重度 γ' 时,粒间压力消失,土粒处于失重悬浮状态,土粒将随水流动,这种现象就是流砂现象。这时的水头梯度称为临界水头梯度:

$$i_{cr} = \frac{\gamma'}{\gamma_w} = \frac{\gamma_{sat}}{\gamma_w} - 1$$

流砂现象往往发生在细砂、粉砂及粉土等黏聚性差的细颗粒土层中。在饱和的低塑性黏性土中,当受到扰动时,也会发生流砂现象。在粗颗粒及黏土中,由于其渗透系数较大,不易产生流砂现象。

当发生流砂时,坑底土会随水流涌出,致使坑底土面边挖边涨,无法清除。由于坑底土随水涌入基坑,使基坑底面的土的结构破坏,将来会造成建筑物附加沉降。在基坑四周由于土颗粒流失,地面会发生凹陷,危及邻近的建筑物和地下管线,严重时会导致工程事故,应引起特别的注意。所以,一般在施工前,做好周密的勘察工作,当发现坑底土层容易发生流砂时,应避免采用表面直接排水,可采用人工降低地下水位、增长渗流路径(如沿基坑坑壁打板桩)及井点降水等方法进行施工。

当水在砂土中渗流时,土中的一些细小颗粒在动水压力作用下,可能通过粗颗粒的孔隙被水流带走,并在粗颗粒之间形成管状孔隙,这种现象称为管涌或潜蚀。管涌可以发生在土体中的局部范围,但也可能发生在较大的土体范围内。久而久之,较大土体范围内的管涌就会在岩土内部逐步形成管状流水孔道,并在渗流出口形成孔穴甚至洞穴,并最终导致土体失稳破坏。1998 年发生于我国长江的大洪水使长江两岸的数段河堤发生管涌破坏,给国家和人民财产造成巨大损失。

1-1 建筑工程中通常说的"土"是哪一纪沉积物？它有什么主要特征？

1-2 土由哪几部分组成？各部分又是怎样影响土的工程性质的？

1-3 试比较土中各类水的特征,并分析它们对土的工程性质的影响。

1-4 土的结构构造具有哪些基本类型？各具有什么特点？

1-5 进行土的三相指标计算至少必须已知几个指标？为什么？

1-6 比较孔隙比和相对密实度这两个指标作为砂土密实度评价指标的优点和缺点。

1-7 为什么粗颗粒土用粒径级配分类而黏性土用塑性指数分类？

1-8 既然可用含水量表示土中含水的多少,为什么还要引入液性指数来评价黏性土的软硬程度？

1-9 什么是土的灵敏度和触变性？试述其在工程中的应用。

1-10 说明细粒土分类塑性图的优点。

1-11 流砂现象是怎么产生的？它们对建筑工程有什么不利影响？怎样来防治流砂现象？

习 题

1-1 试证明以下关系：

(1) $S_r = \dfrac{w G_s}{e}$;　(2) $\gamma' = \dfrac{\gamma_w (G_s - 1)}{1 + e}$。

1-2 已知某土样 $\gamma = 17 \text{kN/m}^3$, $G_s = 2.73$, $w = 10\%$。求 e 及 S_r。

答案　$e = 0.766, S_r = 0.36$

1-3 已知一土样测得天然重度 $\gamma = 18 \text{kN/m}^3$,干重度 $\gamma_d = 13 \text{kN/m}^3$,饱和重度 $\gamma_{sat} = 20 \text{kN/m}^3$,若使 100kN 天然状态的土改变成饱和状态,则需加多少水？

答案　11.1kN

1-4 一体积为 50cm^3 的土样,其湿土质量为 0.1kg,烘干后质量为 0.07kg,土粒相对密度为 2.70,土的液限 $w_L = 50\%$,塑限 $w_p = 30\%$。求:(1)土的塑性指数 I_p、液性指数 I_L,并确定该土的名称及状态。(2)若将土样压密使其干密度达到 1.7t/m^3,此时土样孔隙比减少多少？

答案　(1) $I_p = 20, I_L = 0.643$ 黏土,可塑;(2) 0.3

1-5 有一砂层,其天然饱和重度 $\gamma_{sat} = 20.3 \text{kN/m}^3$,土粒相对密度为 2.7,试验测得此砂最松时装满 1000m^3 容器需干砂 1450g,最密实状态时需干砂 1750g。求相对密实度是多少？

答案　0.66

1-6 用塑性图对表 1-17 给出的四种土样定名。

表 1-17　　　　　　　　　　四种土样的物理性质指标

土样号	w_L	w_p	土的定名
1	35	20	CL　CLO
2	12	6	黏土—粉土过渡区
3	65	42	MH　MHO
4	75	30	CH　CHO

2　土中应力计算

学习重点和目的

本章主要讨论土中自重应力、附加应力。土中应力是土力学基本内容之一,研究地基中应力分布的目的,是用于计算土体变形(比如建筑物的沉降)和强度。

通过本章的学习,要求读者掌握自重应力和附加应力的分布规律及计算方法,熟练地运用角点法计算矩形及条形基础均布荷载作用下地基中的附加应力。

2.1　概　述

土中应力指土体在自身重力、建筑物和构筑物荷载,以及其他因素(如土中水的渗流、地震等)作用下,土中产生的应力。土中应力过大时,会使土体因强度不够发生破坏,甚至使土体发生滑动失去稳定。此外,土中应力的增加会引起土体变形,使建筑物发生沉降、倾斜以及水平位移。土的变形过大,往往会影响建筑物的正常使用或安全。因此,在研究土的变形和强度及稳定性问题时,必须先掌握土中应力的计算。

土是三相体,但到目前为止,计算土中应力的方法仍采用弹性理论公式,把地基土视为均匀的、连续的、各向同性的半无限体。这样假设可使应力的计算简单,虽然这与地基土的实际性质不完全一致(地基土往往是成层的非均质各向异性体),但在实际工程中,地基应力的变化范围不会很大,可以将土中应力-应变的关系近似为直线关系,由此引起的误差在工程上认为是容许的。

土体的应力,按引起的原因分为自重应力和附加应力;按土体中骨架和土中孔隙(水、气体)的应力承担作用原理或应力传递方式可分为有效应力和孔隙应(压)力。

有效应力——由土骨架传递(或承担)的应力称为有效应力。冠以"有效"其含义是,只有当土骨架承担应力后,土体颗粒才会产生变形,同时增加了土体的强度。

孔隙应力——由土中孔隙流体水和气体传递(或承担)的应力称为孔隙应力。孔隙应力与有效应力之和称为总应力,保持总应力不变,有效应力和孔隙应力可以互相转化。

自重应力——由土体自身重量所产生的应力称为自重应力。自重应力是指土粒骨架承担由土体自重引起的有效应力部分。

附加应力——由外荷(静的或动的)引起的土中应力称为附加应力。广义地讲,在土体原有应力之外新增加的应力都可以称为附加应力,它是使土体彻底产生变形和强度变化的主要外因。

2.2　土中自重应力

计算自重应力时,假定地基是半无限空间体(即具有一个水平面的无限空间体),当土质为均匀时,土的自重可视为分布面积为无限的荷载,于是,地基中任一竖直面均是对称面,故不存在剪应力和横向变形,只产生竖向变形。

2.2.1 地基竖向自重应力

对于地表面为水平面的地基,如地基由于多年的沉积变形已经稳定,可以认为土体中所有竖直面和水平面上均无剪应力存在,故地基中任意深度 z 处的竖向自重应力 σ_{cz} 等于该处单位面积上土柱的重量,如图 2-1 所示。

对于均质土,竖向自重应力为:

$$\sigma_{cz} = \gamma z \qquad (2-1)$$

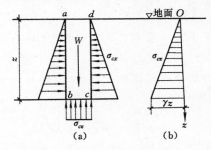

图 2-1 均质土自重应力分布

式中 γ——土的天然重度,kN/m^3;

z——计算点距地表的深度,m。

当地基由多个不同重度的土层组成时,任意深度 $z = \sum\limits_{i=1}^{n} z_i$ 处的竖向自重应力 σ_{cz} 可按竖向各分段土柱自重相加的方法求得,即

$$\sigma_{cz} = \gamma_1 z_1 + \gamma_2 z_2 + \cdots + \gamma_n z_n = \sum_{i=1}^{n} \gamma_i z_i \qquad (2-2)$$

式中 n—— 地基中的土层数;

γ_i——第 i 层土的重度,kN/m^3;

z_i——第 i 层土的厚度,m。

对于均质地基,自重应力沿深度成直线分布;对于成层土地基,自重应力一般在土层交界面发生转折,见图 2-2。

2.2.2 水平向自重应力

在地基的自重应力状态下,地基土近似按弹性体分析,没有侧向变形,即处于侧限状态,即有 $\varepsilon_{cx} = \varepsilon_{cy} = 0$,且 $\sigma_{cx} = \sigma_{cy}$。根据弹性力学原理可知,水平向正应力 σ_{cx},σ_{cy} 与 σ_{cz} 成正比,而水平向及竖向的剪应力均为零,即

$$\sigma_{cx} = \sigma_{cy} = k_0 \sigma_{cz} \qquad (2-3)$$

$$\tau_{xy} = \tau_{yz} = \tau_{zx} = 0 \qquad (2-4)$$

式中,k_0 为土的侧压力系数(或静止土压力系数),它是侧限条件下土中水平向应力与竖向应力之比。k_0 因土的种类密度不同而异,可以通过试验求得。

2.2.3 存在地下水位时的自重应力

当计算点位于地下水位以下,由于地下水以下土体受到地下水的浮力作用使得土体的有效重力比无地下水时减少,故在计算土体的竖向与水平应力时应按土的有效重度计算。如图 2-2 所示。用有效重度计算的自重应力实际上标志着作用在土骨架上的应力,所以称为有效自重应力。用饱和重度计算的自重应力称为总自重应力。

如图 2-2 所示,第四层土以下,土的竖向自重应力为

$$\sigma_{cz} = \sum_{i=1}^{3} \gamma_i z_i + \sum_{i=4}^{n} \gamma_i' z_i \qquad (2\text{-}5)$$

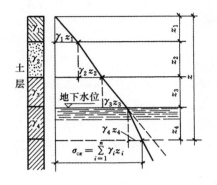

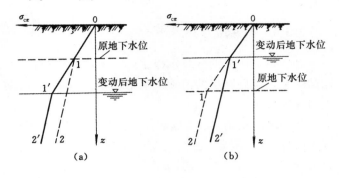

图 2-2 地基中的自重应力
及其分布

0—1—2 为原来自重应力的分布;

0—1′—2′ 为地下水位变动后自重应力的分布

图 2-3 地下水位升降对地基自重应力的影响

在工程实践中,由于某种原因使地下水升降,从而使地基中自重应力也相应发生变化。图 2-3(a) 为软土地区,因大量抽取地下水,导致地下水长期大幅度下降,地基中原水位以下的有效应力增加,造成地表下沉的严重后果。相反,如图 2-3(b) 所示,在人工抬高蓄水水位地区(如筑坝蓄水)或工业用水大量渗入时,地下水位的长期上升也会带来一系列的工程问题:如地下水位上升至基础底面以上时,对基础形成浮力,使地基土的抗剪强度降低;如该地区地基土层是湿陷性黄土,遇水后会发生湿陷;对于天然形成的山坡或岸坡,地下水位上升会使土湿化,抗剪强度降低,最后导致土坡失去稳定。

[例 2-1] 设有多种土层地基如图 2-4 所示,各土层的厚度及重度示于图中,试求各土层交界面上的自重应力,并绘出自重应力沿深度的分布图。

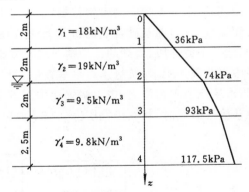

解 根据图中所给资料,各土层交界面上的自重应力分别计算如下:

$\sigma_{cz0} = 0$

$\sigma_{cz1} = \gamma_1 h_1 = 18 \times 2 = 36 \text{kPa}$

$\sigma_{cz2} = \gamma_1 h_1 + \gamma_2 h_2 = 36 + 19 \times 2 = 74 \text{kPa}$

$\sigma_{cz3} = \gamma_1 h_1 + \gamma_2 h_2 + \gamma_3' h_3 = 74 + 9.5 \times 2 = 93 \text{kPa}$

$\sigma_{cz4} = \gamma_1 h_1 + \gamma_2 h_2 + \gamma_3' h_3 + \gamma_4' h_4 = 93 + 9.8 \times 2.5 = 117.5 \text{kPa}$

图 2-4 土层信息

2.3 基底压力与基底附加压力

建筑物的荷载通过基础传给地基,在基础和地基之间存在着接触压力。这个压力是一对作用力和反作用力,其中,基础底面给地基的压力称为基底压力(方向向下),也称基底接触压力;而地基对基底的反力则称之为地基反力(方向向上)。两者大小相等,分布相同。计算地基中的附加应力及设计基础时,必须先确定基底压力(或地基反力)的大小和分布情况。

2.3.1　基底压力

基底接触压力的分布规律主要是取决于基础的刚度和地基的变形条件,是两者共同作用的结果。基础刚度的两种极端情况是柔性基础(绝对柔性没有任何刚度)和刚性基础(刚度为无穷大)。

实验研究指出,实际工程中对于柔性较大(刚度较小)能完全适应地基变形的基础可以视为柔性基础,例如,土坝(土堤)、油罐等。其基础底面压力的分布和大小完全与作用在其上的荷载分布与大小相同,如图 2-5 所示。

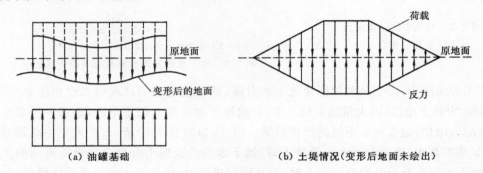

（a）油罐基础　　　　　　　　　　（b）土堤情况(变形后地面未绘出)

图 2-5　柔性基础基底压力分布

对于一些刚度很大不能适应地基变形的基础可视为刚性基础。如建筑物的墩式基础、箱型基础,水利工程中的水闸基础、混凝土坝等。当基础具有刚度或绝对刚性的时候,基础底面保持平面,即基础各点的沉降是一样的,此时基础底面上的接触压力分布与基础的刚度、地基土的性质、荷载的作用情况以及基础的大小、形状、埋置深度等因素有关。刚性基础在中心荷载作用下,接触压力呈马鞍形,如图 2-6(a)所示;荷载较大时,边缘部位产生塑性变形,边缘压力不再增大,应力调整使中间部分压力增加而呈抛物线形,如图 2-6(b)所示;当地基接近破坏时,基底接触压力分布呈钟形,如图 2-6(c)所示。图 2-6 中,$p_1 < p_2 < p_3$。

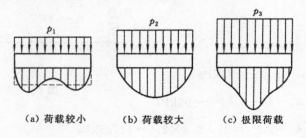

（a）荷载较小　　　（b）荷载较大　　　（c）极限荷载

图 2-6　刚性基础基底压力分布情况

实际工程中基础的刚度是介于绝对柔性和绝对刚性之间。对于工业与民用建筑中的柱下单独基础、墙下条形基础等,都可视为马鞍形分布的刚性基础。这些基础,由于受地基容许承载力的限制,作用在基础上的荷载产生的压力一般不会很大,再加上基础还有一定的埋置深度,其发展趋向于均匀分布,比较接近直线。故工程上常假定基底接触压力按直线分布,可按材料力学公式计算,使计算大为简化,也满足了工程要求。

2.3.2 基底压力的简化计算

根据圣维南原理,在总荷载保持定值的前提下,基底压力分布的形状对土中应力的影响在超过一定深度后(1.5～2.0倍基础宽度)就不显著了。除了在基础结构设计中,对于面积较大的片筏基础、箱形基础等影响较大,常需要考虑基底压力的分布形状外,对于一般基础,在实用上可以采用材料力学的简化计算方法,即假定基底压力分布的形状是线性变化的,则可以利用材料力学的公式进行简化计算。

1. 中心荷载作用下的基底压力

中心荷载下的基础,上部结构所受荷载 F_k 与基础自重 G_k 的合力通过基底形心。基底压力为均匀分布(图 2-7(a)),此时基底平均压力按下式计算:

$$p_k = \frac{F_k + G_k}{A} \tag{2-6}$$

式中　p_k——相应于荷载效应标准组合时,基础底面处的平均压力;

　　　　F_k——相应于荷载效应标准组合时,上部结构传至基础顶面的竖直荷载;

　　　　G_k——基础及其上回填土的总重,$G_k = \gamma_G A d$,其中,γ_G 为基础及回填土平均重度,一取 20kN/m^3,在地下水位以下的部分应扣去浮力;d 为基础埋深(从设计地面算起),当基础两侧地面高程不同时,取其平均值;

　　　　A——基础底面积,对矩形基础 $A = lb$,l 和 b 分别为矩形基底的长度和宽度。对于荷载沿长度方向均匀分布的条形基础,可沿长度方向取 1 延米长进行计算,则 F_k,G_k 为沿长度方向 1 延米长上作用的荷载。

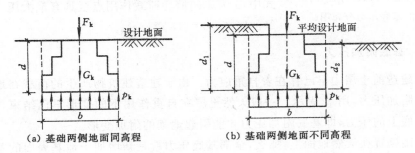

(a) 基础两侧地面同高程　　　　　(b) 基础两侧地面不同高程

图 2-7　中心荷载下基底压力分布

2. 偏心荷载作用下的基底压力

对于单向偏心荷载作用下的矩形面积基底的刚性基础如图 2-8(a),(b)所示,单向偏心荷载作用于矩形基础底面的一个主轴上。假定荷载在基础的长度方向偏心,在宽度方向不偏心,此时沿长度基础边缘的最大压力 p_{kmax} 与最小压力 p_{kmin} 按材料力学的偏心受压公式计算

$$\left.\begin{array}{c} p_{kmax} \\ p_{kmin} \end{array}\right\} = \frac{F_k + G_k}{lb} \pm \frac{M_k}{W} = \frac{F_k + G_k}{lb}\left(1 \pm \frac{6e}{l}\right) \tag{2-7}$$

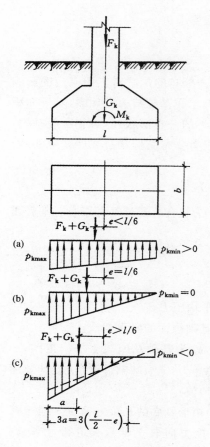

图 2-8　单向偏心荷载作用下的矩形基础的基底压力分布图

其中
$$M_k = (F_k + G_k) \cdot e, \quad W = \frac{bl^2}{6}$$

式中　M_k——相应于荷载效应标准组合时,作用于基底形心上的力矩,kN·m;

W——基础底面的抵抗矩,m³;

e——荷载偏心距,m。

F_k, G_k, l, b 符号意义同式(2-6)。

从式(2-7)可知,按荷载偏心距 e 的大小,基底压力的分布可能出现下述三种情况(图 2-8):

(1) 当 $e < l/6$ 时,$p_{kmin} > 0$,基底压力呈梯形分布(图 2-8(a));

(2) 当 $e = l/6$ 时,$p_{kmin} = 0$,基底压力呈三角形分布(图 2-8(b));

(3) 当 $e > l/6$ 时,$p_{kmin} < 0$,理论上产生拉力(图 2-8(c));由于基底与地基土之间不能承受拉力,此时产生拉力部分的基底将与土脱开,而使基底压力重分布(图 2-8(c))。根据基底压力与偏心荷载相平衡的条件,三角形反力分布图 2-8(c)中的实线所示的形心应在 $F_k + G_k$ 合力作用线上,因此,可计算基础边缘的最大压力为:

$$p_{kmax} = \frac{2(F_k + G_k)}{3ab} \tag{2-8}$$

式中,a 为单向偏心荷载作用点至具有最大压力的基底边缘的距离,$a = (l/2 - e)$。

2.3.3　基底附加压力

建筑物建造前土层中早已存在着自重应力。由于建造建筑物产生的荷载在地基中增加的压力称为附加压力,用 p_0 表示。一般天然土层在自重作用下的变形早已结束,因此,只有新增加于基底上的压力,即基底附加压力才能引起地基的附加变形。

如果基础砌置在天然地面上,那么,全部基底压力就是新增加于地基表面的基底附加压力,即 $p_0 = p$。

实际上,基础一般总是埋置在天然地面以下一定深度处。因此,建筑物建造后,基础底面处的附加压力,应该是上部结构传下来的压力与基底处原先存在于土中的自重应力之差,称为基底附加压力或基底净压力,如图 2-9 所示。基底平均附加压力应按下式计算:

$$p_0 = p_k - \sigma_c = p_k - \gamma_m d \tag{2-9}$$

式中　p_k——基底平均压力,kPa;

σ_c——基底处土的自重应力,$\sigma_c = \gamma_m d$,kPa;

γ_m——基底标高以上天然土层的加权平均重度,kN/m³;

d——基础埋置深度,m。

从式(2-9)可知,在相同荷载下,基础埋深 d 越大,或基础自重越小,基底附加压力就越小,从而地基中附加应力将越小,有利于减小基础沉降。当附加压力为零时,基础就不会发生沉降。高层建筑常采用深埋的箱形基础或地下室,使基础的重力小于挖去的土重,从而减少了基底压力,减少基础的沉降。这种做法称为基础的补偿性设计。

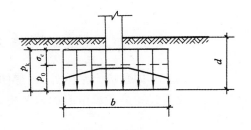

图 2-9　基底平均附加压力

有了基底附加压力,即可把它作为作用在弹性半空间表面上的局部荷载,由此根据弹性力学求算地基中的附加应力。

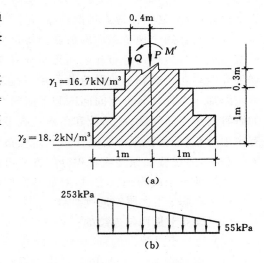

图 2-10　例 2-2 图

[**例 2-2**]　某基础底面尺寸为 $2m×1.6m$,其上作用荷载如图 2-10(a)所示。已知 $M'=82kN·m$, $P=350kN$, $Q=60kN$;试求基底压力、基底附加压力并绘出基底压力分布图。

解　(1)计算基础及上覆土重

$$G_k = \gamma_G A d = 20×2×1.6×1.3 = 83.2kN$$

(2)计算作用在基础上竖直方向的合力

$$F_k = P + Q = 350 + 60 = 410kN$$

(3)计算作用于基础形心处的合力矩

$$M_k = M' + 0.4Q = 82 + 0.4×60 = 106kN·m$$

(4)求偏心距 e

$$e = \frac{M_k}{F_k + G_k} = \frac{106}{410+83.2} = 0.215m$$

(5)求基底压力

$$\left.\begin{array}{r} p_{k\max} \\ p_{k\min} \end{array}\right\} = \frac{F_k+G_k}{lb} \pm \frac{M_k}{W} = \frac{F_k+G_k}{lb}\left(1 \pm \frac{6e}{l}\right)$$

$$= \frac{410+83.2}{2×1.6}\left(1 \pm \frac{6×0.215}{2}\right)$$

$$= \left[\begin{array}{c} 253 \\ 55 \end{array}\right] kPa$$

压力分布如图 2-10 所示。

(6)求基底附加压力

$$\gamma_m = \frac{16.7×0.3+18.2×1}{1.3} = 17.85kN/m^3$$

$$\left.\begin{array}{r} p_{0\max} \\ p_{0\min} \end{array}\right\} = \left.\begin{array}{r} p_{k\max} \\ p_{k\min} \end{array}\right\} - \gamma_m d = \left[\begin{array}{c} 253 \\ 55 \end{array}\right] - 17.85×1.3 = \left[\begin{array}{c} 230 \\ 32 \end{array}\right] kPa$$

2.4 地基中的附加应力计算

上节曾指出，附加应力是由外荷（静的或动的）引起的土中应力。建筑物荷载可以视为静荷载，本书只讨论静荷载引起的地基中的附加应力。关于动荷载问题在土动力学中做专门研究。

地基比建筑物基础要大得多，因而常把地基看作半无限空间体。小面积的荷载向大体积的地基传力时，地基中承受应力的面积总是要随着深度逐渐扩大，因而，单位面积上的应力就逐渐减小，这叫作应力扩散现象，是附加应力的一个特点。

建筑物作用于地基表面的荷载分布是多种多样，如图 2-11 所示。但各种不同分布的荷载都可以划分成均匀分布和三角形分布荷载的组合，如图 2-11 中虚线所示。所以，本章只详细介绍均布荷载和三角形荷载作用下地基附加应力的解法。按照弹性力学的求解方法，地基附加应力计算分为空间问题和平面问题两类，集中力、矩形面积荷载和圆形面积荷载下的解答属于空间问题；线荷载和条形荷载下的解答属于平面问题。应该注意的是，实际中没有集中荷载（任何荷载都有其作用面），但集中荷载的解是求解上述荷载解的基础，应用集中力的解答，通过叠加原理或者积分的方法可以得到各种分布荷载作用下土中应力计算公式。

计算地基中的附加应力时，对地基作如下几点假设：

（1）地基是半无限空间弹性体；

（2）地基土是均匀连续的；

（3）地基土是等向的，即各向同性的。

计算地基附加应力时，把基底压力看成是柔性荷载，不考虑基础刚度的影响。

根据上述的基本假定，就可以直接利用弹性理论的解答进行计算。

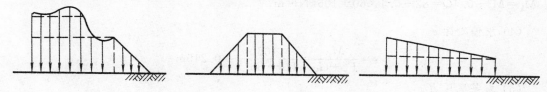

图 2-11 各种地面压力图形的分解

2.4.1 竖向集中力作用下的地基附加应力计算

在半无限体表面作用着一个垂直于表面的集中力 P，求解半无限体内任意点的应力及位移，这就是所谓的布辛奈斯克课题。

为了说明地基中附加应力扩散问题，假设地基土颗粒为无数直径相同的小圆柱，则可按平面问题考虑。当地表受一个竖向集中力 $P=1$ 作用时，如图 2-12 所示。图中第一层由一个小圆柱受力；第二层由两个小圆柱各受 $P/2$ 的力；第三层三个小圆柱受力，两侧两个小圆柱各受力 $P/4$，中间小圆柱受 $2P/4$，……依次类推。由图可见，地表的竖向集中力传布越深，受力的小圆柱就越多，每个小圆柱所受的力也就越小。

由以上分析可知，地基中附加应力分布具有下列规律：

（1）在地面下任一深度的水平面上，各点的附加应力非等值，在集中力作用中心线下的

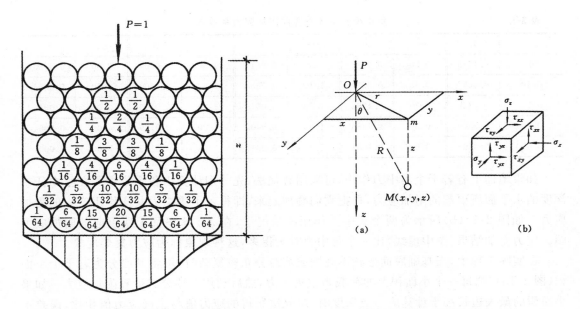

图 2-12　地基中附加应力扩散示意　　　　图 2-13　布辛奈斯克课题

附加应力最大,向两侧逐渐减小。

(2) 距离地面越深,附加应力分布的范围越广,在同一竖向线上的附加应力随深度的变化而变化。

这些规律就是地基中附加应力的扩散规律。

竖向集中力作用于半空间表面,如图 2-13 所示,在半空间任一点 $M(x,y,z)$ 引起的全部应力(σ_x, σ_y, σ_z, τ_{xy}, τ_{yz}, τ_{zx})和全部位移(u_x, u_y, u_z)解,由法国的布辛奈斯克根据弹性理论求得。在 6 个应力分量中,与建筑工程地基沉降计算直接有关的为竖向正应力 σ_z。地基中任意点 M 的竖向正应力的 σ_z 的表达式为:

$$\sigma_z = \frac{3Pz^3}{2\pi R^5} = \frac{3P}{2\pi R^2}\cos^3\theta \qquad (2\text{-}10)$$

为了应用方便,将 σ_z 的公式改写成如下形式:

$$\sigma_z = \frac{3Pz^3}{2\pi R^5} = \frac{3P}{2\pi} \times \frac{z^3}{(r^2+z^2)^{\frac{5}{2}}} = \frac{3}{2\pi}\frac{1}{\left[(r/z)^2+1\right]^{\frac{5}{2}}} \times \frac{P}{z^2}$$

令
$$K = \frac{3}{2\pi} \times \frac{1}{\left[(r/z)^2+1\right]^{\frac{5}{2}}}$$

则上式简化成:

$$\sigma_z = K\frac{P}{z^2} \qquad (2\text{-}11)$$

式中,K 为集中荷载下地基竖向附加应力系数,按 r/z 由表 2-1 查得。

利用式(2-11)可算出集中力作用下土中任何点处的附加应力。连接土中 σ_z 值相同的各点,便可绘出如图 2-14(a)所示的等应力线图,该图又称为应力泡。离集中力越远,附加应力越小,这种现象称为应力扩散现象。

表 2-1 　　　　　　　　　　　　集中荷载下地基竖向附加应力系数 K

r/z	K	r/z	K	r/z	K	r/z	K	r/z	K
0	0.4775	0.50	0.2733	1.0	0.0844	1.50	0.0251	2.00	0.0085
0.10	0.4657	0.60	0.2214	1.10	0.0658	1.60	0.0200	2.50	0.0034
0.20	0.4329	0.70	0.1762	1.20	0.0513	1.70	0.0160	3.00	0.0015
0.30	0.3849	0.80	0.1386	1.30	0.0402	1.80	0.0129	4.00	0.0004
0.40	0.3294	0.90	0.1083	1.40	0.0317	1.90	0.0105	5.00	0.0001

如果地面上有若干个集中力作用,可采用叠加法,先分别计算出各个集中力在土中任一深度的水平面所引起的附加应力,再把它们叠加起来,即得若干集中力共同作用产生的附加应力。如图 2-14(b) 所示为两个集中力作用的情况下,在 AB 水平面上所引起的附加应力图。应力叠加结果(图中虚线)比一个集中力时大得多,这种现象称为应力集聚现象。

在实际工程中,当基础底面形状不规则或荷载分布较复杂时,可将基底分为若干个小面积(图 2-15),把每一个小面积上的荷载当成集中力,然后利用上述公式计算附加应力。如果小面积的最大边长小于计算应力点深度时,用此法所得的应力值与正确应力值相比,误差不超过 5%。

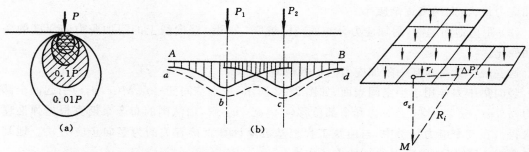

图 2-14　附加应力的扩散和集聚现象　　　　　图 2-15　基础底面形状不规则情况

由于附加应力的扩散和集聚现象,在工程中,考虑相邻建筑物时,新旧建筑物要保持一定的净距,否则,由于新建建筑物产生的附加应力扩散作用,使原有建筑物基底下的应力增加,一旦超过它的安全储备,会导致原有建筑物开裂。

[例 2-3] 在地表作用一集中力 $P = 100\text{kN}$,要求确定:(1)在地基中 $z = 2\text{m}$ 的水平面上,水平距离 $r = 0,1\text{m},2\text{m},3\text{m},4\text{m}$ 处各点的附加应力 σ_z 值,并绘制应力分布图;(2)在地基中 $r = 0$ 的竖直线上距地表 $z = 0,1\text{m},2\text{m},3\text{m},4\text{m}$ 处各点的 σ_z 值,并绘制应力分布图;(3)绘制 $\sigma_z = 10\text{kPa},5\text{kPa},2\text{kPa},1\text{kPa}$ 的等值线图。

解 各点的竖向附加应力可 σ_z 可按式(2-11)计算,计算结果见表 2-2 及图 2-16。

表 2-2 　　　　　　　　(a) $z = 2\text{m}$ 的水平面上竖向附加应力 σ_z 计算表

r/m	0	1	2	3	4
r/z	0	0.5	1.0	1.5	2.0
K	0.4775	0.2733	0.0844	0.0251	0.0085
σ_z/kPa	11.9	6.8	2.1	0.6	0.2

z/m	0	1	2	3	4
r/z	0	0	0	0	0
K	0.4775	0.4775	0.4775	0.4775	0.4775
σ_z/kPa	∞	47.8	11.9	5.3	3.0

(c) $\sigma_z=10kPa,5kPa,2kPa,1kPa$ 的等值线计算表

z/m	r/m	r/z	K	σ_z/kPa
2	0.54	0.27	0.4000	10
2	1.30	0.65	0.2000	5
2	2.00	1.00	0.0800	2
2	2.60	1.30	0.0400	1
2.19	0	0	0.4775	10
3.09	0	0	0.4775	5
5.37	0	0	0.4775	2
6.91	0	0	0.4775	1

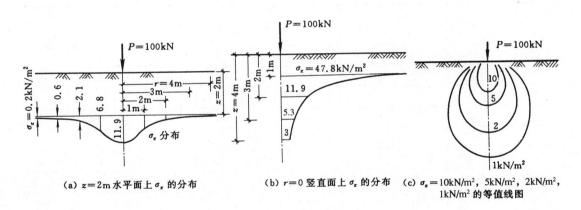

(a) $z=2m$ 水平面上 σ_z 的分布　　(b) $r=0$ 竖直面上 σ_z 的分布　(c) $\sigma_z=10kN/m^2$, $5kN/m^2$, $2kN/m^2$, $1kN/m^2$ 的等值线图

图 2-16　例 2-3 图

2.4.2　空间问题的地基附加应力

任何建筑物都要通过一定尺寸的基础把荷载传给地基。基础的形状和基础底面上的压力分布各不相同,但都可以利用前述集中荷载引起的应力计算方法和弹性体中的应力叠加原理,计算地基内的附加应力。

1. 矩形面积上各种分布荷载作用下的地基附加应力计算

矩形基础在建筑工程中是最常见的,如房屋建筑的框架结构立柱下面的独立基础底面通常为矩形面积。在中心荷载作用下,基底压力按均布荷载计算。下面讨论矩形面积上各种分布荷载在地基中引起的附加应力计算。

1) 矩形面积竖向均布荷载作用下的地基附加应力计算

地基表面有一矩形面积,宽度为 b,长度为 l,其上作用有竖直均布荷载,荷载强度为 p,求地基内各点的附加应力 σ_z。现先求出矩形面积角点下的应力,再利用"角点法"求出任意点下的应力。

(1) 矩形角点下的应力

角点下的应力是指图 2-17 中 O,A,C,D 四个角点下任意深度处的应力,只要深度 z 一样,则四个角点下的应力 σ_z 都相同。将坐标的原点取在角点 O,在荷载面积内任取微分面积 $dA=dxdy$,并将其作用的荷载以集中力 dP 来代替,则 $dP=pdA=pdxdy$,利用式(2-11)可求出该集中力在角点 O 以下深度 z 处 M 点所引起的竖直向附加应力,再沿整个矩形面积 $OACD$ 积分,即可得到矩形面积上均布荷载 p 在点 M 引起的附加应力(注意 $R^2 = x^2 + y^2 + z^2$)

$$\sigma_{zz} = K_c p \tag{2-12a}$$

式中,K_c 为矩形面积竖向均布荷载角点下的竖向附加应力系数,无因次,按下式计算

$$K_c = \frac{1}{2\pi}\left[\frac{lbz(l^2+b^2+z^2)}{(l^2+z^2)(b^2+z^2)\sqrt{(l^2+b^2+z^2)}} + \arctan\frac{lb}{z\sqrt{l^2+b^2+z^2}}\right] \tag{2-12b}$$

也可由 $m=l/b,n=z/b$ 查表 2-3 得到 K_c。

表 2-3　　　　　　　　矩形面积竖向均布荷载角点下的竖向附加应力系数 K_c

$m=l/b$ / $n=z/b$	1.0	1.2	1.4	1.6	2.0	3.0	4.0	6.0	10.0
0.0	0.2500	0.2500	0.2500	0.2500	0.2500	0.2500	0.2500	0.2500	0.2500
0.2	0.2486	0.2489	0.2490	0.2491	0.2491	0.2492	0.2492	0.2492	0.2492
0.4	0.2401	0.2420	0.2429	0.2434	0.2439	0.2442	0.2443	0.2443	0.2443
0.6	0.2229	0.2275	0.2300	0.2315	0.2329	0.2339	0.2341	0.2342	0.2342
1.0	0.1752	0.1851	0.1911	0.1955	0.1999	0.2034	0.2042	0.2045	0.2046
1.4	0.1308	0.1423	0.1508	0.1569	0.1644	0.1712	0.1730	0.1738	0.1740
2.0	0.0840	0.0947	0.1034	0.1103	0.1202	0.1314	0.1350	0.1368	0.1374
3.0	0.0447	0.0519	0.0583	0.0640	0.0732	0.0870	0.0931	0.0973	0.0987
4.0	0.0270	0.0318	0.0362	0.0403	0.0474	0.0603	0.0674	0.0733	0.0758
5.0	0.0179	0.0212	0.0243	0.0274	0.0328	0.0435	0.0504	0.0573	0.0610
6.0	0.0127	0.0151	0.0174	0.0196	0.0238	0.0325	0.0388	0.0460	0.0506
7.0	0.0094	0.0112	0.0130	0.0147	0.0180	0.0251	0.0306	0.0376	0.0428
8.0	0.0073	0.0087	0.0101	0.0114	0.0140	0.0198	0.0246	0.0311	0.0367
9.0	0.0058	0.0069	0.0080	0.0091	0.0112	0.0161	0.0202	0.0262	0.0319
10.0	0.0047	0.0056	0.0065	0.0074	0.0092	0.0132	0.0167	0.0222	0.0280

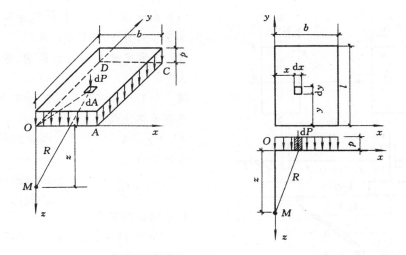

图 2-17 矩形面积竖向均布荷载下点的应力

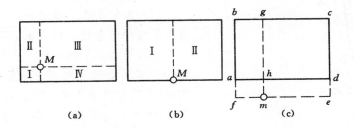

(a)   (b)   (c)

图 2-18 角点法的应用

（2）任意点的应力——角点法

实际计算中,常会遇到计算点不位于矩形角点之下的情况。这时可加几条辅助线,通过需计算的点,把荷载面图形划分为若干个小矩形,使该计算点成为各小矩形的公共角点,然后根据叠加原理,将各矩形面内荷载在该点引起的应力叠加起来即可。

如图 2-18 所示,欲计算矩形基础内、边缘上和基础外的 M 点以下深 z 处的附加应力,可分别利用角点法计算。

① 计算矩形荷载面内点 M 之下的附加应力（ 图 2-18(a)）时,其附加应力系数为

$$K_c = K_{cI} + K_{cII} + K_{cIII} + K_{cIV}$$

② 计算矩形荷载面边上点 M 之下的附加应力（ 图 2-18(b)）时,其附加应力系数为

$$K_c = K_{cI} + K_{cII}$$

③ 计算矩形荷载面外点 M 之下的附加应力（图 2-18(c)）时,其附加应力系数为

$$K_c = K_{c(fbgm)} + K_{c(egm)} - K_{c(fahm)} - K_{c(edhm)}$$

[**例 2-4**] 某相邻两矩形基础 A 和 B 的尺寸,埋深及受力情况相同,如图 2-19 所示。基础底面积 $A = (4 \times 2) \text{m}^2$,基底埋深 $d = 2.0 \text{m}$。已知上部传至基顶标高的集中竖向荷载 F_k =1280kN,基础埋深范围内土的容重 $r = 18 \text{kN/m}^3$。试求:

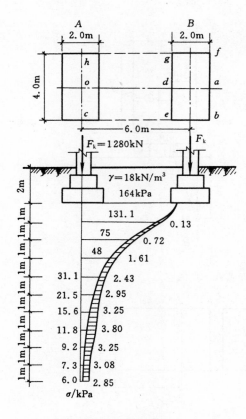

图 2-19 例 2-4 图

(1) 基础 A 中心点下由自身荷载引起的地基附加应力并绘制分布图;

(2) 若考虑相邻基础的影响,附加应力要增加多少?

解 (1) 计算基底平均附加压力

基础及其上覆土重

$$G_k = \gamma_G d A = 20 \times 2.0 \times 4 \times 2 = 320 \text{kN}$$

基底压力

$$p_k = (F_k + G_k)/A = \frac{1280 + 320}{4 \times 2} = 200 \text{kPa}$$

基底处土的自重应力

$$\sigma_c = 18 \times 2.0 \text{kPa} = 36.0 \text{kPa}$$

基底附加压力

$$p_0 = p_k - \sigma_c = 200 - 36 = 164 \text{kPa}$$

(2) 用角点法计算基础 A 中心点下由自身荷载引起的地基附加应力 σ_z。

计算中心点下的附加应力时,通过基底中心点 O 将矩形基底分成四个相等的小矩形荷载面积,O 点即为四个小矩形的公共角点。每个小矩形长 $l = 2.0 \text{m}$,宽 $b = 1.0 \text{m}$,长宽比 $l/b = 2.0$,用式 (2-12a) 列表计算地下 10 个点处的附加应力系数 K_c (或由 m,n 查表 2-3 得),然后乘以 4,即

得相应点的附加应力系数,再乘 p_0,即得相应的附加应力 σ_z。具体计算过程详见表 2-4,中心点下各点的附加应力分布见图 2-19。

表 2-4   附加应力 $\Delta\sigma_z$ 计算表

点	z/m	l/b	z/b	K_{cI}	$\sigma_z = 4K_{cI} p_0/\text{kPa}$
0	0		0.0	0.2500	$4 \times 0.25 \times 164 = 164$
1	1.0		1.0	0.1999	131.1
2	2.0		2.0	0.1202	75.0
3	3.0		3.0	0.0732	48.0
4	4.0		4.0	0.0474	31.1
5	5.0	2.0/1.0 = 2.0	5.0	0.0328	21.5
6	6.0		6.0	0.0238	15.6
7	7.0		7.0	0.0180	11.8
8	8.0		8.0	0.0140	9.2
9	9.0		9.0	0.0112	7.3
10	10.0		10.0	0.0092	6.0

（3）用角点法计算基础 A 中心点下由于基础的影响所增加的附加应力 $\Delta\sigma_z$。

通过基础中心点 O 将基础分为两个相等的矩形荷载面积 Ⅰ（$Oabc$ 和 $Oafh$）和两个相等的矩形荷载面积 Ⅱ（$Odec$ 和 $Odgh$）。其中，荷载面积 Ⅰ 的长 $l=7.0\text{m}$，宽 $b=2.0\text{m}$；荷载面积 Ⅱ 长 $l=5.0\text{m}$，宽 $b=2.0\text{m}$，利用式（2-12(a)）（或查表 2-3）列表计算 $\Delta\sigma_z$，见表 2-5，$\Delta\sigma_z$ 分布图如图 2-19 中阴影线所示。

表 2-5　　　　　　　　　　　　$\Delta\sigma_z$ 计算表

点	z/m	l/b		z/b	K_c		$\Delta\sigma_z=2(K_{c\text{Ⅰ}}-K_{c\text{Ⅱ}})p_0$ /kPa
		Ⅰ	Ⅱ		$K_{c\text{Ⅰ}}$	$K_{c\text{Ⅱ}}$	
0	0			0	0.2500	0.2500	0
1	1.0			0.5	0.2391	0.2387	0.13
2	2.0			1.0	0.2038	0.2016	0.72
3	3.0			1.5	0.1650	0.1601	1.61
4	4.0			2.0	0.1332	0.1258	2.43
5	5.0	3.5	2.5	2.5	0.1089	0.0999	2.95
6	6.0			3.0	0.0900	0.0801	3.25
7	7.0			3.5	0.0769	0.0653	3.80
8	8.0			4.0	0.0638	0.0539	3.25
9	9.0			4.5	0.0545	0.0451	3.08
10	10.0			5.0	0.0469	0.0382	2.85

2）矩形面积竖向三角形荷载作用下的地基附加应力计算

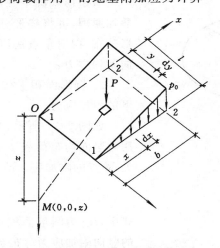

图 2-20　角形分布矩形荷载角点下的 σ_z

如图 2-20 所示矩形面积承受三角形分布荷载。欲求荷载零值边角点下某点 M 的附加应 σ_z，只需将微面积 $\text{d}x\text{d}y$ 上的分布力视为集中力 $p=(x/b)p_0\,\text{d}x\text{d}y$，再利用式（2-11）对整个矩形面积积分，即得

$$\sigma_z=K_t p_0 \tag{2-13a}$$

式中，K_t 为三角分布矩形荷载面角点下的竖向附加应力系数，K_t 按式（2-13b）确定：

$$K_t = \frac{mn}{2\pi}\left[\frac{1}{\sqrt{m^2+n^2}} - \frac{n^2}{(1+n^2)\sqrt{1+m^2+n^2}}\right] \quad (2\text{-}13\text{b})$$

K_t 为 $m=l/b$，$n=z/b$ 的函数，也可查表 2-6 得到。

表 2-6   矩形面积三角形荷载角点下的附加应力系数 K_t 值

$n=z/b$ ＼ $m=l/b$	0.2	0.4	0.6	1.0	1.4	3.0	6.0
0.0	0.0000	0.0000	0.0000	0.0000	0.0000	0.0000	0.0000
0.2	0.0223	0.0280	0.0296	0.0304	0.0305	0.0306	0.0306
0.4	0.0269	0.0420	0.0487	0.0531	0.0543	0.0548	0.0549
0.6	0.0259	0.0448	0.0560	0.0564	0.0684	0.0701	0.0702
0.8	0.0232	0.0421	0.0553	0.0688	0.0739	0.0773	0.0776
1.0	0.0201	0.0375	0.0508	0.0666	0.0735	0.0790	0.0795
1.2	0.0171	0.0324	0.0450	0.0615	0.0698	0.0774	0.0782
1.4	0.0145	0.0278	0.0392	0.0554	0.0644	0.0739	0.0752
1.6	0.0123	0.0238	0.0339	0.0492	0.0586	0.0667	0.0714
1.8	0.0105	0.0204	0.0294	0.0435	0.0528	0.0652	0.0673
2.0	0.0090	0.0176	0.0255	0.0384	0.0474	0.0607	0.0634
3.0	0.0046	0.0092	0.0135	0.0214	0.0280	0.0419	0.0469
5.0	0.0018	0.0036	0.0054	0.0088	0.0120	0.0214	0.0283
10.0	0.0005	0.0009	0.0014	0.0023	0.0033	0.0066	0.0111

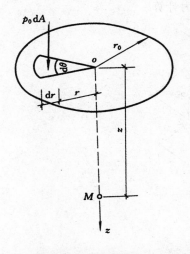

图 2-21　矩形面积均布荷载中心点下的 σ_z

当矩形基础下基底压力为梯形分布时，根据叠加原理，可将梯形分布分解成均匀分布和三角形分布，再用角点法可计算得地基中任意点的竖向附加应力 σ_z。

2. 圆形面积上作用竖向均布荷载时中心点下的附加应力

如图 2-21 所示，半径为 r_0 的圆形面积上作用有竖向均布荷载 p_0，荷载中心点下任意深度 z 处 M 点的附加应力 σ_z 为

$$\sigma_z = K_0 p_0 \quad (2\text{-}14\text{a})$$

式中，K_0 为圆形面积均布荷载作用时，中心点下的竖向附加应力分布系数。

$$K_0 = \left[1 - \frac{1}{\left(\dfrac{r_0^2}{z^2}+1\right)^{\frac{3}{2}}}\right] \quad (2\text{-}14\text{b})$$

亦可直接由表 2-7 查得。

表 2-7   **均布圆形荷载中心点下的附加应力系数 K_0**

r_0/z	0.0	0.2	0.4	0.6	0.8	1.0	1.2	1.5	2.0	3.0
K_0	0.000	0.057	0.200	0.370	0.524	0.647	0.738	0.829	0.911	0.968

2.4.3 平面问题条件下的地基附加压力

一般平面问题计算要比空间问题计算简单一些。理论上,当条形基础的长度 l 与宽度 b 之比,即 $l/b \rightarrow \infty$ 时,且荷载在各个截面上的分布都相同时,土中的应力状态即为平面应变状态,这时垂直于长度方向的任一截面内附加应力的大小及分布规律都是相同的,而与所取截面的位置无关。实际工程中不存在 $l/b \rightarrow \infty$ 的条形基础。但研究表明,当 $l/b \geqslant 10$ 时,将其视为平面问题的计算结果所导致的误差很小。有时当 $l/b \geqslant 5$ 时,按平面问题计算,也能保证足够的精度。因此,像墙基、路基、挡土墙及堤坝等条形基础,均可按平面问题计算地基中的附加应力。

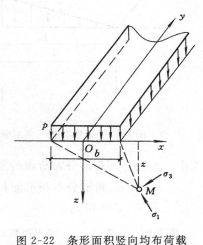

图 2-22   条形面积竖向均布荷载

1. 条形均布竖向荷载

均布的条形荷载是沿宽度方向和长度方向均匀分布,且长度方向为无限长的荷载(图 2-22)。在条形面积受竖向均布荷载作用下,地基中任一点深度 z 处的附加压力 σ_z,可先由弹性力学中的弗拉曼(Flamant)解,求出线荷载下土中点的附加压力,再对宽度 b 积分得到

$$\sigma_z = k_z^s \, p_0 \tag{2-15a}$$

$$k_z^s = \frac{1}{\pi}\left[\arctan\frac{1-2n}{2m} + \arctan\frac{1+2n}{2m} - \frac{4m(4n^2 - 4m^2 - 1)}{(4n^2 + 4m^2 - 1)^2 + 16m^2}\right] \tag{2-15b}$$

式中,均布条形荷载下土中附加应力系数 k_z^s 可由 $m = z/b$ 及 $n = x/b$ 查表 2-8 得到。

表 2-8   **条形均布竖向荷载下土中附加应力系数 k_z^s**

z/b \ x/b	0.00	0.25	0.50	1.00	2.00
0.00	1.00	1.00	0.50	0	0
0.25	0.96	0.90	0.50	0.02	0.00
0.50	0.82	0.74	0.48	0.08	0.00
0.75	0.67	0.61	0.45	0.15	0.02
1.00	0.55	0.51	0.41	0.19	0.03
1.50	0.40	0.38	0.33	0.21	0.06
2.00	0.31	0.31	0.28	0.20	0.08
3.00	0.21	0.21	0.20	0.17	0.10
4.00	0.16	0.16	0.15	0.14	0.10
5.00	0.13	0.13	0.12	0.12	0.09

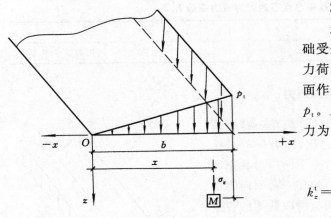

2. 条形面积三角形竖向荷载

这种荷载分布可能出现在挡土墙基础受偏心荷载、路堤填土的质量产生的重力荷载等情况。如图 2-23 所示，在地基表面作用三角形分布条形荷载，其最大值为 p_t。土中任意一点 $M(x,z)$ 的附加应力为

$$\sigma_z = k_z^t p_t \qquad (2\text{-}16a)$$

$$k_z^t = \frac{1}{\pi}\left\{ m\left[\arctan\left(\frac{m}{n}\right) - \arctan\left(\frac{m-1}{n}\right)\right] \right.$$

$$\left. - \frac{(m-1)n}{(m-1)^2 + n^2}\right\} \qquad (2\text{-}16b)$$

图 2-23　条形面积三角形竖向荷载

式中　p_t——三角形分布荷载的最大值；

k_z^t——三角形分布条形面积竖向荷载下土中附加应力系数，由 $m=x/b$，$n=z/b$ 查表 2-9 得到。

表 2-9　　　　　　条形面积三角形竖向荷载下土中附加应力系数 k_z^t

$m=x/b$ \ $n=z/b$	0.0	0.01	0.1	0.2	0.4	0.5	0.6	0.8	1.0	1.2	1.4	2.0
−1.0	0.000	0.000	0.000	0.001	0.003	0.005	0.008	0.017	0.025	0.033	0.041	0.057
−0.5	0.000	0.000	0.000	0.002	0.014	0.022	0.031	0.049	0.065	0.076	0.084	0.089
−0.25	0.000	0.000	0.002	0.009	0.036	0.025	0.066	0.089	0.104	0.111	0.114	0.108
0	0.000	0.003	0.032	0.061	0.010	0.127	0.140	0.155	0.159	0.154	0.151	0.127
0.25	0.250	0.249	0.251	0.255	0.263	0.262	0.258	0.243	0.244	0.204	0.186	0.143
0.5	0.500	0.500	0.498	0.489	0.441	0.409	0.378	0.321	0.275	0.239	0.210	0.153
0.75	0.750	0.75	0.737	0.682	0.534	0.472	0.421	0.343	0.286	0.246	0.215	0.155
1.0	0.500	0.497	0.468	0.437	0.379	0.353	0.328	0.285	0.250	0.221	0.198	0.147
1.25	0.000	0.000	0.010	0.050	0.137	0.161	0.177	0.184	0.184	0.176	0.165	0.134
1.50	0.000	0.000	0.002	0.009	0.043	0.061	0.080	0.106	0.121	0.126	0.127	0.115

[例 2-5]　有一路堤如图 2-24(a)所示，已知填土重度为 20kN/m^3，求路堤中线下 O 点 $(z=0)$ 及 M 点 $(z=10\text{m})$ 的竖向应力 σ_z 值。

解　图 2-24(a)中，路堤填土的质量产生的重力荷载为梯形分布，其最大荷载强度为：$p=\gamma H=20\times 5=100\text{kPa}$。

将梯形荷载 $abcd$ 分解为三角形荷载 ebc 和 ead 之差，也等于两个三角形荷载 ebO 和 eaf 之差：

$$\sigma_z = 2[\sigma_{z(ebO)} - \sigma_{z(eaf)}] = 2[K_{z(ebO)}^t(p+q) - K_{z(eaf)}^t q]$$

式中,q 为三角形荷载 eaf 强度,由图 2-24(a)中尺寸可得出:$q=p=100\text{kPa}$。

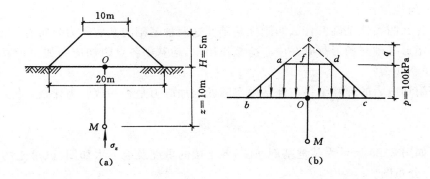

图 2-24 例 2-5 图

路堤中线下 O 点($z=0$)及 M 点($z=10\text{m}$)的竖向应力系数 k_z^t 计算过程见表 2-10,其中,k_z^t 值通过查表 2-9 得到。

表 2-10   例 2-5 中竖向应力系数 k_z^t 计算

荷载分布面积	x/b	O 点($z=0$)		M 点($z=10\text{m}$)	
		z/b	k_z^t	z/b	k_z^t
ebo	$10/10=1.0$	0	0.500	$10/10=1.0$	0.250
eaf	$5/5=1.0$	0	0.500	$10/5=2.0$	0.147

由表 2-10 的数据,可得:

O 点($z=0$)的竖向应力 $\sigma_z = 2\times[0.500\times(100+100)-0.5\times100]=100\text{kPa}$

M 点($z=10\text{m}$)的竖向应力系数 $\sigma_z = 2\times[0.25\times(100+100)-0.147\times100]=70.6\text{kPa}$

至此,对土木工程中常见的基础形式与荷载情况:空间状态下竖向集中力,矩形面积受竖向均布荷载作用,圆形面积上受竖向均布荷载作用;平面状态下条形面积受竖向均布荷载和三角形分布荷载作用,都做了阐述。从上述的计算看出,各种情况下的地基附加应力计算原理、计算公式和计算方法均相似。计算时需要注意是所取坐标原点 O 的位置,地基中计算点 M 的位置,以及 x 坐标是否有正负之分。

2.4.4 感应图法求不规则面积上均布荷载作用下的附加应力

工程实际中有时会遇到荷载作用于不规则的面积上,如果不规则面积可以分为若干个矩形,则地基中任意点的竖直应力 σ_z 可以应用前述"角点法"求出。但是如果不规则面积无法分成矩形时,利用纽马克(N. M. Newmark)提出的"感应图"法;可以容易地求得地基中任意点的附加压力 σ_z,该方法是由圆形均布荷载作用下求附加压力的公式中推演出来的。有关感应图的原理及其用法可参见其他参考书。

思考题

2-1 何谓土体的自重应力?自重应力沿土体深度如何变化?地下水位的升降对土体自重应力有无影响?为什么?

2-2　何谓基底压力？基底压力分布图形有何规律？计算中作了什么假定？

2-3　何谓基底附加压力？基底压力与基底附加压力有何区别？附加应力在地基中的传播扩散有何规律？

2-4　什么叫柔性基础？什么叫刚性基础？这两种基础的基底压力分布有何不同？

2-5　矩形基础与条形基础在中心荷载作用下,地基中各点附加应力如何计算？应用角点法时应注意什么？

2-6　附加应力的计算结果与地基中实际的附加应力是否一致？为什么？

习　题

2-1　如图 2-25 所示为某地基剖面图,各土层的重度及地下水如图,试求土的自重应力并绘出应力分布图。

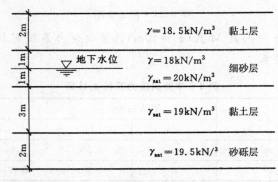

图 2-25　习题 2-1 图

2-2　有一基础,埋置深度 $d=1.5m$,建筑物荷载及基础和台阶土重传至基底总应力为 100kPa,若基底以上土的重度为 18kN/m³,基底以下土的重度为 17kN/m³,地下水位在地表处,则基底竖向附加应力为多少？

答案　88.0kPa

2-3　一矩形基础,短边 $b=3m$,长边 $l=4m$,在长边方向作用一偏心荷载 $F_k+G_k=1440kN$,偏心距 $e=0.7m$。试问基底最大压应力 p_{kmax} 为多少？

答案　246.0kPa

2-4　甲乙两个基础的 l/b 相同,且基底平均附加应力相同,但它们的宽度不同,$b_甲>b_乙$,基底下 3m 深处的应力关系如何？

答案　$\sigma_{z(甲)}>\sigma_{z(乙)}$

2-5　已知某工程为矩形基础,长度为 14.0m,宽度为 10.0m,如图 2-26 所示。求深度 10m 处,长边中心线上基础以外 6m 的 A 点的竖向附加应力为矩形基础中心 O 点的百分之几？

答案　19.5%

2-6　已知某条形基础,宽度为 6m,竖向集中荷载 $P=2400kN/m$,如图 2-27 所示,偏心距 $e=0.25m$。计算基础外相距 3.0m、地下深度 9.0m 处 A 点的附加应力。

答案　81.3kPa

2-7　已知地面一点作用有集中力 $F=1000kN$。求集中力轴线下($r=0$)不同深度区处的 σ_z 和 $z=3m$ 处水平面上 σ_z 的分布示意图。

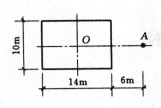

图 2-26 习题 2-5 图

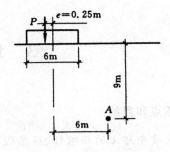

图 2-27 习题 2-6 图

3 地基变形计算

学习重点和目的

本章主要介绍土的压缩性、压缩性指标的测定方法、地基沉降计算的分层总和法和《建筑地基基础设计规范》(GB 50007—2011)推荐的方法(以下简称《规范》法)及地基的沉降和时间的关系。

通过本章的学习,要求读者掌握土的压缩性指标的测定方法,会用分层总和法和《规范》法计算基础的最终沉降量,正确理解土的压缩性,了解饱和土在固结过程中土骨架和孔隙水压力的分担作用及地基变形与时间的关系。

3.1 概述

在建筑物基底附加压力作用下,地基土内各点除了承受土自重引起的自重应力外,还要承受附加应力。在附加应力的作用下,地基土要产生新的变形,这种变形一般包括体积变形和形状变形。对土来说,体积变形通常表现为体积缩小,我们把这种在外力作用下土体积缩小的特性称为土的压缩性。

土的压缩性主要有两个特点:

(1) 土的压缩主要是由于孔隙体积减小而引起的,对于饱和土,土是由固体颗粒和水组成的,在一般建筑物荷载作用下,固体颗粒和水本身的体积压缩量非常小,可忽略不计,但由于土中水具有流动性,在外力作用下会沿着土中孔隙排出,从而引起土体积减小而发生压缩;

(2) 由于孔隙水的排出而引起的压缩对于饱和黏性土来说是需要时间的,土的压缩随时间增长的过程称为土的固结。这是由于黏性土的透水性很差,土中水沿着孔隙排出速度很慢。

在建筑物荷载作用下,基底地基土主要由于压缩而引起的竖直方向的位移称为沉降。由于土的压缩性的两个特点,因此研究建筑物地基沉降包含两方面的内容:一是绝对沉降量的大小,亦即最终沉降。在 3.3 节将介绍工程实践中广泛采用的计算地基沉降的分层总和法和《规范》法;二是沉降与时间的关系,在 3.4 节介绍了较为简单的太沙基一维固结理论。研究土的受力特性必须有土的压缩性指标,因此,在 3.2 节将介绍两种类型的试验及相应的指标,这些指标将用于地基的沉降计算中。

3.2 土的压缩试验及指标

3.2.1 室内侧限压缩试验和压缩性指标

1. 压缩试验

室内侧限压缩试验是把钻探取得的原状土样(即天然结构未破坏的土样),在没有侧向膨胀的条件下进行压缩试验,由此测定土的应力-应变关系及其压缩性指标。

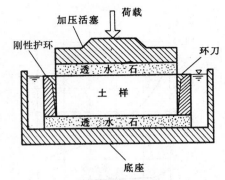

图 3-1 压缩仪示意图

室内侧限压缩试验主要适用于黏性土,特别是饱和黏性土。图 3-1 是压缩仪示意图。用金属环刀(内径 60~80mm,高2cm)从原状土样切取试件,将试件连同环刀装入侧限压缩仪的内环中,土样上、下各垫有一块透水石,使土样在压缩过程中孔隙水能顺利排出。由于金属护环和环刀的限制,使得土样在竖向压力作用下只能发生竖向变形,而无侧向变形。因此,本试验得到的是土在完全侧限条件下的压缩性指标。

作用在土上的荷载是分级施加的,每次加荷后,要等到土体在本级荷载下压缩至相对稳定后再施加下一级荷载。土样在竖向荷载下的压缩量可采用百分表量测。

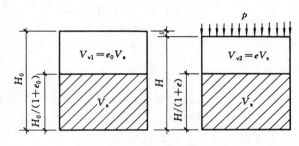

图 3-2 土样压缩前后孔隙体积变化

如图 3-2 所示,设土样的初始高度为 H_0,受压变形稳定后的土样高度为 H,则土样的压缩变形量为 $s = H_0 - H$。土样在压缩过程中的体积变化如图 3-2 所示。由于压缩前后土粒体积 V_s 不变,因此,压缩前后土孔隙体积分别为 $e_0 V_s$ 和 $e V_s$。因为土样的压缩只是孔隙比 e 的改变,受压前、后土粒体积和横截面积不变。根据土样压缩前、后土粒体积和土样横截面不变的两个条件,可得:

$$\frac{H_0}{1+e_0} = \frac{H}{1+e} = \frac{H_0 - s}{1+e} \tag{3-1a}$$

整理后可得
$$e = e_0 - \frac{s}{H_0}(1+e_0) \tag{3-1b}$$

这样,只要得到每级荷载 p 下土样压缩稳定后的压缩量 s,就可根据式(3-1b)计算出相应的土样孔隙比 e,从而绘制土的压缩曲线,即 e-p 曲线(图 3-3(a))或 e-$\lg p$ 曲线(图 3-3(b))。常规压缩试验的加荷等级一般规定为:25kPa,50kPa,100kPa,200kPa,400kPa。第一级压力的大小应视土的软硬程度而定,宜用12.5kPa,25kPa 或 50kPa,最后一级压力应大于土的自重压力与附加压力之和。

2. 土的压缩性指标

压缩曲线反映了土受压后的压缩特性。从 e-p 曲线可得出压缩系数 a、压缩指数 C_c 和压缩模量 E_s。

(1)压缩系数 a

从图 3-3(a)中曲线可以看出,随着荷载 p 的施加,土的孔隙比 e 逐渐减小,土不断被压密,e-p 曲线也逐渐趋于平缓,即同一个土样在不同荷载等级下的压缩性是不同的。不同的

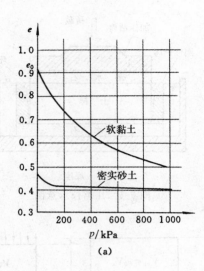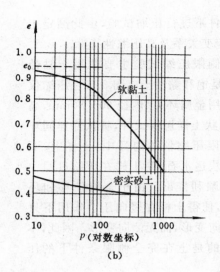

图 3-3 土的压缩曲线

土如果具有不同的压缩性,其 $e\text{-}p$ 曲线的形状也不同,即在相同荷载下土的压缩量或孔隙比减小程度是不同的,$e\text{-}p$ 曲线越陡,土越容易被压缩。因此,$e\text{-}p$ 曲线上任意一点的斜率代表了土在对应荷载 p 时的压缩性大小:

$$a = -\frac{\mathrm{d}e}{\mathrm{d}p} \tag{3-2}$$

式中,负号表示随着压力 p 的增加,e 减小。

实际上,当压力变化不大时,压缩曲线的斜率可以近视用割线 M_1M_2 斜率表示(图 3-4),斜率为

$$a = -\frac{\Delta e}{\Delta p} = \frac{e_1 - e_2}{p_2 - p_1} \tag{3-3}$$

图 3-4 土的压缩系数的确定

式中 a——土的压缩系数,kPa^{-1} 或 MPa^{-1};

p_1,p_2——压力,MPa。计算变形时,p_1 取自重应力,p_2 取自重应力与附加应力之和;

e_1,e_2——与 p_1,p_2 对应的孔隙比。

压缩系数 a 是表示土压缩性的重要指标之一,a 值愈大,说明土的压缩性愈高,反之,a 值愈小,说明土的压缩性愈低。

由于 $e\text{-}p$ 曲线不是直线,因此,即使是同一种土,其压缩系数也不是一个常量。其值与所取的压力增量($p_2 - p_1$)及压力增量的起始值 p_1 的大小有关。在工程中,为便于统一比较评价土的压缩性,通常取 p_1 为 100kPa,p_2 为 200kPa 的压缩系数 $a_{1\text{-}2}$ 来衡量土的压缩性高低。

当 $a_{1\text{-}2} < 0.1\mathrm{MPa}^{-1}$ 时,属低压缩性土;

当 $0.1\text{MPa}^{-1} \leqslant a_{1-2} < 0.5\text{MPa}^{-1}$ 时,属中等压缩性土;

当 $a_{1-2} \geqslant 0.5\text{MPa}^{-1}$ 时,属高压缩性土。

（2）压缩指数 C_c

压缩曲线的纵坐标仍用 e,而横坐标改为 p 的对数表示,即得 $e\text{-}\lg p$ 曲线,如图 3-5 所示。从图中可以看出,在较高的压力范围内,$e\text{-}\lg p$ 曲线接近于直线,它的斜率称为压缩指数,用 C_c 来表示,即

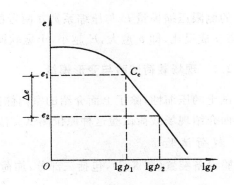

图 3-5 土的压缩指数的确定

$$C_c = \frac{e_1 - e_2}{\lg p_2 - \lg p_1} = -\frac{\Delta e}{\lg\left(\dfrac{p_1 + \Delta p}{p_1}\right)}$$

$$(3\text{-}4)$$

压缩指数也是反映土的压缩性高低的一个指标。C_c 值越大,土的压缩性就越高,一般 $C_c < 0.2$ 时为低压缩性土,$C_c > 0.4$ 时属高压缩性土。通常,$e\text{-}\lg p$ 曲线及压缩指数用来研究土的应力历史对土的压缩性的影响。

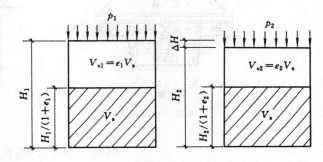

图 3-6 侧限条件下土样高度变化与孔隙变化

（3）压缩模量 E_s

土试样在完全侧限条件下,竖向应力与竖向应变之比,称为压缩模量,即

$$E_s = \frac{\sigma_z}{\varepsilon_z} \qquad\qquad (3\text{-}5)$$

在侧限压缩试验中(图 3-6),当竖向压力由增 p_1 增至 p_2,同时土样的厚度由 H_1 减少至 H_2 时,压应力增量为:

$$\sigma_z = p_2 - p_1$$

竖向应变为:

$$\varepsilon_z = \frac{H_1 - H_2}{H_1} = 1 - \frac{H_2}{H_1} = 1 - \frac{1 + e_2}{1 + e_1} = \frac{e_1 - e_2}{1 + e_1}$$

所以 $E_s = \dfrac{\sigma_z}{\varepsilon_z} = \dfrac{p_2 - p_1}{e_1 - e_2}(1 + e_1)$,将 $a = \dfrac{e_1 - e_2}{p_2 - p_1}$ 代入得

$$E_s = \frac{1 + e_1}{a} \qquad\qquad (3\text{-}6)$$

式中　E_s——土的压缩模量,kPa 或 MPa;

　　　e_1——对应初始压力 p_1 的孔隙比。

土的侧限压缩模量 E_s 与压缩系数 a 两者都是建筑工程中常用的表示地基土压缩性的指标，E_s 与 a 成反比，即 a 愈大，E_s 越小，土愈软弱。

3.2.2　现场载荷试验与变形模量

测试土的压缩性，除了上面介绍的室内侧限压缩试验外，还可以通过现场原位试验的方法。下面介绍现场载荷试验这种原位测试方法。

1. 载荷试验

试验设备装置(图 3-7)，包括三部分：加荷稳压装置、提供反力装置和沉降量测装置。

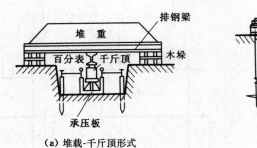

（a）堆载-千斤顶形式　　　　　　（b）地锚-千斤顶形式

图 3-7　载荷试验装置示意图

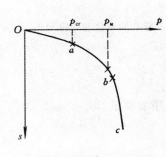

图 3-8　载荷试验曲线

试验时，通过千斤顶逐级给载荷板施加荷载，每加一级荷载到 p，观测记录沉降随时间的发展以及稳定时的沉降量 s，直至加到终止加载条件满足时为止。将上述试验得到的各级荷载与相应的稳定沉降量绘制成 p-s 曲线（荷载与沉降曲线），如图 3-8 所示。不同土在荷载作用下的变形特征是不一样的，砂土在荷载作用下的沉降很快就达到稳定，而饱和黏性土则很慢。

2. 变形模量

从图 3-8 中 p-s 曲线可看出，当荷载小于某数值时，荷载 p 与荷载板沉降之间呈直线关系，如图中 Oa 段。应用弹性理论计算沉降的公式，可反求地基的变形模量 E_0：

$$E_0 = \frac{\omega(1-\mu^2)pb}{s} \tag{3-7}$$

式中　ω——沉降影响系数，刚性方形承压板 $\omega=0.88$，圆形承压板 $\omega=0.79$；

b——承压板的边长或直径，m；

μ——土的泊松比；

p——荷载，取直线段内的荷载值，一般取比例界限荷载 p_{cr}，kN；

s——荷载 p 对应的沉降量，mm；

E_0——土的变形模量，MPa。

3. 变形模量与压缩模量的关系

如前所述,土的变形模量 E_0 是指土体在无侧限条件下的应力与应变的比值,而土的压缩模量 E_s 则是土体在完全侧限条件下的应力与应变的比值。通过材料力学中的广义胡克定律,建立的两者之间的理论关系为

$$E_0 = \left(1 - \frac{2\mu^2}{1-\mu}\right)E_s$$

令

$$\beta = 1 - \frac{2\mu^2}{1-\mu}$$

则

$$E_0 = \beta E_s \tag{3-8}$$

由于一般 $0 \leqslant \mu \leqslant 0.5$,所以 $0 \leqslant \beta \leqslant 1$。必须指出的是,式(3-8)只是 E_0 和 E_s 的理论关系,是基于线弹性假设得到的,具体应用时要注意适用条件。

3.2.3 载荷试验方法的评价

载荷试验由于是在现场进行的,避免了取样、土样运输及室内制作试件扰动等产生的误差。但由于承压板尺寸较小,通常只能反映承压板下 $(2 \sim 3)b$(b 为方形承压板宽度或圆形承压板直径)深度范围内的土的性质。承压板尺寸与实际建筑物基础尺寸相差太多,从第二章基础下附加应力分布规律来看,对宽度较大的基础,其附加应力可传递到基底以下 10m 甚至更深。因而这种试验方法结果的应用受到很大限制,尤其当基底以下土层为软硬交替分布时。目前,人们已经研究出一些深层土压缩性指标的测定方法,如深层平板载荷试验、静力触探试验、旁压试验等。

3.3 地基最终沉降量计算

地基最终沉降量是指地基土层在荷载作用下沉降完全稳定以后的沉降量。目前,计算地基最终沉降量的实用方法主要有三种:分层总和法、《规范》法和考虑土结构强度(所谓应力历史)的沉降计算法。本节主要介绍分层总和法和《规范》法。

3.3.1 分层总和法

分层总和法是在地基压缩层深度范围内,分层计算竖向压缩量,然后相加即得地基的最终沉降量。一般是以基底中心点的沉降代表基础的最终沉降量,欲计算沉降差或基础倾斜度时,需计算出有关点的沉降量。

分层总和法的计算步骤如下:

(1) 计算地基土层的自重应力 σ_c 及基础中心点以下土的附加应力,并绘制 σ_c 及 σ_z 曲线(图 3-9)。计算附加应力 σ_z 时,要注意相邻荷载的影响。

(2) 确定地基沉降计算深度 z_n。理论上应计算至无限深,工程上因地基中的附加应力 σ_z 随深度而减小,深度愈大,附加应力愈小,产生的变形也愈小,至一定深度(即受压层)时,该变形可忽略不计。确定计算深度 z_n 的方法是:该深度处应符合 $\sigma_z \leqslant 0.2\sigma_c$ 的要求,若其下方还存在高压缩性土,则要求 $\sigma_z \leqslant 0.1\sigma_c$。

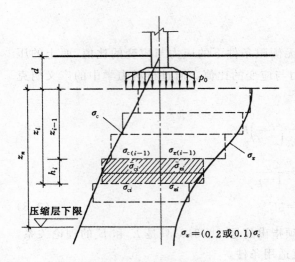

图 3-9 地基最终沉降量计算的分层总和法

(3) 地基土分层。成层土的层面及地下水面是当然的分层面。为保证计算的精确度，每个压缩层的厚度不能太厚，每个分层的厚度控制在 h_i 为 $1 \sim 2\text{m}$ 或 $h_i \leqslant 0.4b$。

(4) 计算各分层的自重应力平均值 $\bar{\sigma}_{ci} = (\sigma_{c(i-1)} + \sigma_{ci})/2$ 和附加应力平均值 $\bar{\sigma}_{zi} = (\sigma_{z(i-1)} + \sigma_{zi})/2$。由 $p_{1i} = \bar{\sigma}_{ci}$ 和 $p_{2i} = \bar{\sigma}_{ci} + \bar{\sigma}_{zi}$ 从土的压缩曲线（即 $e\text{-}p$ 曲线）上查得的相应孔隙比 e_{1i}, e_{2i}，即可计算各分层的压缩量

$$\Delta s_i = \varepsilon_i h_i = \left(\frac{e_1 - e_2}{1 + e_1}\right)_i h_i = \frac{\bar{\sigma}_{zi}}{E_{si}} h_i$$

$$= \left(\frac{a}{1 + e_1}\right)_i \bar{\sigma}_{zi} h_i \qquad (3\text{-}9)$$

地基的最终沉降量 s 等于有限深度范围内各分层土竖向压缩量 Δs_i 之和，即

$$s = \sum_{i=1}^{n} \Delta s_i = \sum_{i=1}^{n} \left(\frac{e_1 - e_2}{1 + e_1}\right)_i h_i \qquad (3\text{-}10\text{a})$$

$$= \sum_{i=1}^{n} \frac{\bar{\sigma}_{zi}}{E_{si}} h_i \qquad (3\text{-}10\text{b})$$

$$= \sum_{i=1}^{n} \left(\frac{a}{1 + e_1}\right)_i \bar{\sigma}_{zi} h_i \qquad (3\text{-}10\text{c})$$

式中　s——地基最终沉降量，m；

　　　Δs_i——第 i 层土的压缩量，m；

　　　h_i—— 第 i 层土的厚度，m；

　　　ε_i——第 i 层土的平均竖向应变；

　　　e_{1i}, e_{2i}——分别由第 i 层土的 $\bar{\sigma}_{ci}$ 和 $\bar{\sigma}_{ci} + \bar{\sigma}_{zi}$ 从土的压缩曲线上查得的相应孔隙比；

　　　a_i, E_{si}——分别为第 i 层土的压缩系数（MPa^{-1}）和压缩模量（MPa）。

式（3-10）中有三个公式，可根据已知条件，选用其中一个进行计算。

[例 3-1]　某厂房为框架结构独立基础（图 3-10(a)），基础底面积为正方形，边长 $l = b = 4.0\text{m}$，基础埋深 $d = 1.0\text{m}$。基础底面总应力为 110.0kPa。地基为粉质黏土，土的天然重度 $\gamma = 16.0\text{kN/m}^3$。地下水位深度 3.4m，水下土的饱和重度 $\gamma_{\text{sat}} = 18.2\text{kN/m}^3$。土的 $e\text{-}p$ 曲线如图 3-10(b)所示。计算柱基中点的沉降量。

解　（1）计算基底附加压力 p_0

$$p_0 = p - \sigma_c = p - \gamma_m d = 110 - 16 \times 1.0 = 94.0\text{kPa}$$

（2）计算基础中心线下自重应力（从地面算起）并绘制分布曲线。计算自重应力时，在地下水位以下应取有效重度。

基础底面　　　　$\sigma_{cd} = \gamma_m d = 16 \times 1.0 = 16\text{kPa}$

地下水位处　　　$\sigma_{CW} = \gamma \times 3.4 = 16 \times 3.4 = 54.4\text{kPa}$

地面下 2B 处　　$\sigma_{C8} = 3.4\gamma + 4.6\gamma' = 54.4 + 4.6 \times 8.2 = 92.1\text{kPa}$

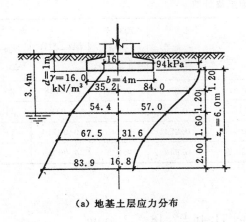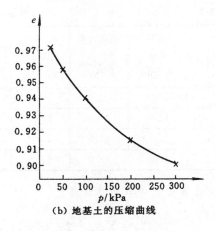

| (a) 地基土层应力分布 | (b) 地基土的压缩曲线 |

图 3-10　例 3-1 图

（3）计算基础中心线下附加应力的分布。

基础底面为正方形，用角点法计算，分成相等的四小块，计算边长 $l=b=2.0\text{m}$。附加应力 $\sigma_z=4K_cp_0$，其中，应力系数 K_c 查表 2-3，计算结果见表 3-1。

表 3-1　　　　　　　　　　　例 3-1 中附加应力计算

深度 z/m	l/b	z/b	应力系数 K_c	$\sigma_z=4K_cp_0$/kPa
0	1.0	0	0.2500	94.0
1.2	1.0	0.6	0.2229	84.0
2.4	1.0	1.2	0.1516	57.0
4.0	1.0	2.0	0.0840	31.6
6.0	1.0	3.0	0.0447	16.8

（4）确定地基沉降计算深度（受压层深度）z_n

由图 3-10（a）中自重应力和附加应力两条分布曲线，寻找 $\sigma_z=0.2\sigma_c$ 的深度 z_n。在深度 $z=6.0\text{m}$ 处，$\sigma_z=16.8\text{kPa}$，$\sigma_c=83.9\text{kPa}$，$\sigma_z/\sigma_c\approx0.2$，故受压层深度 $z_n=6.0\text{m}$。

（5）地基沉降计算分层

计算层每层厚度 $h_i\leqslant0.4b=1.6\text{m}$。地下水位以上 2.4m 分两层，各 1.2m；第三层 1.6m；第四层因附加应力很小，可取 2.0m。

（6）各分层的沉降计算

根据公式
$$\Delta s_i=\left(\frac{e_1-e_2}{1+e_1}\right)_i h_i$$

根据图 3-10（b）中地基土的压缩曲线，由各层土的平均自重应力 $\bar{\sigma}_{zi}$ 查得初始孔隙比 e_{1i}；由各层土的平均自重应力与平均附加应力之和 $\bar{\sigma}_{ci}+\bar{\sigma}_{zi}$ 查得相应的孔隙比 e_{2i}。计算结果列于表 3-2。

表 3-2　　　　　　　　　　　　　例 3-1 中沉降计算

层次	土层厚度 h_i/mm	平均自重应力 $\bar{\sigma}_{ci}/\text{kPa}$	平均附加应力 $\bar{\sigma}_{zi}/\text{kPa}$	总应力 $\bar{\sigma}_{ci}+\bar{\sigma}_{zi}$	相应于 $\bar{\sigma}_{ci}$ 的孔隙比 e_{1i}	相应于 $\bar{\sigma}_{ci}+\bar{\sigma}_{zi}$ 的孔隙比 e_{2i}	$\left(\dfrac{e_1-e_2}{1+e_1}\right)_i$	各分层的沉降量 $\Delta s_i/\text{mm}$
1	1 200	25.6	89.0	114.6	0.97	0.937	0.0168	20.16
2	1 200	44.8	70.5	115.3	0.96	0.936	0.0122	14.64
3	1 600	61.0	44.3	105.3	0.954	0.940	0.00716	11.46
4	2 000	75.7	24.2	99.9	0.948	0.941	0.00359	7.18

（7）计算柱基中点的总沉降量

$$s=\sum_{i=1}^{n}\Delta s_i=20.16+14.64+11.46+7.18=53.4\text{mm}$$

3.3.2　《规范》法

《建筑地基基础设计规范》（GB 50007—2011）中指出，计算地基变形时，传至基础底面上的荷载效应应按正常使用极限状态下荷载效应的准永久组合，不记入风荷载和地震作用，相应的极限值应为地基变形允许值。

用分层总和法计算地基沉降时，需将地基土分为若干层计算，工作量繁杂。《地基基础设计规范》在分层总和法的基础上提出了一种较为简便的计算方法，它是一种简化并经修正后的分层总和法。它是以天然土层面分层，对同一土层采用单一的侧限条件的压缩指标，并运用平均附加应力系数以简化计算，采用相对变形作为地基沉降计算深度的控制标准，最后引入沉降计算经验系数以调整沉降计算值，使计算结果更接近于实测值。《规范》法又称为应力面积法。

1. 《规范》法地基最终沉降量计算公式

将分层总和法计算的沉降量乘以经验系数 Ψ_S，即得《规范》法计算地基最终沉降量的公式：

$$s=\Psi_S s'=\Psi_S\sum_{i=1}^{n}\frac{p_0}{E_{si}}(z_i\bar{\alpha}_i-z_{i-1}\bar{\alpha}_{i-1}) \tag{3-11}$$

式中　s——基础最终变形量，mm；

　　　Ψ_S——沉降计算经验系数，根据地区沉降观测资料和经验确定，无地区经验时可根据变形计算深度范围内压缩模量的当量值（$\bar{E}_s$），基底附加压力，也可查表 3-3。

　　　s'——按分层总和法计算的基础变形量，mm；

　　　n——地基变形计算深度范围内的土层数，一般以天然土层分界面划分；

　　　p_0——对应于荷载效应准永久组合时的基底附加压力，kPa；

　　　E_{si}——第 i 土层的压缩模量，MPa，应取土的自重压力至土的自重压力与附加压力之和的压力段计算；

　　　z_i,z_{i-1}——分别为基础底面至第 i 土层和第 $i-1$ 土层底面的距离，m；

$\bar{\alpha}_i, \bar{\alpha}_{i-1}$——分别为基础底面至第 i 层和第 $i-1$ 层土底面范围内的平均附加应力系数,对矩形基础可由 l/b 及 z/b 由表 3-4 查取,表中 l 为长边、b 为短边,对条形基础可按 $l/b=10$ 查表;

$\bar{\alpha}_n$——基础底面至第 n 层土底面范围内的平均附加应力系数。

表 3-3 沉降计算经验系数 Ψ_s

地基附加应力 $\overline{E}_s$（MPa）	2.5	4.0	7.0	15.0	20.0
$p_0 \geqslant f_{ak}$	1.4	1.3	1.0	0.4	0.2
$p_0 \leqslant 0.75 f_{ak}$	1.1	1.0	0.7	0.4	0.2

注:(1) f_{ak} 为地基承载力特征值,其意义和确定方法见第八章第四节。

(2) 表中 $\overline{E}_s$ 为沉降计算深度范围内压缩模量的当量值,可按下式计算:$\overline{E}_s = \dfrac{\sum A_i}{\sum \dfrac{A_i}{E_{si}}}$ (3-12)

式中,A_i 为第 i 层土附加应力系数沿土层厚度的积分值 $A_i = p_0 (z_i \bar{\alpha}_i - z_{i-1} \bar{\alpha}_{i-1})$。   (3-13)

表 3-4 均布矩形荷载角点下的平均附加应力系数 $\bar{\alpha}$

z/b \ l/b	1.0	1.2	1.4	1.6	1.8	2.0	2.4	2.8	3.2	3.6	4.0	5.0	10.0
0.0	0.2500	0.2500	0.2500	0.2500	0.2500	0.2500	0.2500	0.2500	0.2500	0.2500	0.2500	0.2500	0.2500
0.2	0.2496	0.2497	0.2497	0.2498	0.2498	0.2498	0.2498	0.2498	0.2498	0.2498	0.2498	0.2498	0.2498
0.4	0.2474	0.2479	0.2481	0.2483	0.2483	0.2484	0.2485	0.2485	0.2485	0.2485	0.2485	0.2484	0.2485
0.6	0.2423	0.2437	0.2444	0.2448	0.2451	0.2452	0.2454	0.2455	0.2455	0.2455	0.2455	0.2455	0.2456
0.8	0.2346	0.2372	0.2387	0.2395	0.2400	0.2402	0.2407	0.2408	0.2409	0.2409	0.2410	0.2410	0.2410
1.0	0.2252	0.2291	0.2313	0.2326	0.2335	0.2340	0.2346	0.2349	0.2351	0.2352	0.2352	0.2353	0.2353
1.2	0.2149	0.2199	0.2229	0.2248	0.2260	0.2268	0.2278	0.2282	0.2285	0.2286	0.2287	0.2288	0.2289
1.4	0.2043	0.2102	0.2140	0.2164	0.2180	0.2191	0.2204	0.2211	0.2215	0.2217	0.2218	0.2220	0.2221
1.6	0.1939	0.2006	0.2049	0.2079	0.2099	0.2113	0.2130	0.2138	0.2143	0.2146	0.2148	0.2150	0.2152
1.8	0.1840	0.1912	0.1960	0.1994	0.2018	0.2034	0.2055	0.2066	0.2073	0.2077	0.2079	0.2082	0.2084
2.0	0.1746	0.1822	0.1875	0.1912	0.1938	0.1958	0.1982	0.1996	0.2004	0.2009	0.2012	0.2015	0.2018
2.2	0.1659	0.1737	0.1793	0.1833	0.1862	0.1883	0.1911	0.1927	0.1937	0.1943	0.1947	0.1952	0.1955
2.4	0.1578	0.1657	0.1715	0.1757	0.1789	0.1812	0.1843	0.1862	0.1873	0.1880	0.1885	0.1890	0.1895
2.6	0.1503	0.1583	0.1642	0.1686	0.1719	0.1745	0.1779	0.1799	0.1812	0.1820	0.1825	0.1832	0.1838
2.8	0.1433	0.1514	0.1574	0.1619	0.1654	0.1680	0.1717	0.1739	0.1753	0.1763	0.1769	0.1777	0.1784
3.0	0.1369	0.1449	0.1510	0.1556	0.1592	0.1619	0.1658	0.1682	0.1698	0.1708	0.1715	0.1725	0.1733
3.2	0.1310	0.1390	0.1450	0.1497	0.1533	0.1562	0.1602	0.1628	0.1645	0.1657	0.1664	0.1675	0.1685
3.4	0.1256	0.1334	0.1394	0.1441	0.1478	0.1508	0.1550	0.1577	0.1595	0.1607	0.1616	0.1628	0.1639
3.6	0.1205	0.1282	0.1342	0.1389	0.1427	0.1456	0.1500	0.1528	0.1548	0.1561	0.1570	0.1583	0.1595
3.8	0.1158	0.1234	0.1293	0.1340	0.1378	0.1408	0.1452	0.1482	0.1502	0.1516	0.1526	0.1541	0.1554

z/b \ l/b	1.0	1.2	1.4	1.6	1.8	2.0	2.4	2.8	3.2	3.6	4.0	5.0	10.0
4.0	0.1114	0.1189	0.1248	0.1294	0.1332	0.1362	0.1408	0.1438	0.1459	0.1474	0.1485	0.1500	0.1516
4.2	0.1073	0.1147	0.1205	0.1251	0.1289	0.1319	0.1365	0.1396	0.1418	0.1434	0.1445	0.1462	0.1479
4.4	0.1035	0.1107	0.1164	0.1210	0.1248	0.1279	0.1325	0.1357	0.1379	0.1396	0.1407	0.1425	0.1444
4.6	0.1000	0.1070	0.1127	0.1172	0.1209	0.1240	0.1287	0.1319	0.1342	0.1359	0.1371	0.1390	0.1410
4.8	0.0967	0.1036	0.1091	0.1136	0.1173	0.1204	0.1250	0.1283	0.1307	0.1324	0.1337	0.1357	0.1379
5.0	0.0935	0.1003	0.1057	0.1102	0.1139	0.1169	0.1216	0.1249	0.1273	0.1291	0.1304	0.1325	0.1348
6.0	0.0805	0.0866	0.0916	0.0957	0.0991	0.1021	0.1067	0.1101	0.1126	0.1146	0.1161	0.1185	0.1216
7.0	0.0705	0.0761	0.0806	0.0844	0.0877	0.0904	0.0949	0.0982	0.1008	0.1028	0.1044	0.1071	0.1109
8.0	0.0627	0.0678	0.0720	0.0755	0.0785	0.0811	0.0853	0.0886	0.0912	0.0932	0.0948	0.0976	0.1020
10.0	0.0514	0.0556	0.0592	0.0622	0.0649	0.0672	0.0710	0.0739	0.0763	0.0783	0.0799	0.0829	0.0880
12.0	0.0435	0.0471	0.0502	0.0529	0.0552	0.0573	0.0606	0.0634	0.0656	0.0674	0.0690	0.0719	0.0774
16.0	0.0322	0.0361	0.0385	0.0407	0.0425	0.0442	0.0469	0.0492	0.0511	0.0527	0.0540	0.0567	0.0625
20.0	0.0269	0.0292	0.0312	0.0330	0.0345	0.0359	0.0383	0.0402	0.0418	0.0432	0.0444	0.0468	0.0524

2. 沉降计算深度的确定

《建筑地基基础设计规范》(GB 50007—2011)规定:当满足下列条件时的深度 z_n 即为地基压缩层下限:

$$\Delta s_n' \leqslant 0.025 \sum_{i=1}^{n} \Delta s_i' \tag{3-14}$$

式中　$\Delta s_i'$——在 z_n 范围内第 i 土层的计算变形值(mm);

$\Delta s_n'$——在深度 z_n 处向上取一定厚度 Δz 的薄土层的计算变形值(mm),Δz 可由表 3-5 查得。

按式(3-14)确定的计算深度下面如仍有软软土层时,尚应向下继续计算,直至再次满足式(3-14)为止。对无相邻荷载影响的地基,当基础宽度 b 为 1~30m 时,也可按下面的简化公式确定 z_n:

$$z_n = b(2.5 - 0.4\ln b) \tag{3-15}$$

考虑相邻荷载影响时,其平均附加应力系数 $\bar{\alpha}$ 可按角点法计算,应用叠加原理求得。

表 3-5　　　　　　　　　　　　　　　　　Δz 值

b/m	$b \leqslant 2$	$2 < b \leqslant 4$	$4 < b \leqslant 8$	$b > 8$
Δz/m	0.3	0.6	0.8	1.0

[例 3-2]　某柱下独立基础的底面积为 2.5m×2.5m,基础埋深 2.0m,上部结构传至基础顶面的荷载(准永久组合值)$F = 1600$kN。地基土层分布及相关指标如图 3-11 所示。按《规范》法计算柱基中点的最终沉降量。

解　(1)地基压缩层厚度

$$z_n = b(2.5 - 0.4\ln b) = 2.5 \times (2.5 - 0.4 \times \ln 2.5) = 5.33\text{m}$$

第三层土的压缩模量较小,应继续往下计算。按表 3-5,$\Delta z = 0.6$m,沉降计算深度取

$$z_n = 7.6\text{m}。$$

(2)求基底附加压力

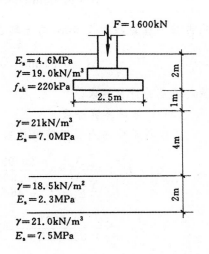

图 3-11　例 3-2 图

基底压力

$$p = \frac{F+G}{A} = \frac{F+\gamma_G Ad}{A}$$

$$= \frac{1600 + 20 \times 2.5 \times 2.5 \times 2}{2.5 \times 2.5}$$

$$= 296\text{kPa}$$

基底附加应力

$$p_0 = p - \sigma_c = p - \gamma_m d$$

$$= 296 - 19.0 \times 2 = 260\text{kPa}$$

(3)计算地基沉降计算深度范围内土层的压缩量,如表 3-6 所示。

表 3-6　　　　　　　　　　　　土层的压缩量计算

(1)	(2)	(3)	(4)	(5)=(1)×(4)	(6)	(7)	(8)	(9)
z/m	l/b	z/b	$\bar{\alpha}_i$	$\bar{\alpha}_i z_i$	$\bar{\alpha}_i z_i - \bar{\alpha}_{i-1} z_{i-1}$	E_{si}/kPa	$\Delta s' = \dfrac{p_0}{E_{si}}(z_i\bar{\alpha}_i - z_{i-1}\bar{\alpha}_{i-1})/\text{mm}$	$s' = \sum \Delta s_i/\text{mm}$
0	1	0	4×0.2500	0	0			
1.0	1	0.8	4×0.2346	0.9384	0.9384	4 600	53.04	53.04
5.0	1	4.0	4×0.1114	2.2280	1.2896	7 000	47.90	100.94
5.6	1	4.48	4×0.1021	2.2870	0.0590	2 300	6.67	107.61
7.0	1	5.6	4×0.0857	2.3996	0.1126	2 300	12.73	120.34
7.6	1	6.08	4×0.0797	2.4229	0.0233	7 500	0.81	121.15

以第 1 层为例:该层顶面和底面各位于基础底面以下 $z = 0$ 及 $z = 1.0$m 处。

顶面处:$l/b = \dfrac{2.5/2}{2.5/2} = 1.0$,$z/b = 0$,查表 3-4 得

$$\bar{\alpha}_0 = 4 \times 0.2500 = 1.0000$$

底面处:$l/b = \dfrac{2.5/2}{2.5/2} = 1.0$,$z/b = 1.0/1.25 = 0.8$,查表 3-4 得

$$\bar{\alpha}_1 = 4 \times 0.2346 = 0.9384$$

故

$$\Delta s' = \frac{p_0}{E_{si}}(z_i\bar{\alpha}_i - z_{i-1}\bar{\alpha}_{i-1}) = 260 \times (1.0 \times 0.9384 - 0 \times 1.00)/4600$$

$$= 0.05304\text{m} = 53.04\text{mm}$$

(4)复核计算深度

假设 $z_n = 5.6$m,向上取 $\Delta z = 0.6$m,

$$\Delta s_n' = 6.67\text{mm} > 0.025 \sum_{i=1}^{n} \Delta s_i' = 0.025 \times 107.61 = 2.69\text{mm}$$

应再往下计算，$z_n = 7.6\text{m}$，向上取 $\Delta z = 0.6\text{m}$，

$$\Delta s_n' = 0.81\text{mm} < 0.025 \sum_{i=1}^{n} \Delta s_i' = 0.025 \times 121.15 = 3.03\text{mm}$$

满足规范的计算要求。

（5）计算最终沉降量

压缩层范围内土层压缩模量当量值 $\overline{E}_s$

$$\overline{E}_s = \frac{\sum A_i}{\sum \dfrac{A_i}{E_{si}}} = \frac{p_0(0.9384 + 1.2896 + 0.0590 + 0.1126 + 0.0233)}{p_0\left(\dfrac{0.9384}{4600} + \dfrac{1.2896}{7000} + \dfrac{0.0590}{2300} + \dfrac{0.1126}{2300} + \dfrac{0.0233}{7500}\right)}$$

$$= \frac{2.4229}{4.6594 \times 10^{-4}} = 5200\text{kPa} = 5.20\text{MPa}$$

沉降计算经验系数 ψ_s：$\overline{E}_s = 5.20\text{MPa}$，$P_0 = 260\text{kPa} > 220\text{kPa}$，查表 3-3 有 $\psi_s = 1.18$，则地基最终沉降量

$$s = \psi_s \, s' = 1.18 \times 121.15 = 142.96\text{mm}$$

3.3.3　分层总和法与《规范》法的比较

现将分层总和法和《规范》法从计算原理、计算结果与实测值的关系以及沉降计算深度等角度作比较，见表 3-7。

表 3-7　　　　　　　　　　　两种地基沉降计算方法比较

项目	分层总和法	《规范》法
计算原理	分层计算沉降，再叠加。物理概念明确 $$s = \sum_{i=1}^{n} s_i$$	采用附加应力面积系数法
计算公式	$$s = \sum_{i=1}^{n} \frac{e_{1i} - e_{2i}}{1 + e_{1i}} = \sum_{i=1}^{n} \frac{a_i}{1 + e_{1i}} \overline{\sigma}_{zi} h_i = \sum_{i=1}^{n} \frac{\overline{\sigma}_{zi}}{E_{si}} h_i$$	$$s = \psi_s \sum_{i=1}^{n} \frac{p_0}{E_{si}} (z_i \overline{\alpha}_i - z_{i-1} \overline{\alpha}_{i-1})$$
计算结果与实测值关系	中等地基 $s_{计} \approx s_{实}$ 软弱地基 $s_{计} < s_{实}$ 坚实地基 $s_{计} \geqslant s_{实}$	引入沉降计算经验系数 Ψ_s，使 $s_{计} \approx s_{实}$
地基沉降计算深度 z_n	一般土 $\sigma_z = 0.2\sigma_c$ 软土 $\sigma_z = 0.1\sigma_c$	① 对无相邻荷载影响 $$z_n = b(2.5 - 0.4\ln b)$$ ② 存在相邻荷载影响 $\Delta s_n' \leqslant 0.025 \sum_{i=1}^{n} \Delta s_i'$
计算工作量	①绘制土的自重应力曲线； ②绘制地基中的附加应力曲线； ③沉降计算每层厚度 $h_i \leqslant 0.4b$，计算工作量大	应用积分法，如为均质土，无论厚度多大，只一次计算，简便

3.4 地基沉降与时间的关系

在建筑工程的设计和施工中,有时除了需要计算建筑物地基的最终沉降量,还需预估建筑物地基达到某一沉降量所需的时间或者预估建筑物完工以后经过一定时间可能产生的沉降量,即地基变形与时间的关系。

地基的变形也就是土中孔隙体积的减少,对饱和土来讲,要产生变形,就要将占据土中孔隙的水排挤出去。不同的土,透水性差别很大,因此,各种土完成最终沉降量所需的时间长短不一。一般地,碎石土和砂土透水性好,可认为在施工完成后,其变形也基本完成。对于低压缩性的黏土,施工完毕时可认为已完成最终沉降量的 50%～80%;对于中压缩性黏土,可完成最终沉降量的 20%～40%;而对于高压缩性黏土,施工完毕时只能完成 5%～20%,完成最终沉降量需要几年甚至十几年时间。因此,实践中一般只考虑黏性土和粉土的变形与时间的关系。

3.4.1 土层的应力历史

1. 前期固结压力

土不是一种纯弹性材料,它具有某些特殊性能,其中之一就是它能够把历史上曾经承受过的应力信息储存起来。只要经受过外力作用,在土体内部或多或少会留下一些痕迹,这种痕迹就反映了土体的应力历史。

在 3.2 节土的压缩试验中,已讲述过压缩试验成果可用 e-$\lg p$ 曲线表示。图 3-12 表示的是两个土样的原状和扰动后的 e-$\lg p$ 曲线,很明显,原状土的应力-应变曲线可以分为两段:当压力较小时,曲线接近于水平线;当压力较大时,则成为向下斜的另一条直线。而扰动土没有这样的性质。习惯上,把 e-$\lg p$ 曲线的转折点所对应的压力称为"前期固结压力",用 p_c 表示。

2. 沉积土层的应力历史

土层历史上所受荷载,即应力历史对黏性土的压缩性的影响十分显著。应力历史不同的土,其压缩性将大不一样。因此,把黏性土地基按历史上曾受过的最大压力 p_c(称为前期固结压力)与现在所受的土的自重压力 p_0 相比较,可分为以下三种类型:

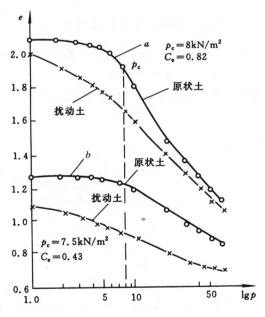

图 3-12 黏性土的压缩曲线

(1) 正常固结土

正常固结土是指土层历史上经受的最大压力为现有覆盖土的自重压力,即 $p_c = p_0$,如图 3-13(a)所示。土体逐渐沉积到目前地面的标高,并在土的自重压力作用下已固结稳定。

（2）超固结土

超固结土是指该土层历史上曾经经受过大于现有覆盖土重的前期固结压力，即 $p_c > p_0$，如图 3-13（b）所示。历史上最高地面比现在高，后因各种原因（包括水流冲刷、冰川作用及人类活动等），地面降至目前标高。

（3）欠固结土

欠固结土是指土层在目前的土重作用下，还没有达到完全固结的程度，自重固结完成后的地面将低于现在地面，土层实际固结压力小于现有的土层自重应力，即 $p_c < p_0$，如图 3-13（c）所示。

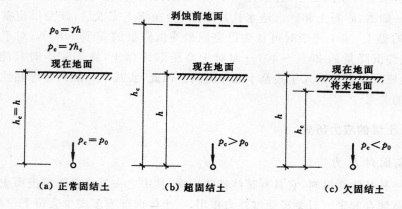

图 3-13　黏性土按受压历史的分类

3.4.2　饱和土的有效应力原理

图 3-14 表示土体中的某一断面，孔隙被水所充满，由于孔隙是连续的，所以孔隙水也是连续的，并且与地下水自由连通。当有上部应力 σ 作用时，在 b—b 剖面上应有孔隙应力和固体颗粒之间的接触应力与之平衡。

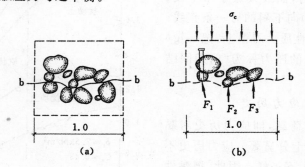

图 3-14　总应力、有效应力及孔隙水压力

现考虑 3-14（b）的平衡条件，设横断面面积为 1。应力 σ_x 是由 b—b 面上面的土体的重力、静水压力以及外荷载所产生的应力，称为总应力。设孔隙水压力为 u，作用在土粒接触点上的各力表示为 F_1，F_2，F_3，…各接触面面积为 A_1，A_2，A_3。垂直于 b—b 面的 F_1，F_2，F_3，…各力的法向分量的和称为有效应力：

$$\sigma_z' = F_{1z} + F_{2z} + F_{3z} + \cdots + = \sum F_{iz}$$

根据静力平衡条件

$$\sigma_z = \sum F_{iz} + u(1 - \sum A_i) = \sigma_z' + u(1 - \sum A_i)$$

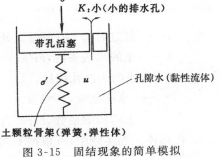

$\sum A_i$ 是单位面积内土颗粒的接触面积,其值虽然无法准确知道,但它不会大于土的横断面积的百分之三,故认为 $\sum A_i = 0$,则 $\sigma_z = \sigma_z' + u$

$$\sigma = \sigma' + u \qquad (3\text{-}16\text{a})$$

$$\sigma' = \sigma - u \qquad (3\text{-}16\text{b})$$

图 3-15　固结现象的简单模拟

式(3-16)就是土有效应力原理的数学表达式,有效应力等于总应力减去孔隙水压力。孔隙水压力沿各个方向都是相等的,由于土颗粒的压缩模量很大,所以孔隙水压力不会引起土体的压缩变形,只有有效应力才会使土骨架发生变形。

有效应力原理在土力学中很重要,因为有效应力控制了土的变形及强度性能,这可从图3-15的弹簧-水模型中清楚地看出。在这个模型中,弹簧代表土骨架,黏滞性流体代表孔隙中的水,活塞上开的小孔表示黏性土的渗透系数很小。在活塞上施加总应力为 σ 的荷载,刚加荷时($t=0$),水还没有来得及从小孔中排出,这时总应力全部由超孔隙水压力 u 承受。经过充分长的时间($t \to \infty$)后,孔隙水压力 $u=0$,水不再从小孔中排出,总应力 u 全部由有效应力 σ' 承受,这时,活塞不再下沉,固结完成。即

$$t=0: \quad \sigma = 0 + u$$

$$t \to \infty: \quad \sigma = \sigma' + 0$$

从上述固结现象的模拟过程可看出:在某一压力作用下,饱和土的固结过程就是土体中各点的超孔隙水压力不断消散、有效应力相应增长的过程,或者说是超孔隙水压力逐渐转化为有效应力的过程,而在这种转化的过程中,任一时刻任一深度上的应力始终遵循着有效应力原理。

3.4.3　太沙基一维固结理论

太沙基(Terzdghi,1925)提出了饱和土的一维固结理论,这一理论计算十分简便,因而在建筑工程中应用很广。

1. 基本假设

(1) 土层是均质的、各向同性和完全饱和的;

(2) 土粒和孔隙水是不可压缩的;

(3) 水的渗出和土层的压缩只沿一个方向(竖向)发生;

(4) 水的渗流服从达西定律;

(5) 在整个渗流过程中,土的渗透系数 k、压缩系数 a 视为不变的常数;

(6) 外荷载一次瞬时施加,土体承受的总应力不随时间变化。

2. 一维固结微分方程及其解答

太沙基基于上面的假设,推导出了热传导型的一维固结微分方程:

$$\frac{\partial u}{\partial t} = C_v \frac{\partial^2 u}{\partial^2 z} \qquad (3\text{-}17)$$

式中　C_v——固结系数，$C_v = \dfrac{k(1+e)}{\gamma_w a}$，$cm^2/a$；

　　　u——经过时间 t 时深度 z 处的孔隙水压力值；

　　　k——土的渗透系数，m/a；

　　　e——土的天然孔隙比；

　　　γ_w——水的重度，$\gamma = 10kN/m^3$；

　　　a——土的压缩系数，MPa^{-1}。

在具体工程实践中，可根据不同的初始条件和边界条件求式(3-17)的特解。

如图 3-16 所示，在厚度为 H 的饱和土层的顶面是透水的，底面不透水，假设该土层在其自重作用下的固结已完成，由于顶面作用瞬间施加的无限宽广的均布荷载 p_0，使土层排水固结。

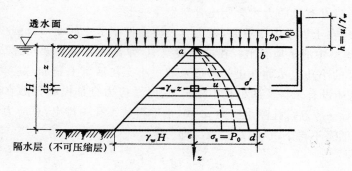

图 3-16　饱和黏性土的一维渗流固结

根据图 3-16 所示的土层和受荷情况，可求得式(3-17)的特解。这些初始条件和边界条件(可压缩土层顶、底面的排水条件)为

(1) 当 $t=0$ 及 $0 \leqslant z \leqslant h$ 时　　　　　　　　$u = \sigma_z$

(2) 当 $0 < t < \infty$ 及 $z = h$ 时　　　　　　　$\dfrac{\partial u}{\partial z} = 0$

(3) 当 $t = \infty$ 及 $0 \leqslant z \leqslant h$ 时　　　　　　$u = 0$

根据以上这些条件，采用分离变量法求得式(3-17)的特解为：

$$u_{z,t} = \frac{4}{\pi}\sigma_z \sum_{m=1}^{\infty} \frac{1}{m}\sin\left(\frac{m\pi z}{2H}\right)e^{-m^2\frac{\pi^2}{4}T_v} \tag{3-18}$$

式中　m——正奇数(1,3,5,…)；

　　　e——自然对数底数；

　　　H——排水最长距离(cm)，当土层为单面排水时，H 等于土层厚度；当土层上下双面排水时，H 取土层厚度的一半；

　　　T_v——时间因数(无量纲)按下式计算：

$$T_v = \frac{C_v t}{H^2} \tag{3-19}$$

3. 地基固结度

衡量土固结完成的程度，称为固结度 U_t，即

$$U_t = \frac{某一时刻的有效应力}{最终时刻的有效应力} \tag{3-20}$$

在任意深度 z 处孔隙水压力为 $u(z,t)$，则固结度的表达式为

$$U_t = \frac{\sigma'}{p_0} = \frac{p_0 - u(z,t)}{p_0}$$

土层的固结度也可表示为某一时刻的有效应力面积与最终时刻的有效应力面积之比，在图 3-16 中，可用下式表示：

$$U_t = \frac{面积\ abcd}{面积\ abce} = \frac{\int_0^H p_0 \mathrm{d}z - \int_0^H u_{zt}\mathrm{d}z}{\int_0^H p_0\mathrm{d}z} = 1 - \frac{\int_0^H u_{zt}\mathrm{d}z}{\int_0^H p_0\mathrm{d}z} \tag{3-21}$$

将式(3-18)代入式(3-21)，积分化简后，得

$$U_t = 1 - \frac{8}{\pi^2} \sum_{m=1}^{m=\infty} \frac{1}{m^2} e^{-m^2 (\frac{\pi^2}{4}) T_v} \tag{3-22}$$

式(3-22)为一收敛很快的级数，在实际应用中，取第一项即可满足工程精度的要求，这时公式(3-22)可近似写成

$$U_t = 1 - \frac{8}{\pi^2} e^{-\frac{\pi^2}{4} T_v} \tag{3-23}$$

上面推导的固结度的公式仅适用于图 3-16(总应力沿土层深度均匀分布)的情况，在实际工程中，它相当于地基在自重作用下固结已完成，且基底面积很大、压缩层相对很薄的情况。对于不同的固结条件，即固结土层中不同的附加应力分布和排水条件，固结度计算公式亦不相同。在工程中遇到的情况都比较复杂，为简化计算，根据固结土层的附加应力(对欠固结土包括土层自重应力)的分布和排水条件，分成五种情况，如图 3-17 所示。

情况 0：基础底面积很大而压缩土层较薄的情况。

情况 1：地基中应力层三角形分布，例如大面积新沉积土层中由于自重应力而产生固结的情况。

情况 2：相当于土层基底面积较小，土层很厚，在压缩土层底面的附加应力已接近零的情况。

情况 3：相当于土层在自重应力作用下尚未固结完毕，又受到荷载作用的地基。

情况 4：与情况 2 相似，但相当于在压缩土层底面附加应力还不接近于零的情况。

图 3-17 中的 α 值为土层透水面处的附加应力 σ_{za} 与不透水面处的附加应力 σ_{zp} 之比，即

$$\alpha = \frac{排水面附加应力}{不排水面附加应力} = \frac{\sigma_{za}}{\sigma_{zp}}$$

不同固结情况其固结度计算公式虽不同，但它们都是时间因数的函数，即

$$U_t = f(T_v)$$

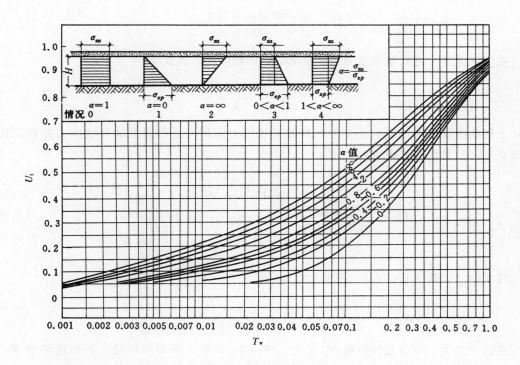

图 3-17　一维渗透固结理论曲线

　　为便于应用,将上述各种附加应力分布下的地基固结度的解绘制成如图 3-17 所示的 $U_t\text{-}T_v$ 关系曲线(渗透固结理论曲线)。

　　我们知道,土的固结沉降与有效应力面积成正比,所以,土层的固结度 U_t 还可以用土体在固结过程中某一时刻的固结沉降量 s_t 与最终固结沉降量 s 的比值来表示:

$$U_t = \frac{s_t}{s} \tag{3-24}$$

式中　s_t——经过时间 t,地基所产生的沉降量;

　　　　s——地基的最终沉降量。

所以,只要能求出任一时刻 t 的固结度,即可求出该时刻相应的沉降量 $s_t = U_t s$。

　　[例 3-3]　有一饱和黏土层,厚度为 10m,在大面积荷载 $p_0 = 120\text{kPa}$ 的作用下。该土层的初始孔隙比 $e_1 = 1.0$,压缩系数 $a = 3 \times 10^{-4}\text{kPa}^{-1}$,渗透系数 $k = 0.018\text{m/a}$。对黏土层在单面及双面排水条件下求:(1)黏土层的最终沉降量;(2)加荷一年时的沉降量;(3)沉降量达 14cm 所需的时间。

　　解　(1)黏土层的最终沉降量

　　　因为是大面积荷载,所以,黏土层中附加应力沿深度是均匀分布的,

$$\sigma_z = p_0 = 120\text{kPa}$$

最终沉降量　　　　　　$s = \dfrac{a\sigma_z}{1+e_1} H = \dfrac{3 \times 10^{-4} \times 120}{1+1} \times 10 = 0.18\text{m} = 18\text{cm}$

　　(2)$t = 1$ 年时的沉降量

黏性土的竖向固结系数：

$$C_v = \frac{k(1+e)}{\gamma_w \alpha} = \frac{0.018 \times (1+1.0)}{10.0 \times 3 \times 10^{-4}} = 12 \text{m}^2/a$$

对于单面排水条件下：

时间因数
$$T_v = \frac{C_v t}{H^2} = \frac{12 \times 1}{10^2} = 0.12$$

土层中的应力分布属于情况 0，参数 $\alpha = 1$，由 $T_v = 0.12$ 及 $\alpha = 1$ 值从图 3-17 中查得土层的平均固结度 $U_t = 0.39$。

加荷一年时的沉降量为

$$s_t = U_t s = 0.39 \times 18 = 7 \text{cm}$$

对于双面排水条件下：

时间因数
$$T_v = \frac{C_v t}{(0.5H)^2} = \frac{12 \times 1}{5^2} = 0.48$$

由 $T_v = 0.48$ 及 $\alpha = 1$ 值从图 3-17 中查得土层的平均固结度 $U_t = 0.75$，加荷一年时的沉降量为：

$$s_t = U_t s = 0.75 \times 18 = 13.5 \text{cm}$$

（3）求沉降量达 14cm 所需的时间

固结度为

$$U_t = \frac{s_t}{s} = 14/18 = 0.78$$

由图 3-17 中查得时间因数 $T_v = 0.53$

对于单面排水条件下：

$$t = \frac{T_v H^2}{C_v} = \frac{0.53 \times 10^2}{12} = 4.42 \text{ 年}$$

对于双面排水条件下：

$$t = \frac{T_v (0.5H)^2}{C_v} = \frac{0.53 \times 5^2}{12} = 1.1 \text{ 年}$$

3.4.4 与固结相关的施工方法

1. 慢速加荷法

在同样软弱的地基上堆积同样高度的填土时，如果是很快地加荷，黏土地基会被破坏，如果缓慢地加荷，地基土不会被破坏。这是因为缓慢地加荷时，黏性土有时间固结，由于固结，土体强度提高，就可以使土体承受相应的荷载。这一现象是像铁、混凝土等其他材料所没有的，是土特有的现象。

2. 竖向排水固结法

对渗透性很小的软弱地基来说，慢速加荷法需要耗费很多时间。为了缩短固结时间，可采用砂井排水法(sand drain)或塑料排水板排水法(plastic vertical drain,简称 PVD)。我们来看一下时间因数 $T_v = C_v t / H^2$,可知当时间因数 T_v 一定时,时间 t 与排水距离 H 的平方成正比,如果能缩短排水距离,时间就可以大大缩短(如果 H 减小到 1/10,时间就可以缩短到 1/100)。因此,如图 3-18 所示,在黏土地基中,以适当的间距垂直打设砂井,在加荷时,除了上下方向排水外,在水平方向上还会向着砂井呈放射状地排水,排水距离大大缩短。

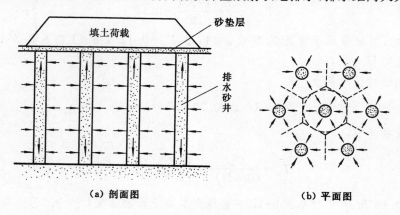

（a）剖面图　　　　　　　　　　　（b）平面图

图 3-18　砂井排水和排水方向

3. 超载预压法

在软弱地基上,先设置比构筑物荷载稍大一些的堆土、临时加荷,等固结完成后卸载。然后再施加构筑物荷载,这时地基的沉降量会比直接施加设计荷载小得多。这是因为在设计荷载作用下的固结沉降量由于预堆土已事先发生了,以后再施加构筑物荷载时产生的沉降量就小得多了。像这种在地基上事先施加比设计荷载大的临时荷载,使地基产生超固结,从而控制沉降的施工方法叫作超载预压法。预加载法可与砂井排水法结合使地基在临时荷载作用下的沉降量尽快完成,使工期缩短。

思考题

3-1　在计算地基最终沉降量以及确定压缩层厚度时,为什么自重应力要用有效重度进行计算?

3-2　什么是地基土的压缩模量和变形模量?相互间有什么关系?

3-3　什么是地基压缩层深度?如何确定?

3-4　试述分层总和法的假设条件。

3-5　在分层总和法中,为什么用基础底面中心点下附加应力计算地基最终沉降量?

3-6　土的压缩性指标有哪些?

3-7　试述用《规范》法和分层总和法计算沉降量的区别。

3-8　在砂土和软黏土地基上建造同样建筑物,在施工期和使用期内,哪种地基上建筑物沉降大?为什么?

3-9　什么是前期固结压力?依据前期固结压力划分几类沉积土层?

3-10　两个基础,底面的附加应力相同,面积相同,但埋置深度不同,若压缩层内土的性质相同,试问哪一个基础沉降大?若基础的面积不同,但埋置深度相同,哪个基础的沉降大?

为什么?

3-11 一维渗透固结中,渗流路径 H、压缩模量 E_s 及渗透系数 k 分别对固结时间有何影响?为什么?

习 题

3-1 一土样在压缩试验过程中,孔隙比由 1.25 减小到 1.05,若环刀高度为 2cm,试验结束后,土样高度为多少?

答案 1.82cm

3-2 一个土样,含水量为 $w=40\%$,重度 $\gamma=18kN/m^3$,土粒相对密度 $G_s=2.70$,在压缩仪中,荷载从 0 增加到 100kPa,土样压缩了 0.95mm,试问压缩系数 a 为多少?(环刀高度为 2cm)

答案 0.998MPa^{-1}

3-3 一个土样,含水量为 $w=40\%$,重度 $\gamma=18kN/m^3$,土粒相对密度 $G_s=2.70$,在压缩仪中,荷载从 0 增加到 100kPa,土样压缩了 0.95mm,试问压缩模量 E_s 为多少?(环刀高度为 2cm)

答案 2.11MPa

3-4 某方形基础底面为 2m×2m,埋深 $d=1$m,基顶荷载 $F=720$kN,有关数据资料如图 3-19 所示。试用分层总和法求地基的最终沉降量。(提示:z_n 取 5.5m)

答案 185.2mm

3-5 某工程柱基础,底面积为 3m×2m,埋深为 1.5m,$f_{ak}=180$kPa 上部荷载及基础总重为1080kN,地质剖面图和土的性质如图 3-20 所示。试用《规范》法计算基础的最终沉降量。

答案 33mm

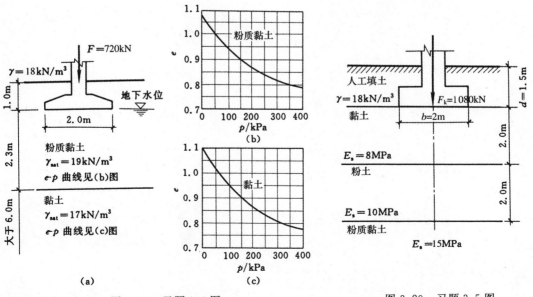

图 3-19 习题 3-4 图   图 3-20 习题 3-5 图

3-6 某饱和黏土层厚 10m，在大面积（20m×20m）荷载 $p_0=120$kPa 作用下，土层的初始孔隙比 $e_0=1.0$，压缩系数 $a=0.3$MPa^{-1}，渗透系数 $k=18$mm/a，单面排水。按黏土层在单面和双面排水条件下分别求：

(1)加荷 1 年时的沉降量；(2)沉降量达 14cm 所需要的时间。

答案 (1)72mm,135mm；(2)4.4 年,1.1 年

4 土的抗剪强度和地基承载力

学习重点和目的

    土的抗剪强度是土的重要力学性质之一。本章介绍土的抗剪强度、土的极限平衡理论、抗剪强度指标的测定等;地基承载力部分介绍地基临塑荷载、临界荷载以及地基极限承载力的确定方法。

    通过本章的学习,要求读者掌握抗剪强度的库伦定律、土的极限平衡条件、用直接剪切仪和三轴压缩仪测定土的抗剪强度指标的方法及试验成果的整理;熟悉抗剪强度的组成和影响因素;掌握地基临塑荷载、临界荷载以及地基极限承载力的确定方法,了解各种地基的破坏形式。

4.1 概述

    土的抗剪强度是指土体对于外荷载所产生的剪应力的极限抵抗能力。在外荷载作用下,土体中将产生剪应力和剪切变形,当土中某点由外力所产生的剪应力达到土的抗剪强度时,土就沿着剪应力作用方向产生相对滑动,该点便发生剪切破坏。工程实践和室内试验都证实了土是由于受剪而产生破坏,剪切破坏是土体强度破坏的重要特征,因此,土的强度问题实质上就是土的抗剪强度问题。

    工程实践中常见的强度问题,可归纳为三大类,如图 4-1 所示。

    1. 土工结构物的稳定性问题

    人工筑成的路堤、土坝的边坡以及天然土坡的坡度太陡时,土坡上的一部分土体将沿着滑动面(剪切破坏面)向前滑动(图 4-1(a))。土体中滑动面的产生就是由于滑动面上的剪应力达到土的抗剪强度引起的。

    2. 土对工程结构物的侧向压力,即土压力问题

    这和边坡稳定问题有直接联系的,若边坡较陡不能保持稳定,又由于场地或其他条件限制而不允许采用平缓边坡时,就可以修筑挡土墙来保持力的平衡。作用在墙面上的力,称为土压力。土压力的大小,直接与土的强度有关。这些结构物周围土体的强度破坏将造成对墙体过大的侧向压力,可能导致这些工程结构物发生滑动、倾覆(图 4-1(b))。

    3. 土作为建筑物的地基问题

    即地基承载力与地基稳定性问题。很明显,当地基土受过大的荷载作用时,会出现部分土体沿着某一滑动面挤出,导致建筑物严重下陷,甚至倾倒(图 4-1(c))。

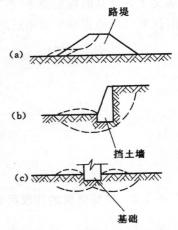

图 4-1 土体破坏形式示意图

地基承载力是指地基土单位面积上所能承受的荷载,我们通常把地基土单位面积上所能承受的最大荷载称为极限承载力。如果基底压力超过地基的极限承载力,地基就会失稳破坏。因此,在工程实际中必须确保地基有足够的稳定性,该稳定性可用安全系数 K 来表示,即 $K=$ 地基的极限承载力/基底压力。由于地基土的复杂性,要准确地确定地基极限承载力是一个比较复杂的问题。本章主要是从土的强度和地基稳定性角度介绍确定地基极限承载力常用的几种理论方法。

4.2 土的抗剪强度与摩尔圆

4.2.1 土的抗剪强度的概念

当土体发生剪切破坏时,将沿着其内部某一曲面(滑动面)产生相对滑动,而该滑动面上的剪应力就等于土的抗剪强度。1776 年,法国学者库伦(Coulomb)根据砂土和黏性土的试验结果(图 4-2),将土的抗剪强度表达成:

$$\tau_f = c + \sigma \tan\varphi \tag{4-1}$$

式中　σ——作用在剪切面上的法向应力,kPa;

　　　τ_f——在法向应力 σ 作用下土的抗剪强度,kPa;

　　　φ——抗剪强度线与水平线的夹角,称内摩擦角,(°);

　　　c——抗剪强度线在纵轴上的截距,称黏聚力,kPa。

式(4-1)称为土的抗剪强度定律,也称为库仑定律,它表明对一般应力水平,土的抗剪强度与滑动面上的法向应力之间呈直线关系。实践证明,在一般应力范围内,抗剪强度定律能够满足工程计算的精度要求;在高压力下,σ 和 τ 的关系不再是直线而变成向下弯曲的曲线,此时抗剪强度的直线定律不适用。

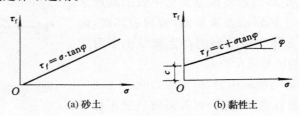

(a) 砂土　　　　　　　　(b) 黏性土

图 4-2　土的抗剪强度与法向应力之间的关系

4.2.2 抗剪强度的构成因素

公式(4-1)中的 c 和 φ 称为抗剪强度指标,在一定条件下是常数,它们是构成土的抗剪强度的基本要素。c 和 φ 的大小反映了土的抗剪强度的高低。

土的抗剪强度的构成因素有两个,即内摩擦力与黏聚力。φ 为土的内摩擦角,$\tan\varphi$ 为土的内摩擦系数,$\sigma\tan\varphi$ 则是土的内摩擦力。存在于土体内部的摩擦力由两部分组成:一部分是剪切面上颗粒与颗粒之间产生的摩擦力;另一部分是由于颗粒之间的相互嵌入和联锁作用产生的咬合力。土颗粒越粗,内摩擦角 φ 越大。砂类土的抗剪强度主要来源于内摩擦力;

黏性土的内摩擦角一般较无黏性土小,对于饱和黏性土,有时内摩擦角为零,此时抗剪强度线为一水平线。

黏聚力 c 是由于土粒之间的胶结作用、结合水膜以及水分子引力作用等形成的。它随着土的压密、土颗粒之间的距离的减小而增大,随胶结物的结晶和硬化而增强。为防止土的结构被破坏,黏聚力丧失,因而在施工时应尽量不扰动地基土的结构。土颗粒越细,塑性越大,其黏聚力也越大。

4.2.3 摩尔应力圆

当土体中任意一点在某一平面上的剪应力达到土的抗剪强度时,就发生剪切破坏。为此,需要研究土体内任一微小单元体的应力状态。为简单起见,下面只研究土中比较简单的应力状态——平面应力状态。

设想一无限长条形荷载作用于弹性半无限体的表面上,根据弹性理论,这属于平面变形问题。垂直于基础长度方向的任意横截面上,其应力状态都如图 4-3 所示。地基中任一点 M 皆为平面应力状态,其上作用的应力为正应力 σ_x,σ_z 和剪应力 τ_{xz},可用第二章原理算得。由材料力学可知道,过 M 点有无数多个面,但仅存在两个互相垂直的主平面,其上作用有大主应力 σ_1 和小主应力 σ_3,而剪应力 $\tau=0$,该点的大、小主应力为

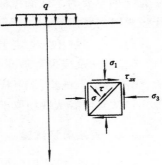

图 4-3 土中某点应力状态

$$\frac{\sigma_1}{\sigma_3}=\frac{\sigma_x+\sigma_z}{2}\pm\sqrt{\left(\frac{\sigma_z-\sigma_x}{2}\right)+\tau_{xz}^2} \qquad (4\text{-}2)$$

当主应力 σ_1,σ_3 已知时,可求得过该点任意截面上的法向应力 σ 和剪应力 τ。如图 4-4 所示,mn 斜面上的正应力 σ 和剪应力 τ 分别为

$$\sigma=\frac{\sigma_1+\sigma_3}{2}+\frac{\sigma_1-\sigma_3}{2}\cos2\alpha \qquad (4\text{-}3)$$

$$\tau=\frac{\sigma_1-\sigma_3}{2}\sin2\alpha \qquad (4\text{-}4)$$

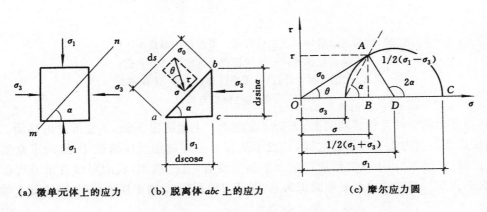

(a) 微单元体上的应力　　(b) 脱离体 abc 上的应力　　(c) 摩尔应力圆

图 4-4 土体中任意点的应力

将上两式两边平方后相加并整理得：

$$\left[\sigma-\frac{1}{2}(\sigma_1+\sigma_3)\right]^2+\tau^2=\left[\frac{1}{2}(\sigma_1-\sigma_3)\right]^2 \qquad (4\text{-}5)$$

式(4-5)为摩尔应力圆方程，圆的半径为$(\sigma_1-\sigma_3)/2$，圆心坐标为$((\sigma_1+\sigma_3)/2,0)$，摩尔应力圆上某一点的横、纵坐标分别表示土中相应点与主平面成α倾角的截面上的法向应力σ和剪应力τ。

4.3 土的抗剪强度测定方法

土的强度试验的目的是要确定抗剪强度曲线及其相应的强度指标c和φ。强度指标c和φ是土的重要力学性能指标之一，在计算地基承载力、评价地基的稳定性以及计算挡土墙的土压力时均要用到。

目前已有多种用来测定土的抗剪强度指标的仪器和方法，每一种仪器都有一定的适用性，而试验方法及成果整理亦有所不同。按采用的试验仪器分，有直接剪切试验、三轴压缩试验、无侧限抗压试验、十字板剪切试验等。其中，除十字板剪切试验是在现场原位进行外，其他三种试验均需从现场取土，并通常在室内进行。

4.3.1 直接剪切试验

直接剪切试验所使用的仪器称为直接剪切仪(简称直剪仪)。直剪仪分为应变控制式直剪仪和应力控制式直剪仪两种。我国目前普遍采用的是应变控制式直剪仪，如图4-5所示。

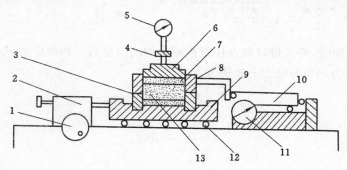

1—剪切传动机构；2—推动器；3—下盒；4—垂直加压框架；
5—垂直位移计；6—传压板；7—透水板；8—上盒；
9—储水盒；10—测力计；11—水平位移计；12—滚珠；13—试样
图 4-5 应变控制式直剪仪

剪切盒由两个可互相错动的上、下金属盒组成。上盒固定不动，下盒可自由移动。试验时，将试样装在盒内上下透水石之间，通过承压板对土样施加竖向荷载P；推动下盒施加剪切力，此时，土样在上、下盒之间固定的水平面上受剪，直至破坏，从而可以直接测得破坏面上的水平力T。若试样的水平截面积为A(即环刀的面积)，则土样破坏时，剪切面上的法向应力：

$$\sigma = \frac{P}{A}$$

此时土的抗剪强度为
$$\tau_f = \frac{T}{A}$$

在试验时,通常取 3~4 个相同的试样,分别在不同的竖向荷载作用下进行剪切,得出相应的抗剪强度 τ_f,以 σ 为横坐标,τ_f 为纵坐标,就可以得到土的抗剪强度与法向应力的关系(图 4-6(b)、4-7(b))。

图 4-6 表示一种纯净砂土直剪试验的曲线。其中图 4-6(a)表示在恒荷载作用下,剪应力与剪切位移之间的关系。从图上可以看出,曲线的特征是每条线都有一个峰值。通常把峰值应力作为土样的抗剪强度。图 4-6(b)表示峰值应力与相应的竖向应力之间的关系。干燥的纯砂,强度包线通过原点,其他的情况强度包线不通过原点。

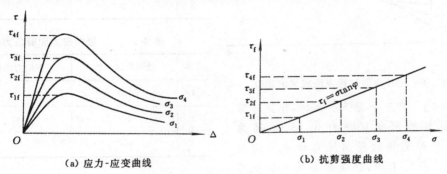

图 4-6 砂土的抗剪强度

图 4-7 表示黏性土的一组试验曲线。黏性土,特别是孔隙比较大、含水量较高的土,应力应变曲线与砂土有较大不同,不呈现峰值。这时,《土工试验方法标准》(GB/T 50123—1999)中规定取剪切位移 4mm 所对应的剪应力为抗剪强度(图 4-7(a))。

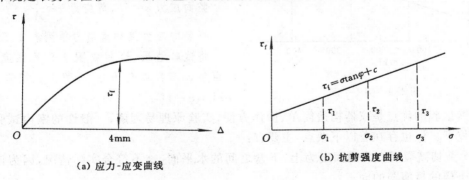

图 4-7 黏性土的抗剪强度

因为直剪试验不能从定量上知道土样的排水固结度,所以根据加荷速率的快慢,将直剪试验分为快剪、固结快剪和慢剪三种试验方法:

(1)快剪(Q):竖向应力施加后,立即进行剪切,目的是不让土样有排水的可能性,如《土工试验方法标准》规定,要使试样在 3~5min 内剪坏。

(2)固结快剪(R):试验时,先让土样在竖向荷载下充分固结。固结完成后,再进行快速剪切,其剪切速率与快剪相同。

（3）慢剪（S）：试验时,先把竖向荷载加在土样上,经过很长一段时间（通常24h）后,缓慢地施加剪应力,要求在40min或更长的时间内完成剪切过程,目的是使土样在剪切时也充分排水。

上述三种方法的试验结果如图4-8。从图中可以看出,$c_Q > c_R > c_s$,而$\varphi_Q < \varphi_R < \varphi_s$。

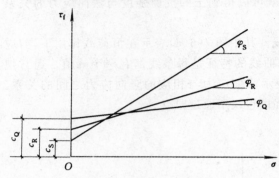

图4-8 三种直剪试验方法成果的比较

[例4-1] 有三个黏性土试样,作直接剪切试验,试样截面积直径为6.18cm,高为2.1cm。破坏时测得的竖向压力和水平向推力分别列于表4-1中,试确定黏性土的抗剪强度指标。

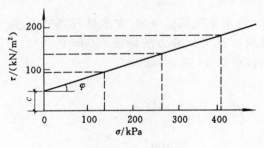

图4-9 例4-1图

表4-1 土样受到的竖向压力和水平推力

土样	竖向压力 P/kN	水平推力 T/kN
1	0.400	0.290
2	0.800	0.430
3	1.200	0.510

表4-2 竖向应力和剪应力值

土样	竖向应力/kPa	剪应力/kPa
1	133	97
2	267	143
3	400	170

解 土样面积 $A = \dfrac{\pi D^2}{4} = \dfrac{\pi \times (6.18)^2}{4} = 30\text{cm}^2 = 0.003\text{m}^2$

竖向应力 $\sigma = \dfrac{P}{A}$,剪应力 $\tau = \dfrac{T}{A}$

将竖向应力值和剪应力值列表4-2中。

将试验结果,绘制成图4-9的强度线,则截距为c,直线坡角为φ,从图上直接量出$c = 50\text{kPa}$,$\varphi = 17°$。

直剪试验的优点是仪器构造简单、操作方便,实验原理易理解,一般性的室内试验多采用这种仪器。但也存在着以下缺点,主要有：

（1）剪切破裂面人为地固定为上、下盒之间的水平面,这不符合实际情况,因为该面不一定是土样的最薄弱的面;

（2）剪切面在整个剪切过程中随剪切变形增加而逐渐减小,剪切面上剪应力τ分布不均匀;

（3）试验过程中不易控制排水条件和测定孔隙水压力。

因此,直剪试验不能完全反映实际土体的受力状态和排水条件,对重大工程（如一级建筑物）和一些科学研究,应采用更为完善的三轴压缩试验。

4.3.2　三轴剪切试验

三轴剪切试验是目前测定土抗剪强度较为完善的仪器。三轴试验仪器的构造如图4-10所示。三轴仪主要由压力室、加压系统和量测系统三大部分组成。试样为圆柱形,试样上下两端可根据要求放置透水石或不透水板,然后放置在压力室的底座上,并用橡皮膜将试样包裹起来,避免压力室的水进入到试样中。试样的排水条件可用排水阀控制。试样的底部与孔隙水压力量测系统相连,可根据需要测定试验中试样的孔隙水压力值。

试验时,首先通过阀门向室内施加一个周围压力σ_3并保持稳定,然后在试样的轴向通过压力室顶部的活塞杆,在试样上施加一个轴向力$(\sigma_1-\sigma_3)$,逐渐加大$(\sigma_1-\sigma_3)$的值,直至土样达到破坏。根据作用于试样上的周围压力σ_3和破坏时的轴向力$(\sigma_1-\sigma_3)_f$,绘制摩尔应力圆。同一种土取若干个试样,在不同的σ_3作用下,便可画出相应的一组极限应力圆,这些圆的公切线(或称包线)即为抗剪强度包线,一般接近直线,它在纵轴上的截距和倾角就是土的c,φ值,如图4-11所示。

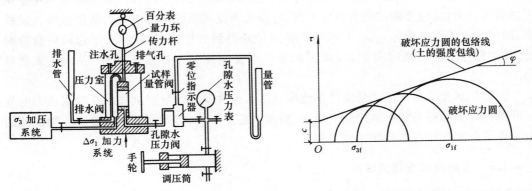

图 4-10　三轴仪　　　　　　　图 4-11　抗剪强度曲线及相应的强度指标图

按照试样的固结排水情况,常规三轴试验有三种方法。

1. 不固结不排水剪(UU 试验)

不固结不排水剪,简称不排水剪。试验时,先关闭排水阀,然后施加周围压力σ_3,再施加垂直轴向压力$(\sigma_1-\sigma_3)$。在整个试验的过程中,排水阀始终关闭,不允许试样中的水分排出,因此,试样在加压和剪切过程中,含水量保持不变。试验和有效应力原理都证明了含水量相同的饱和试样,尽管σ_3不同,但剪切时的$(\sigma_1-\sigma_3)_f$则基本相同。所以,抗剪强度包线是一条水平线,如图4-12所示。

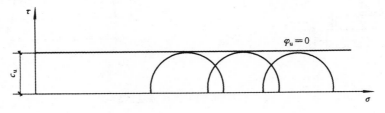

图 4-12　饱和黏土不排水剪(UU)抗剪强度包线

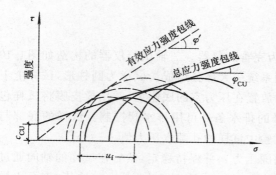

图 4-13 三轴固结不排水剪抗剪强度包线

不排水剪的内摩擦角 $\varphi_u = 0$，黏聚力 $c_u = \dfrac{\sigma_1 - \sigma_3}{2}$。

2. 固结不排水剪（CU）

在试验时先对土样施加 σ_3，然后打开排水阀门，使试样排水固结。试样排水终止，固结完成时，关闭排水阀，在不排水条件下施加 $(\sigma_1 - \sigma_3)$ 直至试样破坏。在试验过程中，如需量测孔隙水压力，就打开孔压 u 量测系统的阀门。图 4-13 所示为一组 CU 试验结果。

3. 排水剪（CD 试验）

试验时，在施加 σ_3 和 $(\sigma_1 - \sigma_3)$ 过程中，打开排水阀，让试样充分排水固结，放慢 $(\sigma_1 - \sigma_3)$ 加荷速率，并使试样在孔隙水压力为零的情况下达到破坏。因此，施加的应力就是作用于试样上的有效应力，总应力圆就是有效应力圆，总应力强度包线就是有效应力强度包线。试验证明，固结排水剪强度指标 c_d，φ_d 与固结不排水试验得到的指标很接近，由于这种试验费时多，尤其对黏性土因固结时间更长，故实际应用中常用固结不排水剪指标 c_{CU}，φ_{CU} 来代替 c_d，φ_d。

三轴剪切试验的突出优点是能严格地控制排水条件及可以量测试样中孔隙水压力的变化。此外试样中的应力状态也比较明确，破裂面不是人为的，而是在最薄弱处。三轴试验的缺点主要是仪器设备与试验操作较为复杂。

4.3.3 无侧限抗压强度试验

无侧限抗压强度试验相当于围压为零的三轴试验，其设备如图 4-14(a) 所示，适用于饱和黏土。试验时，将圆柱形试样放在底座上，在围压 $\sigma_3 = 0$ 的条件下通过施加轴向压力，直到试样破坏为止。剪切破坏时，试样所能承受的最大轴向压力 q_u 称为无侧限抗压强度。由于侧向压力等于零，只能得到一个极限应力圆（图 4-14(b)），因此，难以做出强度破坏包线。

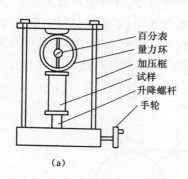

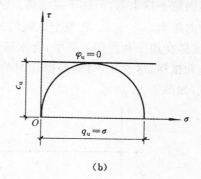

（a）　　　　　　　　　（b）

图 4-14　无侧限抗压强度试验

对于饱和黏性土，根据其三轴不固结不排水试验的结果，其内摩擦角 $\varphi_u = 0$，在这种情况下就可以根据无侧限抗压强度得到土的不固结不排水强度 c_u（图 4-14(b)）：

$$c_{\mathrm{u}}=\tau_{\mathrm{f}}=\frac{q_{\mathrm{u}}}{2} \qquad (4\text{-}6)$$

无侧限抗压强度试验还可用来测定黏性土的灵敏度 S_{t}，参见 1.4 节。

4.3.4　十字板剪切试验

十字板剪切试验是在现场进行的一种原位测试试验，通常用于测定饱和黏土的原位不排水剪强度。该试验所用仪器称十字板剪切仪，如图 4-15 所示。它主要由十字板头、加荷装置和测力装置组成。试验时，先在现场测试的位置钻孔，并把套管下到需要的深度，清除管内的土。然后在地面上以一定的转速对它施加扭矩，使板内的土体与其周围土体发生剪切，直到剪破为止。破坏体为十字板旋转所形成的圆柱体。

若剪切破坏时所施加的扭矩为 M，则它应该与剪切破坏圆柱面（包括侧面和上、下面）上土的抗剪强度所产生的抵抗力矩相等。根据这一关系，可得土的抗剪强度 τ_{f}（假定侧面和上下顶面的抗剪强度相等）

$$\tau_{\mathrm{f}}=\frac{2M}{\pi D^{2}\left(H+\dfrac{D}{3}\right)} \qquad (4\text{-}7)$$

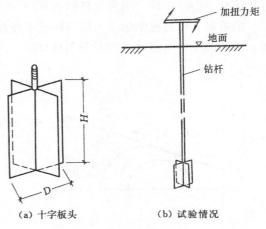

(a) 十字板头　　　　(b) 试验情况

图 4-15　十字板剪切仪及其试验示意图

式中　　τ_{f}——现场十字板测定的抗剪强度，kPa；

$\qquad M$——剪坏时施加的扭矩，kN·m；

$\qquad H,D$——分别为十字板的高度和宽度，m。

十字板剪切试验设备简单、操作方便、土样扰动少。其缺点是，土中应力分布复杂，且假定圆柱侧面与上下端面的抗剪强度相等与实际有些出入，因为天然土的抗剪强度是各向异性的。

十字板剪切试验所得结果相当于不排水抗剪强度。

4.4　土的极限平衡条件

土体在自重和外荷载作用下，当土中某点的剪应力 τ 达到土的抗剪强度 τ_{f} 时，就称该点处于极限平衡状态。达到极限平衡状态时土的应力和土的抗剪强度指标间的关系，称为土的极限平衡条件。

4.4.1　土的极限平衡条件

摩尔应力圆表示的是土中一点的应力状态，而抗剪强度曲线也是表示材料受到不同应力作用达到极限状态时，正应力 σ 与剪应力 τ 的关系曲线，即库伦定律方程。为了判断土体某点破坏与否，可将摩尔应力圆和 σ-τ 抗剪强度曲线画在同一张坐标图上，如图 4-16 所示，它们之间的关系将有下列三种情况：

（1）两者相离，整个摩尔应力圆位于抗剪强度线下方（如圆Ⅰ），说明这个圆所表示的土中这一点在任何方向的平面上，其剪应力 τ 都小于土的抗剪强度 τ_f，即 $\tau < \tau_f$，因此土不会发生剪切破坏。土中这一点处于弹性平衡状态。

（2）摩尔应力圆与抗剪强度曲线相切（如圆Ⅱ），切点为 A 点。说明在 A 点所代表的平面上，剪应力 τ 恰好等于土的抗剪强度 τ_f，即 $\tau = \tau_f$，该点处于极限平衡状态，圆Ⅱ称为极限应力圆。

（3）两者相割，即抗剪强度曲线是摩尔应力圆的一条割线（如圆Ⅲ），说明土中过这一点的某些平面上，剪应力 τ 早已超过土的抗剪强度 τ_f，该点已被剪切破坏。不过实际上这种应力状态是不会存在的。因为在任何物体中，产生的任何应力都不可能超过其强度。

根据第 2 种情况摩尔应力圆与抗剪强度线相切于一点的几何关系，即可建立以 σ_1，σ_3，c 和 φ 表达的土中一点的极限平衡条件（图 4-17）。

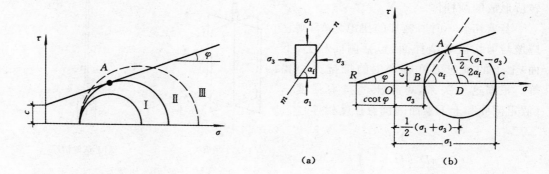

图 4-16 抗剪强度线与摩尔应力圆间关系   图 4-17 土体中一点达到极限平衡状态的莫尔圆

$$\sin\varphi = \frac{\dfrac{\sigma_1 - \sigma_3}{2}}{\dfrac{\sigma_1 + \sigma_3}{2} + c\cot\varphi} \tag{4-8}$$

经简化和三角函数运算后，可得：

$$\sigma_1 = \sigma_3 \tan^2\left(45° + \frac{\varphi}{2}\right) + 2c\tan\left(45° + \frac{\varphi}{2}\right) \tag{4-9a}$$

或

$$\sigma_3 = \sigma_1 \tan^2\left(45° - \frac{\varphi}{2}\right) - 2c\tan\left(45° - \frac{\varphi}{2}\right) \tag{4-9b}$$

对无黏性土，因 $c=0$，由式（4-8）、式（4-9a）和式（4-9b）可得无黏性土的极限平衡条件：

$$\sin\alpha = \frac{\sigma_1 - \sigma_3}{\sigma_1 + \sigma_3} \tag{4-10}$$

$$\sigma_1 = \sigma_3 \tan^2\left(45° + \frac{\varphi}{2}\right) \tag{4-11a}$$

或

$$\sigma_3 = \sigma_1 \tan^2\left(45° - \frac{\varphi}{2}\right) \tag{4-11b}$$

由图 4-17 中的三角形 ARD,根据内、外角的关系可得 $2\alpha_f = 90° + \varphi$

故
$$\alpha_f = 45° + \frac{\varphi}{2} \tag{4-12}$$

式(4-12)表示在极限平衡条件下,破坏面与最大主应力 σ_1 的作用面夹角 α_f 为 $45° + \frac{\varphi}{2}$,与最小主应力面夹角为 $45° - \frac{\varphi}{2}$。

式(4-8)—式(4-12)是土体中一点的极限平衡条件式,用来判断土体是否达到剪切破坏的强度条件,通常被称为摩尔—库伦强度准则。

综合上述分析,土的强度理论可归纳为:

(1) 土的强度破坏是由于土中某点剪切面上的剪应力达到了土的抗剪强度所致;

(2) 一般情况下,土体剪切破坏时的破裂面不发生在剪应力最大的平面上,而是发生在与大主应力呈 $\alpha_f = 45° + \varphi/2$ 的斜面上,只有 $\varphi = 0$ 时,剪切破坏面才与剪应力最大的平面一致;

(3) 如果同一种土有几个试样在不同的大小主应力组合下受剪破坏,则在 $\sigma\tau$ 图上可得到几个摩尔极限应力圆,这些应力圆的公切线就是其强度包线。

4.4.2 极限平衡条件的应用

土中某点是否处于极限平衡状态与 σ_1,σ_3 的比值有关。当 σ_1 不变时,σ_3 越小,土越易破坏;反之,当 σ_3 不变时,σ_1 越大,土越易破坏。

已知土的土体内某点的主应力为 σ_1,σ_3 及 c,φ 值:

(1) 若用式(4-8)判断该点(平面)是否剪破,可将该式左侧视为土实际强度指标 φ 的正弦值,然后将已知值代入该式等号的右侧,即可得 φ 的计算的正弦值(因为正弦函数是增函数,所以将正弦值转换成角度值),以实际的 $\varphi(\varphi_{实})$ 与计算的 $\varphi\left(\varphi_{计} = \arcsin \dfrac{\sigma_1 - \sigma_3}{\sigma_1 + \sigma_3 + 2c\cot\varphi}\right)$ 比较 [图 4-18(a)]:

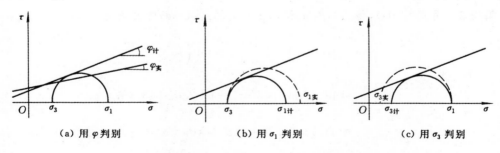

(a) 用 φ 判别   (b) 用 σ_1 判别   (c) 用 σ_3 判别

图 4-18 极限平衡关系式的应用

① 若 $\varphi_{实} < \varphi_{计}$,表明该点(平面)已被剪破;

② 若 $\varphi_{实} > \varphi_{计}$,表明该点(平面)是稳定的;

③ 若 $\varphi_{实} = \varphi_{计}$,表明该点(平面)处于极限平衡状态。

(2) 若用式(4-9a)判断该点是否剪破,可将该式左侧视为土实际的大主应力 σ_1 值,然后将已知值代入该式等号的右侧,即可得计算的大主应力 σ_1 值,以实际的 σ_1($\sigma_{1实}$)与计算的 $\sigma_1\left(\sigma_{1计}=\sigma_3\tan^2\left(45°+\dfrac{\varphi}{2}\right)+2c\tan\left(45°+\dfrac{\varphi}{2}\right)\right)$ 比较[图 4-18(b)]:

① 若 $\sigma_{1实}>\sigma_{1计}$,表明该点(平面)已被剪破;

② 若 $\sigma_{1实}<\sigma_{1计}$,表明该点(平面)是稳定的,土体处于弹性平衡状态;

③ 若 $\sigma_{1实}=\sigma_{1计}$,表明该点(平面)处于极限平衡状态。

(3) 若用式(4-9b)判断该点是否剪破,可将该式左侧视为土实际的小主应力 σ_3 值,然后将已知值代入该式等号的右侧,即可得计算的小主应力 σ_3 值,以实际的 σ_3($\sigma_{3实}$)与计算的 $\sigma_3\left(\sigma_{3计}=\sigma_1\tan^2\left(45°-\dfrac{\varphi}{2}\right)-2c\tan\left(45°-\dfrac{\varphi}{2}\right)\right)$ 比较[图 4-18(c)]:

① 若 $\sigma_{3实}<\sigma_{3计}$,表明该点(平面)已被剪破;

② 若 $\sigma_{3实}>\sigma_{3计}$,表明该点(平面)是稳定的,土体处于弹性平衡状态;

③ 若 $\sigma_{3实}=\sigma_{3计}$,表明该点(平面)处于极限平衡状态。

应该指出的是:

① 若土为无黏性土,上述判别法则不变;

② 若用有效应力表示的极限平衡关系式,只要将式(4-8)—式(4-11)中的 σ_1,σ_3 换成 σ_1',σ_3',c,φ 换成 c',φ' 即可,判别法则类同。

[例 4-2]　已知粉质黏土地基中某点 M 在均布条形荷载作用下引起的大小主应力 σ_1,σ_3 分别为 $\sigma_1=134.53\text{kPa}$,$\sigma_3=19.17\text{kPa}$,并已知地基土的内摩擦角 $\varphi=28°$,内聚力 $c=19.6\text{kPa}$,试判断该点土体是否破坏?

解法 1　用式(4-8),将已知 σ_1,σ_3 和 c 值代入该式等号的右侧,得

$$\varphi_计=\arcsin\frac{\sigma_1-\sigma_3}{\sigma_1+\sigma_3+2c\cot\varphi}=\arcsin\frac{134.53-19.17}{134.53+19.17+2\times19.6\cot28°}$$

$$=30.46°>\varphi_实$$

表明 M 点已破坏。

解法 2　用式(4-9a),将已知的 σ_3 和 c,φ 值代入式(4-9a)的右侧得

$$\sigma_{1计}=\sigma_3\tan^2\left(45°+\frac{\varphi}{2}\right)+2c\tan\left(45°+\frac{\varphi}{2}\right)$$

$$=19.17\tan^2\left(45°+\frac{28°}{2}\right)+2c\tan\left(45°+\frac{28°}{2}\right)$$

$$=53.1+65.24=118.34\text{kPa}<\sigma_{1实}$$

表明 M 点已破坏。

解法 3　用式(4-9b),将已知的 σ_1 和 c,φ 代入式(4-9b)的右侧得

$$\sigma_{3计}=\sigma_1\tan^2\left(45°-\frac{\varphi}{2}\right)-2c\tan\left(45°-\frac{\varphi}{2}\right)$$

$$=134.53\tan^2\left(45°-\frac{28°}{2}\right)-2c\tan\left(45°-\frac{28°}{2}\right)$$

$$=48.57-23.55=25.02\text{kPa}>\sigma_{3\text{实}}$$

表明 M 点已破坏。

解法 4 （图解法）在 σ-τ 同一坐标图中,根据已知的 c,φ 和 σ_1,σ_3 按比例分别画出抗剪强度线和摩尔应力圆,如图 4-19 所示,实际摩尔应力圆与 σ-τ_f 曲线相割,该点已破坏。

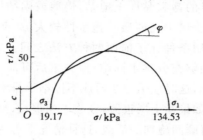

图 4-19　例 4-2 图

4.5　有效应力原理在抗剪强度中的应用

4.5.1　有效抗剪强度指标

在抗剪强度表达式(4-1)中,σ 是总应力。这种以总应力表示抗剪强度的方法称为总应力法,相应的强度指标 c,φ 称为总应力抗剪强度指标。

根据土的有效应力原理可知:在荷载作用下,土体所承受的总应力 σ 为土的有效应力 σ' 与孔隙水压力 u 之和。但孔隙水不能承担剪应力,土体内的抗剪强度取决于剪切面上的有效法向应力 σ',故土的抗剪强度用有效应力表达更为合理,即

$$\tau_f=c'+\sigma'\tan\varphi' \tag{4-13}$$

式中　σ'——剪切破坏面上的有效法向应力,kPa;

　　　c'——有效黏聚力,kPa;

　　　φ'——有效内摩擦角,(°)。

从理论上说有效应力法概念明确,符合实际,有效应力法能确切表示土的抗剪强度实质,比较合理,也是今后发展的方向。但一般情况下,知道的是总应力 σ,要求出有效应力 σ' ($\sigma'=\sigma-u$),还必须知道土体中的孔隙水压力。在做室内强度试验时,可设法量测试件中的孔隙水压力 u,但比较麻烦。而且工程上有许多情况,孔隙水压力难以估算,如在地震期间,因震动产生的孔隙水压力就难准确计算,而土坡在剪切破坏过程中所产生的孔隙水压力目前还难预估。所以这就给有效应力法的应用带来了困难。

4.5.2　抗剪强度指标的选用

在工程实际中是采用 c',σ' 进行有效应力法分析,还是采用总应力强度指标 c,σ 进行总应力法分析,应视工程的重要性、工程地质条件、荷载施加方式、测试手段以及土工试验条件等因素来具体选择。一般而言,由于总应力法在应用上的方便性,是目前用得较多的方法,对那些要求不是很高的建(构)筑物可用该法求取土的抗剪强度指标。对一些需要精确评价地基强度和稳定性的工程,由于要考虑孔隙水压力存在的影响,就必须用"有效应力法"。

对于砂土,由于透水性大、排水快,通常只进行排水剪试验天然状态的砂土,由于采取原状砂样较困难,工程上常根据标准贯入试验锤击数,按经验公式确定砂土的内摩擦角φ。

对饱和黏性土,在实际工程中,应当根据工程的特点、施工时的加荷速率、土的性质以及排水条件等情况具体确定试验方法。快剪或不固结不排水剪适用于施工进度快而土层较厚、透水性差且排水条件不良的饱和黏性土地基;慢剪或固结排水剪适用于加荷速率慢,且土层较薄,排水条件好(如黏土层中夹砂层),透水性较大(如低塑性的黏土)的黏性土地基。固结快剪或固结不排水剪适用条件介于前面两种方法之间。如果黏土层很薄,或施工期很长,预计黏土层在施工期间能够充分排水固结,但完工后可能有瞬间施加的活载,在这种情况下,可以用固结快剪的指标,这时应采用快剪或不固结不排水剪强度指标来分析建筑物完成时的地基强度及稳定性。如果黏土层很薄,或施工期很长,预计黏土层在施工期时能够充分排水固结,但完工后可能有瞬间施加的活载,这种情况下可用固结快剪试验或固结不排水试验指标。

由于实际加荷情况和土的性质是复杂的,而且在建筑物的施工和使用过程中都要经历不同的固结状态,因此,在确定强度指标时还应结合工程经验。

4.6　土抗剪强度的影响因素

影响土抗剪强度的因素很多,主要有以下几种。

1. 土粒的矿物成分、形状和级配

一般说来,土颗粒愈大,形状愈不规则,表面愈粗糙,级配愈好,则抗剪强度愈高。无黏性土土粒的矿物成分,无论是云母还是石英、长石,对其内摩擦角的影响都很小,而黏性土土粒的矿物成分对其抗剪强度(主要是黏聚力)有显著的影响。

2. 土的初始密度

土的抗剪强度一般随初始密度的增大而提高。这是因为:无黏性土的初始密度愈大,则土粒间相互嵌入的连锁作用愈强,受剪时须克服的咬合摩阻力就愈大;而黏性土的初始密度愈大,则意味着土粒间的间距愈小,结合水膜愈薄,因而原始黏聚力就愈大。

如图 4-20 所示的是不同密实程度的同一种砂土在相同周围压力 σ_3 下受剪时的应力-应变关系及体积变化。从图中可见,密砂的剪应力随着剪应变的增加很快增大到某个峰值,而后逐渐减小一些,最后趋于某一稳定的终值,其体积变化开始时稍有减小,随后不断增加(呈剪胀性);而松砂的剪应力随着剪应变的增加则缓慢地逐渐增大并趋于某一最大值,不出现峰值,其体积在受剪时相应减小(呈剪缩性)。所以在实际允许较小剪应变的条件下,密砂的抗剪强度显然大于松砂。

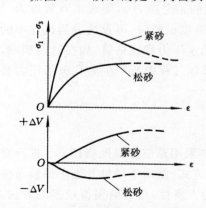

图 4-20　砂土受剪时的应力-应变、体变-应变的关系

3. 土的含水量

尽管水分可在无黏性土的粗颗粒表面产生润滑作用,使摩阻力略有降低,但试验研究表明,饱和状态时砂土的内摩擦角仅比干燥状态时小 $1°\sim2°$。因此,可认为

含水量对无黏性土的抗剪强度影响很小。

对黏性土来说，水分除在黏性土的较大土粒表面形成润滑剂而使摩阻力降低外，更为重要的是，土的含水量增加时，吸附于黏性土中细小土粒表面的结合水膜变厚，使土的黏聚力降低。所以，土的含水量对黏性土的抗剪强度有重要影响，一般随着含水量的增加，黏性土的抗剪强度降低。联系实际，凡是山坡滑动，通常都在雨后，雨水入渗使山坡土中含水量增加，降低土的抗剪强度，导致山坡失稳滑动。

4．土的结构

土的结构对黏性土的抗剪强度有很大影响，但由于黏性土具有触变性，因扰动而削弱的强度经过静置又可得到一定的恢复。一般原状土的抗剪强度比相同密度和含水量的重塑土要高。

5．应力历史

超固结土由于有效应力大，其抗剪强度 τ_f 值比正常固结土的大，而正常固结土的又比欠固结土的大。

6．荷载的性质及加荷速率

动荷载使土的性质改变，使土的内摩擦角和黏聚力下降，因而使土的抗剪强度降低，特别是黏性土，突然加荷会使孔隙水排不出，有效应力低，导致抗剪强度下降。

7．土的各向异性

各向异性、天然沉积的土层，一般在沉积方向最密实，其强度也就最大。

8．试验方法

这是人为的影响土抗剪强度的因素。不同试验方法得出土的抗剪强度差别很大，不同试验仪器测得的结果也不同。因此在选择试验方法时要密切结合工程情况，选择和工程情况接近的试验方法。如软土地基上放一油罐，计算地基强度时就要选择快剪的试验方法，因为软土渗透系数低，油罐储油快，加荷时间短，土孔隙中的水排不出去，快剪最符合工程况。

9．时间因素

土体的抗剪强度和剪切作用时间有关。作用时间越长，土的抗剪强度越低。如果荷载作用时间为无限长，最后导致土体破坏，则相应的强度称长期强度。长期强度问题主要应用在土坡稳定及挡土墙和地下洞室等长期受水平力的结构强度计算中，应特别注意。

因此，土的抗剪强度不同于其他材料，它是一个变值，除随 σ 而变外，即使同一种土，若试验方法、排水条件或应力历史等不同，测得的抗剪强度 c,φ 值也不一致，这给土带来了复杂的强度特性。

[例 4-3]　清洁的干砂试样进行三轴试验，破坏时轴向应力为 285kPa，室内围压为 138kPa，试确定砂样的强度指标和破坏面上的法向应力和剪应力以及破坏面与水平面的夹角。

解　因为是清洁的干砂，所以 $c=0$。

$$\sigma_1=285+138=423\text{kPa}$$

$$\sigma_3=138\text{kPa}$$

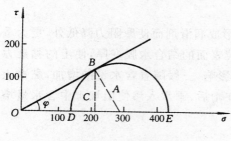

图 4-21 例 4-3 图

以 $\dfrac{\sigma_1+\sigma_3}{2}$ 坐标为圆心,以 $R=\dfrac{\sigma_1-\sigma_3}{2}$ 作应力圆 A,如图 4-21 所示。过 O 点作 A 圆的切线,即为抗剪强度线。于是有:

$$\sin\varphi=\frac{\frac{1}{2}(\sigma_1-\sigma_3)}{\frac{1}{2}(\sigma_1+\sigma_3)}=\frac{285}{561}=0.508$$

$$\varphi=30.5°$$

破坏面为 B,破坏面上的法向应力和剪应力 τ 为:

$$\sigma=\overline{OC}=\overline{OB}\cos\varphi=(\overline{OA}\cos\varphi)\cos\varphi=\overline{OA}\cos^2\varphi$$

$$=\frac{\sigma_1+\sigma_3}{2}\cos^2\varphi=208.2\text{kPa}$$

$$\tau=\frac{\sigma_1-\sigma_3}{2}\cos\varphi=123\text{kPa}$$

水平面为大主应力平面,所以破坏面与水平面夹角为

$$\alpha=\frac{1}{2}(90°+\varphi)=60°$$

[例 4-4] 已知黏性土试样的有效应力抗剪强度指标为 $c'=0$,$\varphi'=20°$。现进行常规不排水、固结不排水和排水三轴试验(图 4-22)。若三轴室压力都保持在 210kPa 不变,试作如下计算:

(1) 在 UU 试验时,破坏时的孔隙水压力为 140kPa,试问破坏时最大有效主应力 σ_1' 和总应力 σ_1 各为多少?

(2) 在 CU 试验时,破坏时 $\sigma_1-\sigma_3=175$kPa,试问破坏时孔隙水压力是多少?

(3) 在 CD 试验时,如果试样内一直保持有 50kPa 的孔隙水压力,则破坏时的压缩强度 $(\sigma_1'-\sigma_3')$ 等于多少?

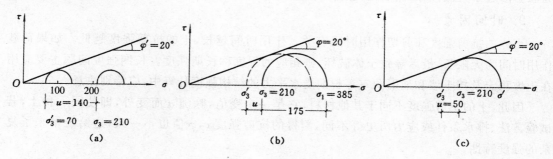

图 4-22 例 4-4 图

解 (1)根据题意,破坏时总应力 $\sigma_3=210$kPa,孔隙压力 140kPa,则有效应力

$$\sigma_3'=210-140=70\text{kPa}$$

根据极限平衡条件:

$$\sigma_1'=\sigma_3'\tan^2\left(45+\frac{\varphi'}{2}\right)=70\times\tan^2 55°=143\text{kPa}$$

$$\sigma_1 = \sigma_1' + u = 143 + 140 = 283\text{kPa}$$

（2）已知
$$\sigma_1 - \sigma_3 = \sigma_1' - \sigma_3' = 175\text{kPa}$$

$$\sigma_1' = \sigma_3' \tan^2\left(45 + \frac{\varphi'}{2}\right)$$

联立求上述两个方程,得：
$$\sigma_3' = 168\text{kPa}$$

$$u = \sigma_3 - \sigma_3' = 210 - 168 = 42\text{kPa}$$

（3）因为
$$\sigma_3' = \sigma_3 - u = 210 - 50 = 160\text{kPa}$$

$$\sigma_1' = \sigma_3' \tan^2\left(45 + \frac{\varphi'}{2}\right) = 160 \times \tan^2 55° = 326.3\text{kPa}$$

$$\sigma_1' - \sigma_3' = 326.3 - 160 = 166.3\text{kPa}$$

4.7 地基承载力

4.7.1 地基变形的三个阶段

地基从开始发生变形到破坏的逐个过程可用第三章所阐述的现场载荷试验来进行研究,可将试验结果绘制成如图4-23所示的曲线。从 $p\text{-}s$ 曲线发现,地基的变形可分成三个阶段。

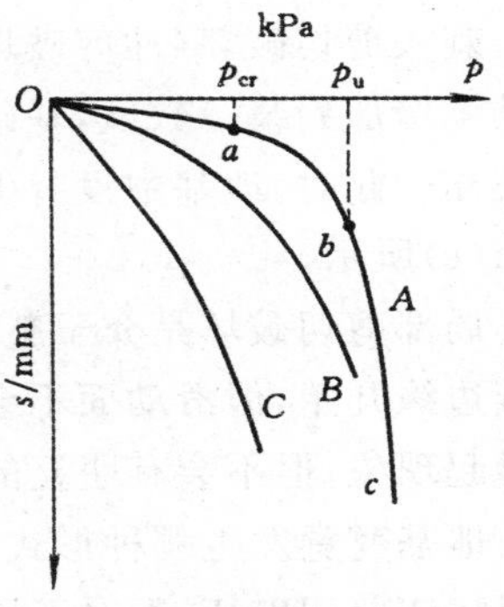

1. 压密阶段（或称线弹性变形阶段）

相当于 $p\text{-}s$ 曲线上的 Oa 段。在这一阶段,$p\text{-}s$ 曲线接近于直线,土中各点的剪应力均小于土的抗剪强度,土体处于弹性平衡阶段。在这一阶段,荷载板的沉降主要是由于土的压密变形引起的。

2. 剪切阶段（或称弹塑性变形阶段）

相当于 $p\text{-}s$ 曲线上的 ab 段。在这一阶段,$p\text{-}s$ 曲线已不

图 4-23 在载荷试验时的 $p\text{-}s$ 曲线

再保持线性关系。此时地基中局部范围内的剪应力达到土的抗剪强度,土体发生剪切破坏,这些区域也称塑性区。随着荷载的增加,塑性变形区首先从基础的边缘开始,继而向深度和宽度方向发展,直至在地基中形成连续的滑动面。

3. 完全破坏阶段

相当于 $p\text{-}s$ 曲线上的 bc 段,此时塑性区已发展到形成连续的滑动面,当荷载超过 b 点以后,荷载增加很少,基础就会急剧下沉,同时,在基础周围的地面产生隆起现象,地基完全丧失稳定,发生整体剪切破坏。

相应于上述地基变形的三个阶段,在 $p\text{-}s$ 曲线上有两个转折点,可得到两个荷载：

临塑荷载：即处于线性变形阶段到弹塑性变形阶段时的荷载,在 $p\text{-}s$ 曲线上相应于 a 点的荷载,用符号 p_{cr} 表示。

极限荷载：即处于弹塑性变形阶段到完全破坏阶段时的荷载,在 $p\text{-}s$ 曲线上相应于 b 点的荷载,用符号 p_u 表示。

4.7.2　地基的破坏形式

大量的试验研究表明,在荷载作用下,建筑物地基的破坏通常是由于承载力不足而引起的剪切破坏,其形式可分为整体剪切破坏、局部剪切破坏和刺入剪切破坏三种。

整体剪切破坏的特征是:当基底荷载较小时,基底压力与沉降基本上呈直线关系,属于线性变形阶段。当荷载增加到某一数值时,基础边沿处的土开始发生剪切破坏,随着荷载的增加,剪切破坏区逐渐扩大,此时压力与沉降之间呈曲线关系,属于弹塑性变形阶段。假设基础上的荷载继续增加,剪切破坏区不断增加,最终,在地基中形成连续的滑动面,地基发生整体剪切破坏。此时,基础急剧下沉或向一侧倾倒,基础四周的地面同时产生隆起,如图4-24(a)所示。

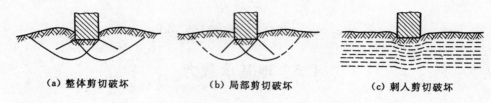

(a) 整体剪切破坏　　　　(b) 局部剪切破坏　　　　(c) 刺入剪切破坏

图 4-24　地基的破坏形式

刺入剪切破坏(冲剪破坏)是由于基础下部软弱土的压缩变形使基础连续下沉,如果荷载继续增加到某一数值,基础可能向下像"切入"土中一样,基础侧面附近的土体因垂直剪切而破坏。此时,地基中没有出现明显的连续滑动面,基础四周不隆起,也没有大的倾斜,如图4-24(c)所示。

局部剪切破坏是介于整体剪切破坏和冲剪破坏之间的一种破坏形式,剪切破坏也是从基础边缘开始,但滑动面不会发展到地面,二是限制在地基内部某一区域,基础四周地面也有隆起现象,但不会有明显的倾斜和倒塌,如图4-24(b)所示。

地基究竟发生哪种形式的破坏,与土的压缩性有关。一般对于密实砂土和坚硬黏土,将出现整体剪切破坏;而对于压缩性较大的松砂和软黏土,将会出现局部剪切或冲剪破坏。此外,破坏形式还与基础埋置深度、加荷速率等因素有关,当基础埋置深度较浅、荷载为缓慢施加时,将趋向于发生整体剪切破坏;假如基础埋置深度较大,荷载是快速施加或是冲击荷载,则趋于发生局部剪切破坏或冲剪破坏。

4.7.3　地基的临塑荷载

临塑荷载是指基础边缘地基中即将出现塑性区时基底单位面积上所承担的荷载。所谓塑性区,就是在该区域内,按照理论计算的剪应力达到或超过土的抗剪强度。

如图 4-25(a)所示,若在地表作用一均布荷载 p,它在地表以下任一点 M 处产生的大、小主应力可按下式计算:

$$\begin{aligned}\sigma_1\\\sigma_3\end{aligned}=\frac{p_0}{\pi}(\beta_0 \pm \sin\beta_0)\qquad\qquad(4\text{-}14)$$

式中　σ_1——M 点处附加大主应力,kPa;

　　　σ_3——M 点处附加小主应力,kPa;

p_0——均布条形荷载大小，kPa；

β_0——M 点与荷载两端点的角度，rad。

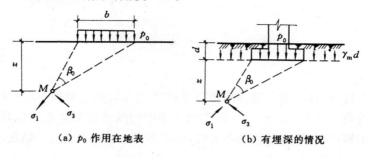

(a) p_0 作用在地表　　　　　(b) 有埋深的情况

图 4-25　均布条形荷载下地基中的主应力

一般基础都有一定的埋深，如图 4-25(b)所示，这样在地基中任一点 M，除了作用有附加应力外，还具有土的自重应力。为了简化计算，假设各点的土自重应力相等。因此，地基中任一点 M 处的大、小主应力为

$$\left.\begin{array}{c}\sigma_1\\\sigma_3\end{array}\right\}=\frac{p-\gamma_{\mathrm{m}}d}{\pi}(\beta_0\pm\sin\beta_0)+\gamma_{\mathrm{m}}d+\gamma z \qquad (4\text{-}15)$$

式中　γ_{m}——基底标高以上天然土层的加权平均重度，kN/m³；

γ——基底下土的重度，kN/m³。

根据摩尔-库伦理论建立的极限平衡条件，当该点达到极限平衡状态时，该点的大、小主应力应满足极限平衡条件：

$$\frac{1}{2}(\sigma_1-\sigma_3)=\left[c\cot\varphi+\frac{1}{2}(\sigma_1+\sigma_3)\right]\sin\varphi$$

将式(4-15)代入上式，经过整理后，可得达到塑性区的边界方程，绘出塑性区的边界线(图 4-26)，进一步可求得塑性区开展的最大深度 $z_{\max}$(图 4-26)，这样就可得到地基内部即将出现塑性区时(即 $z_{\max}=0$)的荷载——临塑荷载 p_{cr}，其表达式为：

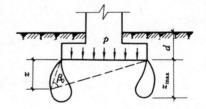

$$p_{\mathrm{cr}}=\frac{\pi(\gamma_{\mathrm{m}}d+c\cot\varphi)}{\cot\varphi+\varphi-\frac{\pi}{2}}+\gamma_{\mathrm{m}}d=cN_{\mathrm{c}}+\gamma_{\mathrm{m}}dN_{\mathrm{q}} \qquad (4\text{-}16)$$

图 4-26　条形基础底面边缘的塑性区

式中，N_{c}，N_{q} 为承载力系数，其公式为

$$N_{\mathrm{c}}=\frac{\pi\cot\varphi}{\cot\varphi+\varphi-\frac{\pi}{2}},\quad N_{\mathrm{q}}=\frac{\cot\varphi+\varphi+\frac{\pi}{2}}{\cot\varphi+\varphi-\frac{\pi}{2}}$$

若地基中允许塑性区开展的深度 $z_{\max}=b/4$(b 为基础宽度)，相应的临界荷载的 $p_{1/4}$ 的计算公式为

$$p_{1/4} = cN_c + \gamma_m dN_q + \frac{1}{2}\gamma bN_r \qquad (4\text{-}17)$$

其中
$$N_{r(1/4)} = \frac{\pi}{2\left(\cot\varphi + \varphi - \dfrac{\pi}{2}\right)}$$

其余符号同前。

应该指出,上述 p_{cr},$p_{1/4}$ 公式都是按条形基础受均布荷载求得的,如用于矩形或圆形基础,其结果偏于安全。此外,在 p_{cr},$p_{1/4}$ 公式的推导中用线性变形体的弹性理论求解土中应力,这在理论上不够严密,但当塑性区不大时,引起的误差仍在工程允许精度内。

[例 4-5] 某条形基础,底宽 $b=1.5\mathrm{m}$,埋深为 $d=2.0\mathrm{m}$,地基土的重度为 $\gamma=19\mathrm{kN/m^3}$,饱和重度 $\gamma_{sat}=21\mathrm{kN/m^3}$,地基强度指标 $c=20\mathrm{kPa}$,$\varphi=20°$,地下水埋深为 $1.5\mathrm{m}$。试求地基的临塑荷载 p_{cr}、临界荷载 $p_{1/4}$。

解 基底以上土的加权平均重度为:

$$\gamma_m = \frac{19\times1.5 + (21-10)\times0.5}{2} = 17\mathrm{kN/m^3}$$

基底以下土的重度取有效重度

$$\gamma' = \gamma_{sat} - \gamma_w = 21 - 10 = 11\mathrm{kN/m^3}$$

临塑荷载 p_{cr} 为:

$$p_{cr} = \frac{\pi(\gamma_m d + c\cot\varphi)}{\cot\varphi + \varphi - \dfrac{\pi}{2}} + \gamma_m d = \frac{\pi(17\times2 + 20\cot20°)}{\cot20° + 20\times\dfrac{\pi}{180} - \dfrac{\pi}{2}} + 17\times2 = 217\mathrm{kPa}$$

$$p_{1/4} = cN_c + \gamma_m dN_q + \frac{1}{2}\gamma bN_r = p_{cr} + \frac{\pi}{4\left(\cot\varphi + \varphi - \dfrac{\pi}{2}\right)}\gamma b$$

$$= 217 + \frac{\pi}{4\left(\cot20° + 20\times\dfrac{\pi}{180} - \dfrac{\pi}{2}\right)}\times11\times1.5 = 217 + 9 = 226\mathrm{kPa}$$

4.7.4 地基的极限荷载力

目前极限承载力的计算理论仅限于整体剪切破坏形式。这是因为,这种破坏形式比较明确,有完整连续的滑动面,且已被试验和工程实践所证实。对于局部剪切破坏及刺入剪切破坏,尚无可靠的计算方法,通常是先按整体剪切破坏形式进行计算,再作某种修正。下面介绍几种有代表性的极限承载力公式。

极限承载力是指地基土的塑性变形区已发展成连续贯通的滑裂面时基底所能承受的荷载。

1. 太沙基公式

太沙基公式适用于均质地基上基底粗糙的条形基础。

太沙基在推导均质地基上的条形基础且受均布荷载作用的极限承载力时,认为基础底

面粗糙,并作了如下假设:

(1) 基础达到整体剪切破坏时,将出现连续的滑动面。由于基底与土之间存在摩擦,所以基底下一部分土体将随着基础一起移动而处于弹性平衡状态,该部分土体称为弹性楔体,如图 4-27 所示的 I 区。

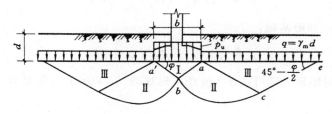

图 4-27　太沙基公式假定的滑动面

(2) 滑动区域由径向剪切区 II 和朗肯被动区 III 所组成。其中滑动区域 II 的边界为对数螺旋曲线,b 点处螺旋的切线垂直,c 点处螺旋的切线与水平线成 $(45°-\varphi/2)$ 角。

(3) 不考虑基底以上基础两侧土体抗剪强度的影响,用连续均布超载 q 来代替。

根据弹性土楔 $aa'b$ 的静力平衡条件,可求得地基的极限承载力 p_u 为:

$$p_u = cN_c + qN_q + \frac{1}{2}\gamma bN_r \tag{4-18}$$

式中　N_c, N_q, N_r——无量纲的承载力系数,仅与土的内摩擦角有关,可查表 4-3;

　　　　d——基础埋深,m;

　　　　b——基底宽度,m;

　　　　q——基底水平面以上基础两侧的超载 $q = \gamma_m d$,kPa;

　　　　γ——基底下土的重度,kN/m³。

其他符号同前。

表 4-3　　　　　　　　　　　　　　太沙基承载力系数

φ	0°	5°	10°	15°	20°	25°	30°	35°	40°	45°
N_r	0	0.51	1.20	1.80	4.00	11.0	21.8	45.4	125	326
N_q	1.0	1.64	2.69	4.45	7.42	12.7	22.5	41.4	81.3	173.3
N_c	5.71	7.32	9.58	12.9	17.6	25.1	37.2	57.7	95.7	172.2

对于局部剪切破坏的情况,太沙基建议用调整 c,φ 的方法,即

$$\bar{c} = \frac{2}{3}c$$

$$\tan\bar{\varphi} = \frac{2}{3}\tan\varphi$$

代替式(4-18)中的 c,φ,则有

$$p_u = \frac{2}{3}cN_c' + qN_q' + \frac{1}{2}\gamma bN_r' \tag{4-19}$$

式中，N'_C，N'_q，N'_r 为局部剪切破坏的承载力系数，根据降低后的内摩擦角仍由表 4-1 查得。

当基础不是条形时，理论上还没有得出解答，太沙基建议按以下公式计算。

对于边长为 b 的方形基础：

$$p_u = 1.2cN_c + qN_q + 0.4\gamma bN_r$$

对于直径为 b 的圆形基础：

$$p_u = 1.2cN_c + qN_q + 0.6\gamma bN_r$$

边长为 b 和 l 的矩形基础可按 b/l 值在条形基础（$b/l=0$）和方形基础（$b/l=1$）之间内插求得极限承载力。

2. 魏西克极限承载力公式

魏西克在 20 世纪 70 年代提出了条形基础在中心荷载作用下的极限承载力公式：

$$p_u = cN_c + qN_q + \frac{1}{2}\gamma bN_r \tag{4-20}$$

公式的形式虽然与太沙基公式相同，但承载力系数取 N_c，N_q，N_r 取值都有所不同，见表 4-4。

表 4-4 魏西克承载力系数

$\varphi/(°)$	N_c	N_q	N_r	$\varphi/(°)$	N_c	N_q	N_r
0	5.14	1.00	0.00	24	19.32	9.60	9.44
2	5.63	1.20	0.15	26	22.25	11.85	12.54
4	6.19	1.43	0.34	28	25.80	14.72	16.72
6	6.81	1.72	0.57	30	30.14	18.40	22.40
8	7.53	2.06	0.86	32	35.49	23.18	30.22
10	8.35	2.47	1.22	34	42.16	29.44	41.06
12	9.28	2.97	1.60	36	50.59	37.75	56.31
14	10.37	3.59	2.29	38	61.35	48.93	78.03
16	11.63	4.34	3.06	40	75.31	64.20	109.41
18	13.10	5.26	4.07	42	93.71	85.38	155.55
20	14.83	6.40	5.39	44	118.37	115.31	224.64
22	16.88	7.82	7.13	46	152.10	158.51	330.35

魏西克承载力系数也可按下式计算：

$$N_q = \exp(\pi\tan\varphi)\tan^2\left(45° + \frac{\varphi}{2}\right) \tag{4-21a}$$

$$N_c = (N_q - 1)\cot\varphi \tag{4-21b}$$

$$N_r = 2(N_q + 1)\tan\varphi \tag{4-21c}$$

魏西克还研究了基础底面的形状、荷载偏心、倾斜、基础两侧覆盖土层抗剪强度的影响，按下述要求对其公式进行了修正。

1) 基础形状的影响

式(4-20)适用于条形基础,对于方形和圆形基础,可采用下列经验公式:

$$p_u = cN_c S_c + qN_q S_q + \frac{1}{2}\gamma b N_r S_r \qquad (4\text{-}22)$$

式中,S_c,S_q,S_r 为基础形状系数,按下列公式确定:

矩形基础

$$S_c = 1 + \frac{bN_q}{lN_c} \qquad (4\text{-}23a)$$

$$S_q = 1 + \frac{b}{l}\tan\varphi \qquad (4\text{-}23b)$$

$$S_r = 1 - 0.4\frac{b}{l} \qquad (4\text{-}23c)$$

式中　b——基础宽度;

l——基础长度。

方形和圆形基础:

$$S_c = 1 + \frac{N_q}{N_c} \qquad (4\text{-}24a)$$

$$S_q = 1 + \tan\varphi \qquad (4\text{-}24b)$$

$$S_r = 0.6 \qquad (4\text{-}24c)$$

2) 偏心、倾斜荷载的影响

偏心荷载作用时,如为条形基础,用有效宽度 $b' = b - 2e$(e 为偏心距)来代替原来的宽度 b;如为矩形基础,则用有效面积 $A' = b'l'$ 代替原来面积 A,其中,$b' = b - 2e_b$,$l' = l - 2e_l$,e_b、e_l 分别是荷载在短边和长边方向的偏心距。

对于倾斜荷载,用荷载倾斜因数对承载力公式进行修正。如果偏心和倾斜同时存在,则极限承载力按下式确定:

$$p_u = cN_c S_c i_c + qN_q S_q i_q + \frac{1}{2}\gamma b N_r S_r i_r \qquad (4\text{-}25)$$

式中,i_c,i_q,i_r 为荷载倾斜系数,由下列公式确定:

$$i_c = \begin{cases} 1 - \dfrac{mH}{b'l'cN_c} & \varphi = 0 \\[2mm] i_q - \dfrac{1 - i_q}{N_c \tan\varphi} & \varphi > 0 \end{cases} \qquad (4\text{-}26a)$$

$$i_q = \left(1 - \frac{H}{Q + b'l'c\cot\varphi}\right)^m \qquad (4\text{-}26b)$$

$$i_r = \left(1 - \frac{H}{Q + b'l'c\cot\varphi}\right)^{m+1} \qquad (4\text{-}26c)$$

Q, H——倾斜荷载在基底上的垂直分力和水平分力，kN；

l', b'——基础的有效长度和宽度，m；

m——系数，由以下公式确定：

当荷载在短边方向倾斜时

$$m_b = \frac{2+\dfrac{b}{l}}{1+\dfrac{b}{l}}$$

当荷载在长边方向倾斜时

$$m_l = \frac{2+\dfrac{l}{b}}{1+\dfrac{l}{b}}$$

对于条形基础 $\qquad\qquad m = 2$

（3）基础两侧覆盖土层抗剪强度的影响

若考虑基础两侧覆盖土层抗剪强度，极限承载力的表达式为：

$$p_u = cN_c S_c i_c d_c + q N_q S_q i_q d_q + \frac{1}{2}\gamma b N_r S_r i_r d_r \qquad (4\text{-}27)$$

式中，d_C, d_q, d_r 为基础埋深修正系数，按下列公式确定：

$$d_q = \begin{cases} 1 + 2\tan\varphi(1-\sin\varphi)^2\dfrac{d}{b} & (d \leqslant b) \\[2mm] 1 + 2\tan(1-\sin\varphi)^2\arctan\dfrac{d}{b} & (d > b) \end{cases} \qquad (4\text{-}28a)$$

$$d_c = \begin{cases} 1 + 0.4\dfrac{d}{b} & (\varphi = 0,\ d \leqslant b) \\[2mm] 1 + 0.4\arctan\dfrac{d}{b} & (\varphi = 0,\ d > b) \\[2mm] d_q - \dfrac{1-d_q}{N_c\tan\varphi} & (\varphi > 0) \end{cases} \qquad (4\text{-}28b)$$

$$d_r = 1 \qquad (4\text{-}28c)$$

魏西克极限承载力公式考虑以上因素后，可以解决一系列工程问题。除此之外，魏西克还提出了在极限承载力公式中列入压缩影响系数，以考虑局部剪切破坏或冲剪破坏时土压缩变形的影响。

思考题

4-1 什么是土的抗剪强度指标？测定抗剪强度指标有何工程意义？

4-2 为什么说即使是同一种土，其抗剪强度值也不是一个定值？

4-3 如何从摩尔应力圆说明：当 σ_1 不变时，σ_3 逐渐减小，最终可能造成土的破坏；反之，σ_3 不变，σ_1 逐渐增大时，也可能造成土的破坏的现象？

4-4　土体中发生剪切破坏的平面是否为最大剪应力作用面？在什么情况下，破坏面与最大剪应力面一致？

4-5　试比较直剪试验和三轴试验的土样的应力状态有什么不同。

4-6　根据土的排水情况，三轴试验分为哪几种方法？各适合于哪些工程情况？

4-7　为什么 UU 试验、无侧限试验和十字板剪切试验结果可以代表土的天然强度？试分析它们的优缺点。

4-8　阐述土的极限平衡状态的概念。土的极限平衡条件是什么？有什么实际意义？

4-9　地基的破坏形式有哪几种？它们各自与土的性质和基础特点有何关系？

4-10　什么是临塑荷载、临界荷载和极限荷载？

4-11　影响地基承载力的因素有哪些？

习　题

4-1　对一组土样进行直接剪切试验，对应于各竖向荷载 P，土样的破坏状态下的水平剪力 T 列于表 4-5 中，若剪力盒的平面面积等于 $30cm^2$，试求该土的强度指标。

表 4-5　　　　　　　　　　　　　　　　　直接剪切试验数据

竖向荷载 P/N	水平剪力 T/N
50	78.2
100	84.2
150	92.0

答案　$c=24.07kPa, \varphi=6.84°$

4-2　砂样的 $\varphi=30°$，在围压 $\sigma_3=100kPa$ 作用下，增加轴向应力使其破坏，试问破坏时的抗剪强度为多少？

答案　86.6kPa

4-3　一条形基础下地基土体中某点的应力 $\sigma_z=250kPa, \sigma_x=100kPa, \tau_{zx}=40kPa$，已知土的 $\varphi=30°, c=0$，问该点是否剪坏？

[提示：可先计算出 σ_1, σ_3，再根据极限平衡条件(式(4-9))判断。]

答案　没有剪坏

4-4　一组 3 个饱和黏性土试样，作三轴固结不排水剪切试验，3 个土样分别在 $\sigma_3=100kPa$，200kPa 和 300kPa 下固结，而剪坏时的大主应力又分别为 $\sigma_1=205kPa, 385kPa, 570kPa$，同时测得剪坏时的孔隙水压力依次为 $u=63kPa, 110kPa, 150kPa$，试用作图法求该饱和土样的总应力强度指标 c_{cu}, φ_{cu} 和有效应力强度指标 c', φ'。

答案　$c_{cu} \approx 9.33, \varphi_{cu} \approx 24.47°, c' \approx 15.53kPa, \varphi' \approx 16.60°$

4-5　某中砂土样，经试验测得其内摩擦角 $\varphi=30°$，试验时围压 $\sigma_3=150kPa$，若垂直压力 σ_1 达到 200kPa，试问该土样是否被剪坏？

（提示：(1)可利用极限平衡条件(式(4-9))判断；(2)可计算出破裂面上的正应力和剪应力。）

答案　没有剪坏

4-6　有一个黏土试样，进行常规三轴试验，三轴室压力 $\sigma_3=210kPa$ 不变，破坏时轴向压力 175kPa,孔隙水压力为 42kPa,假定 $c'=0$,试问该土样的强度参数 φ' 为多少?

答案　$\varphi'=20°$

4-7　已知均布荷载条形基础宽为 2m,埋深为 1.5m,地基为粉质黏土,其 $\varphi=16°$, $c=36$kPa, $\gamma=19$kN/m³。试求:地基的 p_{cr} 和 $p_{1/4}$ 以及当 $p=300$kPa 时,地基内塑性变形区的最大深度。

答案　$p_{cr}=248.89$kPa, $p_{1/4}=262.48$kPa, $z_{max}=1.88$m

4-8　某一条形基础宽为 1m,埋深为 $d=1.0$m,承受垂直均布荷载 250kPa,基底以上土的重度为 18.5kN/m³,地下水齐平基底,饱和重度为 20kN/m³,地基土强度指标 $c=10$kPa, $\varphi=25°$。试用太沙基极限承载力公式(安全系数 $K=2$)来判断地基是否稳定。

答案　$p_u=540.95$kPa, $p_u/K=270.475$kPa>250kPa 地基不会出现不稳定

5　土压力

学习重点和目的

　　土压力计算是建立在土的强度理论基础之上，是进行挡土结构物设计的基础知识。本章主要介绍朗金和库伦土压力理论。

　　通过本章学习，要求理解和掌握土压力的基本概念、土压力的计算理论（朗金土压力理论和库伦土压力理论）及一些常见情况下的土压力计算。

5.1　概述

　　在建筑、水利、道路、桥梁工程中，为了防止土体滑坡和坍塌，经常要修建各种各样的挡土结构物，如挡土墙、桥台、隧道和基坑围护结构（图5-1）等，这些挡土结构物承受着土体侧压力的作用，土压力就是这种侧压力的总称。

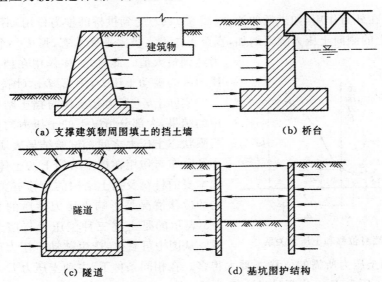

(a) 支撑建筑物周围填土的挡土墙　　　　(b) 桥台

(c) 隧道　　　　　　　(d) 基坑围护结构

图 5-1　挡土结构的应用

　　由于土压力是作用在挡土结构上的主要荷载，因此设计挡土结构时，首先要确定土压力的性质、大小、方向和作用点。

　　根据挡土结构物的位移和墙后填土所处的状态，土压力可分为静止土压力、主动土压力和被动土压力三种，如图5-2所示。

5.1.1　静止土压力

　　如图5-2(a)所示，相当于用挡土结构代替左侧那部分土体。因此，在土体作用下，挡土

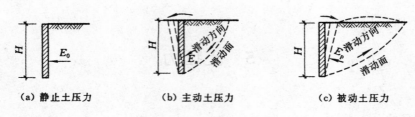

|（a）静止土压力|（b）主动土压力|（c）被动土压力|

图 5-2　土压力示意图

结构不产生任何方向的位移或转动,而保持着原来的位置静止不动,土体处于弹性平衡状态（或称静止状态）,这时作用在挡土结构上的土压力称为静止土压力,用 E_0 表示如图 5-2（a）所示。

5.1.2　主动土压力

挡土结构在土体推力作用下向离开土体的方向位移（图 5-2（b））,随着这种位移的增大,作用在挡土结构上的土压力将从静止土压力逐渐减小。当土体达到主动极限平衡状态时,作用在挡土结构上的土压力称为主动土压力。

5.1.3　被动土压力

挡土结构在外力作用（如拱桥的桥台（图 5-1（c）受到拱桥的推力作用）下向土体方向位移,作用在其上的侧向土压力随之增加,直至土体进入极限平衡状态,形成一个滑动面,土压力达到最大值。此时,土体作用在挡土结构上的土压力称为被动土压力,用 E_p 表示（图5-2（c））。

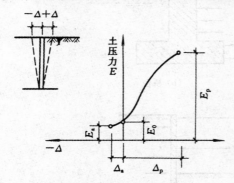

图 5-3　墙身位移和土压力关系

实际上,土压力是土体与挡土结构之间相互作用的结果,大部分情况下的土压力均介于上述三种极限状态土压力之间。试验结果表明,土压力的大小及分布与作用在挡土结构上的土体性质、挡土结构本身的材料及挡土结构的位移有关,其中挡土结构的位移情况是影响土压力性质的关键因素。图 5-3 表示的是上述三种土压力与挡土墙位移的关系。从图中可看出,产生被动土压力所需要的位移 Δ_p 比产生主动土压力所需的位移 Δ_a 要大得多。在相同条件下,主动土压力 E_a 小于静止土压力 E_0,而静止土压力 E_0 又小于被动土压力 E_p,即

$$E_a < E_0 < E_p$$

土压力的计算,实质上是土的抗剪强度理论的一种应用。静止土压力的计算,主要应用弹性理论方法和经验方法。计算主动土压力和被动土压力主要应用朗金和库伦土压力理论,或称为极限平衡理论,以及依据此理论发展的一些近似方法和图解法。土压力的问题一般按平面问题考虑。

5.2 静止土压力

静止土压力可根据半无限弹性体的应力状态进行计算。在土体表面下任意深度 z 处取一微小单元体,如图 5-4 所示。在单元体的顶面作用着竖向的土自重应力 γz ,则该处水平方向作用的应力即为静止土压力强度:

$$\sigma_0 = K_0 \gamma z \tag{5-1}$$

式中　　σ_0——静止土压力强度,kPa;

　　　　K_0——土的静止侧压力系数;

　　　　γ——墙后填土的重度,kN/m³。

土的静止侧压力系数 K_0 值可在室内用 K_0 三轴仪或应力路径三轴仪测得,也可采用原位测试自钻式旁压仪得到。

在缺乏资料时,可用下述经验公式估算:

$$K_0 = 1 - \sin\varphi'$$

式中,φ' 为土的有效内摩擦角。

对于砂土和黏性土,K_0 一般在 $0.34 \sim 0.45$ 和 $0.5 \sim 0.7$ 之间。

由式(5-1)可知,在均质土中,静止土压力沿墙高呈三角形分布。如果取单位墙长,则作用在墙上的静止土压力 E_0 即为此三角形的面积,即

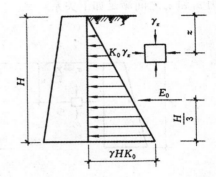

图 5-4　静止土压力的分布

$$E_0 = \frac{1}{2}\gamma H^2 K_0 \tag{5-2}$$

式中,H 为墙的高度,m。

E_0 方向垂直于墙背,作用点位于距墙底 $H/3$ 处。

[例 5-1]　一岩基挡土墙,墙高 $H = 6.0$m,墙后填土为中砂,重度 $\gamma = 18.5$kN/m³,内摩擦角 $\varphi = 30°$。计算作用在挡土墙上的静止土压力。

解　因挡土墙位于岩基上,按静止土压力式(5-2)计算

$$E_0 = \frac{1}{2}\gamma H^2 K_0 = \frac{1}{2} \times 18.5 \times 6^2 \times (1 - \sin 30°) = 166.5\text{kN/m}$$

E_0 作用点位于距墙底 $\dfrac{H}{3} = 2.0$m 处。

5.3　朗金土压力理论

朗金土压力理论是英国学者朗金(Rankine,W. J. M)于 1857 年提出的。它假定挡土墙背垂直、光滑,其后填土表面水平并无限延伸,这时土体内的任意水平面和墙的背面均为主平面(在这两个平面上的剪应力为零),作用在该平面上的法向应力即为主应力。朗金根据

墙后填土处于极限平衡状态,应用极限平衡条件,推导出了主动土压力和被动土压力的计算公式。

5.3.1 朗金主动土压力

1. 基本计算公式

考察挡土墙后土体表面下深度 z 处的微小单元体的应力状态(图5-5(a))。显然,作用在它上面的竖向应力为 $\sigma_z = \gamma z$(γ 为土体重度)。当挡土墙在土压力的作用下向远离土体的方向位移时,作用在微小土体上的竖向应力 σ_z 保持不变,而水平向应力 σ_x 逐渐减小,直至土体达到极限平衡状态。土体处于极限平衡状态时的大主应力为 $\sigma_1 = \gamma z$,而小主应力 σ_3 即为主动土压力 σ_a。由第4章土的强度理论可知,当土体中某点达到极限平衡状态时,大小主应力 σ_1 和 σ_3 之间满足如下关系:

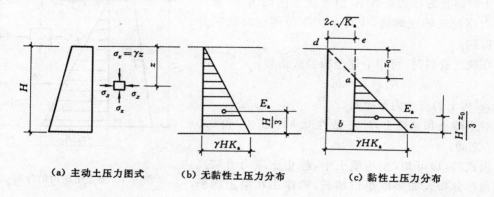

(a) 主动土压力图式　　　(b) 无黏性土压力分布　　　(c) 黏性土压力分布

图5-5　朗金主动土压力分布

无黏性土
$$\sigma_3 = \sigma_1 \tan^2\left(45° - \frac{\varphi}{2}\right)$$

黏性土
$$\sigma_3 = \sigma_1 \tan^2\left(45° - \frac{\varphi}{2}\right) - 2c\tan\left(45° - \frac{\varphi}{2}\right)$$

因此深度 z 处朗金主动土压力计算公式为

无黏性土
$$\sigma_a = \sigma_{3f} = \gamma z \tan^2\left(45° - \frac{\varphi}{2}\right) = \gamma z K_a \tag{5-3}$$

黏性土
$$\sigma_a = \sigma_{3f} = \gamma z \tan^2\left(45° - \frac{\varphi}{2}\right) - 2c\tan\left(45° - \frac{\varphi}{2}\right) = \gamma z K_a - 2c\sqrt{K_a} \tag{5-4}$$

式中　σ_a——沿深度方向的主动土压力分布强度,kPa;

　　　K_a——朗金主动土压力系数,$K_a = \tan^2\left(45° - \frac{\varphi}{2}\right)$;

　　　γ——墙后填土重度,kN/m³;

　　　c——填土的黏聚力,kPa;

　　　φ——填土的内摩擦角,(°);

　　　z——计算点离填土表面的距离,m。

2. 无黏性土的主动土压力计算

由式(5-3)可见，无黏性土的主动土压力强度沿深度 z 呈三角形分布，如图 5-5(b)所示。当挡土墙高度为 H，则作用在单位长度墙体上的总土压力大小可按三角形分布图的面积计算，即

$$E_a = \frac{1}{2}\gamma H^2 K_a \qquad (5-5)$$

E_a 通过三角形形心，即作用在离墙底 $H/3$ 处，方向水平。

3. 黏性土的主动土压力计算

由式(5-4)可知，黏性土的主动土压力强度包括两部分：一部分是由土的自重引起的侧压力 $\gamma z K_a$，另一部分是由黏聚力 c 引起的负侧向压力 $2c\sqrt{K_a}$，墙后土压力是这两部分叠加的结果，如图 5-5(c)所示，其中的 ade 部分为负侧压力，对墙背是拉力，但实际上墙与土在很小的拉应力作用下就会分离，在拉力区范围内的土将会出现裂缝，故在计算土压力时，这部分应略去不计，因此黏性土的土压力分布实际上仅是 abc 部分。

开裂深度 z_0 称为临界深度，在填土面无荷载的条件下，可由 $\sigma_a = 0$ 求得。

令
$$\sigma_a = \gamma z K_a - 2c\sqrt{K_a} = 0$$

则
$$z_0 = \frac{2c}{\gamma\sqrt{K_a}} \qquad (5-6)$$

若取单位墙长计算，则主动土压力为：

$$E_a = \frac{1}{2}(H - z_0)(\gamma H K_a - 2c\sqrt{K_a})$$

将式(5-6)代入上式后得

$$E_a = \frac{1}{2}\gamma H^2 K_a - 2cH\sqrt{K_a} + \frac{2c^2}{\gamma} \qquad (5-7)$$

主动土压力 E_a 通过三角形压力分布图 abc 的形心，即作用在离墙底 $(H - z_0)/3$ 处，方向水平。

5.3.2 朗金被动土压力

1. 基本计算公式

当挡土墙在外力作用下向土体方向位移时，土体中深度 z 处的微小土单元体(图 5-6(a))受到的竖向应力仍为 $\sigma_z = \gamma z$，而水平方向的应力 σ_x 则逐渐增大，并超过 σ_z 直至土体处于极限平衡状态。土体处于极限平衡状态时的大主应力 σ_1 为被动土压力强度 σ_p，小主应力为竖向应力 $\sigma_3 = \gamma z$。由极限平衡条件公式：

无黏性土
$$\sigma_1 = \sigma_3 \tan^2\left(45° + \frac{\varphi}{2}\right)$$

黏性土
$$\sigma_1 = \sigma_3 \tan^2\left(45° + \frac{\varphi}{2}\right) + 2c\tan\left(45° + \frac{\varphi}{2}\right)$$

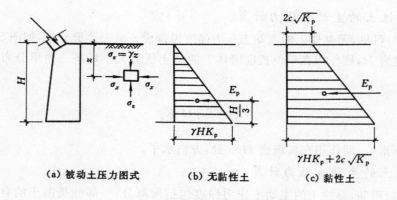

(a) 被动土压力图式　　　(b) 无黏性土　　　(c) 黏性土

图 5-6　朗金被动土压力分布

得深度 z 处朗金被动土压力的计算公式为：

无黏性土

$$\sigma_p = \sigma_{1f} = \gamma z K_p \tag{5-8}$$

黏性土

$$\sigma_p = \sigma_{1f} = \gamma z K_p + 2c \sqrt{K_p} \tag{5-9}$$

式中，K_p 为被动土压力系数，$K_p = \tan^2\left(45° + \dfrac{\varphi}{2}\right)$；其余符号同前。

2. 无黏性土的被动土压力计算

由式(5-8)可见，无黏性土的被动土压力强度沿深度 z 呈三角形分布，如图 5-6(b)所示。当挡土墙高度为 H，则作用在单位长度墙体上的总土压力大小可按三角形分布图的面积计算，即

$$E_p = \frac{1}{2}\gamma H^2 K_p \tag{5-10}$$

E_p 通过三角形形心，即作用在离墙底 $H/3$ 处，方向水平。

3. 黏性土的被动土压力计算

由式(5-9)可见，被动土压力沿深度 z 呈线性分布，它由两部分组成：一部分是由土自重引起的，沿墙高呈三角形分布；另一部分是由黏聚力引起的，与深度无关，沿墙高呈矩形分布。其分布如图 5-6(c)所示。作用在墙背上的总的被动土压力大小可按梯形分布图的面积计算，即

$$E_p = \frac{1}{2}\gamma H^2 K_p + 2cH \sqrt{K_p} \tag{5-11}$$

被动土压力 E_p 的作用方向垂直于墙背，作用点位于三角形或梯形压力分布图的形心上，形心位置可通过一次取矩求得。

　[例 5-2]　已知某挡土墙高 $H=6$m，墙背垂直、光滑，墙后填土面水平。墙后填土的物理性质指标为：$c=10$kPa，$\varphi=30°$，$\gamma=18$kN/m³。试求主动土压力及其作用点，并绘出主动土压力分布图。

　解　因墙背垂直、光滑，填土面水平，可直接用朗金理论计算。主动土压力系数 K_a 为：

$$K_a = \tan^2\left(45° - \frac{\varphi}{2}\right) = \tan^2\left(45° - \frac{30°}{2}\right) = 0.333, \quad \sqrt{K_a} = 0.577$$

$z=0$ 时，$\qquad\sigma_a = -2\times10\times\sqrt{K_a} = -3.84\text{kPa}$

$z=6$ 时，$\sigma_a = 18\times6K_a - 2\times10\times\sqrt{K_a} = 18\times6\times0.333 - 2\times10\times0.577$
$$= 24.42\text{kPa}$$

开裂深度 $\qquad z_0 = \dfrac{2c}{\gamma\sqrt{K_a}} = \dfrac{2\times10}{18\times0.577} = 1.93\text{m}$

主动土压力 E_a

$$E_a = \frac{1}{2}\gamma H^2 K_a - 2cH\sqrt{K_a} + \frac{2c^2}{\gamma}$$

$$= \frac{1}{2}\times18\times6^2\times0.333 - 2\times10\times6\times0.577 + \frac{2\times10^2}{18}$$

$$= 107.89 - 69.24 + 11.11 = 49.69\text{kN/m}$$

主动土压力 E_a 作用点位置离墙底：

$$\frac{H-z_0}{3} = \frac{6-1.93}{3} = 1.36\text{m}$$

主动土压力 E_a 方向垂直指向墙背。主动土压力的分布如图 5-7 所示。

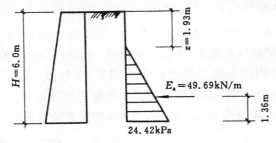

图 5-7　主动土压力分布图

5.3.3　几种常见情况下的朗金土压力计算

1. 填土表面有均布荷载（超载）

当挡土墙后填土表面有均布荷载 q 作用时，土压力的计算方法是将均布荷载换算成当量的填土重，即用假想的土重代替均布荷载。如填土水平、墙背竖直、光滑（图 5-8），这时适宜采用朗金土压力公式，当量土层厚度为

$$h = \frac{q}{\gamma} \tag{5-12}$$

式中，γ 为填土的重度，kN/m^3。

然后以 $(H+h)$ 为墙高，按填土面无超载的情况计算土压力，此时墙背 z 深处的主、被动土压力强度为：

$$\sigma_a = \gamma(h+z)K_a - 2c\sqrt{K_a} = qK_a + \gamma zK_a - 2c\sqrt{K_a} \tag{5-13}$$

$$\sigma_p = \gamma(h+z)K_p + 2c\sqrt{K_p} = qK_p + \gamma zK_p + 2c\sqrt{K_p} \tag{5-14}$$

以无黏性土（$c=0$）为例，则填土面 A 点处的主动土压力强度为

$$\sigma_{aA} = \gamma hK_a = qK_a$$

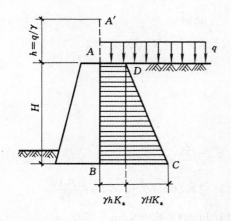

图 5-8 填土面有均布荷载的土压力计算

墙底 B 点处的主动土压力强度为

$$\sigma_{pB} = \gamma(h+H)K_p$$

由式(5-13)、式(5-14)可看出,作用在墙背面的土压力 σ 由两部分组成:一部分由均布荷载 q 引起,是常数,其分布与深度 z 无关;另一部分由土重引起,与深度 z 成正比。总土压力 E_a 即为图5-8所示的梯形 $ABCD$ 的面积,其作用点在梯形的形心。

2. 成层土体中的朗金土压力计算

成层土的压力计算方法是:先求各特殊点的土压力强度,按土压力强度分布图求总土压力 ,最后,求合力作用点及力的作用方向。

当挡土墙后填土是几种性质不同的土层时,如图 5-9 所示,计算土压力时,应分层进行计算。第一层土压力仍按均质计算,土压力分布为图 5-9 中的 abc 部分;计算第二层土压力时,将第一层土按重度换算成与第二层土相同的当量土层,当量土层厚度为 $h_1' = h_1 \dfrac{\gamma_1}{\gamma_2}$,然后以 $(h_1' + h_2)$ 为墙高计算第二层土压力,但只在第二层土层厚度范围内有效,如图 5-9 中的 $bdfe$ 部分。因此,在土层的分界面上,土压力的计算值会出现两个数值,其中一个代表第一层底面的压力,而另一个则代表第二层的压力。同时,要注意,土层性质不同,土压力系数 K_a 也不同,计算第一层土压力时,应采用第一层土的指标算得的 K_{a1},计算第二层土压力时,则应采用第二层土的指标算得的 K_{a2}。当多层土时,计算方法也相同。

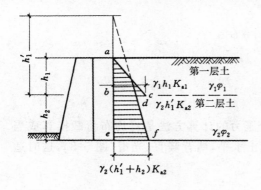

图 5-9 成层填土的土压力计算

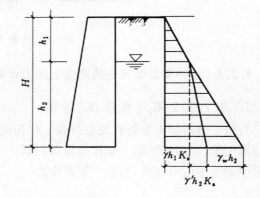

图 5-10 填土中有地下水的土压力计算

3. 墙后土体有地下水的土压力计算

在挡土墙背后的填土中,常会遇到全部或部分被水淹没的情况,此时作用于墙背的土压力将有所不同。墙除受到土压力作用外,还受到水压力的作用。

计算土压力时,地下水位以上采用天然重度 γ,地下水位以下采用天然重度 γ' 计算,土压力按前述方法计算。

在土压力计算时,假设地下水位上、下土的抗剪强度指标 φ 和 c 没有变化。地下水位上、下采用同一个值。

水对墙背产生的侧压力,取侧压力系数为1。静水压力作用方向与墙背垂直。在图5-10中,静水压力按下式计算:

$$E_w = \frac{1}{2}\gamma_w h_2^2 \tag{5-15}$$

从图5-10中可看出,填土中有水存在时,使主动土压力 E_a 减少了,但增加了静水压力,故作用于墙背的压力(包括土压力和水压力)增大了。

[**例5-3**] 一挡土墙如图5-11所示,$q=20$kPa,挡土墙后填土的有关指标为:$c=0$,$\varphi=30°$,$\gamma=17.8$kN/m³,地下水位在地面下2.0m处,$\gamma_{sat}=18.9$kN/m³,求挡土墙所受到的土压力和水压力。

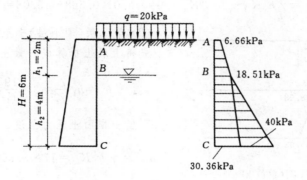

图 5-11 挡土墙示意图

解
$$K_a = \tan^2\left(45° - \frac{\varphi}{2}\right) = \tan^2\left(45° - \frac{30°}{2}\right) = 0.333$$

主动土压力强度

A 点:
$$\sigma_{aA} = qK_a = 20 \times 0.333 = 6.66\text{kPa}$$

B 点:
$$\sigma_{aB} = \sigma_{aA} + \gamma h_1 K_a = 6.66 + 17.8 \times 2 \times 0.333 = 18.51\text{kPa}$$

C 点:
$$\sigma_{aC} = \sigma_{aB} + \gamma' h_2 K_a = 18.51 + (18.9 - 10) \times 4 \times 0.333 = 30.36\text{kPa}$$

水压力强度

C 点:
$$\sigma_w = \gamma_w h_2 = 10 \times 4 = 40\text{kPa}$$

总土压力

$$E_a = \frac{1}{2} \times (6.66 + 18.51) \times 2 + \frac{1}{2} \times (18.51 + 30.36) \times 4 = 122.9\text{kN/m}$$

水压力

$$E_w = \frac{1}{2} \times 40 \times 4 = 80\text{kN/m}$$

[**例5-4**] 已知某混凝土挡土墙高度 $H=6.0$m,墙背竖直,墙后填土面水平,填土平均分两层:第一层重度 $\gamma_1=19$kN/m³,黏聚力 $c_1=10$kPa,内摩擦角 $\varphi_1=16°$;第二层 $\gamma_2=17.0$kN/m³,

$c_2=0, \varphi_2=30°$。计算作用在此挡土墙上的主动土压力大小,并绘出主动土压力分布图。

解

(1) 第一层填土土压力计算

$$K_{a1} = \tan^2\left(45° - \frac{\varphi}{2}\right) = \tan^2\left(45° - \frac{16°}{2}\right) = 0.754^2 = 0.568$$

$$z_0 = \frac{2c}{\gamma_1\sqrt{K_a}} = \frac{2\times10}{19\times0.754} = 1.40\text{m}$$

$$\sigma_{aA} = -2c\sqrt{K_{a1}} = -2\times10\times0.754 = -15.08\text{kPa}$$

$$\sigma_{aB上} = \gamma_1 h_1 K_{a1} - 2c\sqrt{K_{a1}} = 19\times3.0\times0.568 - 15.08 = 17.3\text{kPa}$$

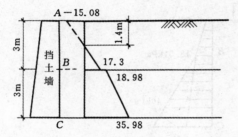

图 5-12　例 5-4 图(单位 kPa)

(2) 第二层(即下层)土土压力计算

先将上层土折算成当量土层,厚度为

$$h_1' = h_1\frac{\gamma_1}{\gamma_2} = 3\times\frac{19}{17} = 3.35\text{m}$$

下层土顶面土压力强度

$$\sigma_{aB下} = \gamma_2 h_1' K_{a2} = 17\times3.35\tan^2\left(45° - \frac{30°}{2}\right)$$

$$= 18.98\text{kPa}$$

下层土底面强度

$$\sigma_{aC} = \gamma_2(h_1' + h_2)K_{a2} = 17\times6.35\tan^2\left(45° - \frac{30°}{2}\right) = 35.98\text{kPa}$$

(3) 总主动土压力

$$E_a = \frac{1}{2}\sigma_{aB上}(h_1 - z_0) + \frac{1}{2}(\sigma_{aB下} + \sigma_{aC})\times h_2$$

$$= \frac{1}{2}\times17.3\times(3-1.4) + \frac{1}{2}\times(18.98 + 35.98)\times3 = 96.28\text{kN/m}$$

主动土压力分布图如图 5-12 所示。

5.4　库伦土压力理论

库伦土压力理论是由库伦(Coulomb)1776 年建立的。他假定:

(1) 挡土墙后填土为各向同性的无黏性土($c=0$);

(2) 挡土墙后产生主动或被动土压力时墙后土体形成滑动土楔,其滑动面为通过墙踵的平面;

(3) 将滑动土楔视为刚体。

库伦土压力理论就是根据滑动土楔处于极限平衡状态时的静力平衡条件来求解主动土

压力和被动土压力的。

5.4.1 库仑主动土压力

图 5-13(a)表示库仑理论发生主动破坏的基本概念。墙背与填土面均为倾斜的挡土墙，挡土墙高为 H，墙背 AB 与竖直线的夹角为 α，填土表面与水平面成 β 角，墙背与填土之间的摩擦角为 δ。当挡土墙向前移动或转动时，墙后土体沿着墙背 AB 及滑动面 BC 向下滑动，当达到于主动极限平衡状态时，墙后填土形成一滑动楔体 ABC。取滑动楔体 ABC 作为脱离体来研究其平衡条件，作用于楔体 ABC 上的力有：

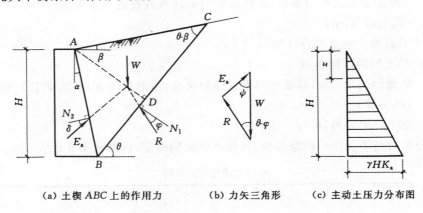

(a) 土楔 ABC 上的作用力　　(b) 力矢三角形　　(c) 主动土压力分布图

图 5-13　库仑主动土压力计算图

(1) 土楔体 ABC 的自重 $W=\gamma \triangle ABC$（γ 为填土的重度），W 仅与滑动面 BC 与水平面的夹角 θ 呈单值函数关系，方向垂直向下。

(2) 作用在滑裂面 BC 上的反力 R。R 为摩擦力 τ_{f} 与法向正压力 N_1 的合力。因为在 BC 面上抗剪强度充分发挥，所以 R 与 N 的夹角为土的内摩擦角 φ。τ_{f} 作用方向与滑动方向相反，故 R 作用线在 BC 外法线的下侧。

(3) 作用在墙背 AB 面上的墙反力 E。其大小未知，方向已知，它与墙背 AB 的法线的夹角为 δ，并位于法线下侧。土楔体对墙背的土压力 E_{a} 就是 E 的反作用力。

土楔体 ABC 在上述 W,R,E 三个力作用下处于静力平衡状态，构成闭合的力矢三角形，如图 5-9(b)所示。现已知三力的方向和 W 的大小，利用三角形的正弦定律可得：

$$E=W\,\frac{\sin(\theta-\varphi)}{\sin(\theta-\varphi+\psi)} \tag{5-16}$$

其中　　　　　　　　　　　$\psi=90°-\alpha-\delta$

式(5-16)中，W,α,φ 和 δ 均为定值，滑裂面 BC 与水平面的夹角 θ 则是任意假定的，所以土压力 E_{a} 是 θ 的函数，当假定不同的滑裂面时，可以求出不同的土压力值，也就是说 E 是 θ 的单值函数。E 的最大值 $E_{\max}$ 才是作用在墙背上的主动土压力 E_{a}，相应的 θ 角才是真正的滑裂面的倾角。为求主动土压力，令

$$\frac{\mathrm{d}E}{\mathrm{d}\theta}=0$$

解得使 E 为极大值时滑裂面 BC 与水平面的倾角 θ_{cr}，再将 θ_{cr} 代入式(5-16)，整理后得库伦主动土压力 E_a 的一般表达式

$$E_a = \frac{1}{2}\gamma H^2 K_a \tag{5-17}$$

其中

$$K_a = \frac{\cos^2(\varphi-\alpha)}{\cos^2\alpha\cos(\alpha+\delta)\left[1+\sqrt{\dfrac{\sin(\delta+\varphi)\sin(\varphi-\beta)}{\cos(\delta+\alpha)\cos(\alpha-\beta)}}\,\right]^2} \tag{5-18}$$

式中 K_a——库伦主动土压力系数，可按式(5-18)计算或查表 5-1 确定；

    H——挡土墙高，m；

    γ——墙后填土的重度，$\mathrm{kN/m^3}$；

    φ——填土的内摩擦角，(°)；

    α——墙背倾斜角，(°)，即墙背与垂直线的夹角，逆时针为正（称为俯斜），顺时针为负（称为仰斜）；

    β——填土面的倾角，(°)；

    δ——墙背与填土之间的摩擦角，其值可由试验确定，或参考第 6 章表 6-3。

表 5-1   库伦主动土压力系数

δ	α	β＼φ	15°	20°	25°	30°	35°	40°	45°	50°
0°	0°	0°	0.589	0.490	0.406	0.333	0.271	0.217	0.172	0.132
		10°	0.704	0.569	0.462	0.374	0.300	0.238	0.186	0.142
		20°		0.883	0.573	0.441	0.344	0.267	0.204	0.154
		30°				0.750	0.436	0.318	0.235	0.172
	10°	0°	0.652	0.560	0.478	0.407	0.343	0.288	0.238	0.194
		10°	0.784	0.655	0.550	0.461	0.383	0.318	0.261	0.211
		20°		1.015	0.685	0.548	0.444	0.360	0.291	0.231
		30°				0.925	0.566	0.433	0.337	0.262
	20°	0°	0.736	0.648	0.569	0.498	0.434	0.375	0.322	0.274
		10°	0.896	0.768	0.663	0.572	0.492	0.421	0.358	0.302
		20°		1.205	2.834	0.688	0.576	0.484	0.405	0.337
		30°				1.169	0.740	0.586	0.474	0.385
	−10°	0°	0.540	0.433	0.344	0.270	0.209	0.158	0.117	0.083
		10°	0.644	0.500	0.389	0.301	0.229	0.171	0.125	0.088
		20°		0.785	0.482	0.353	0.261	0.190	0.136	0.094
		30°				0.614	0.331	0.226	0.155	0.104
	−20°	0°	0.497	0.380	0.287	0.212	0.153	0.106	0.070	0.043
		10°	0.595	0.439	0.323	0.234	0.166	0.114	0.074	0.045
		20°		0.707	0.401	0.274	0.188	0.125	0.080	0.047
		30°				0.498	0.239	0.147	0.090	0.051

续表

δ	α	β＼φ	15°	20°	25°	30°	35°	40°	45°	50°
10°	0°	0°	0.533	0.447	0.373	0.309	0.253	0.204	0.163	0.127
		10°	0.664	0.531	0.431	0.350	0.282	0.225	0.177	0.136
		20°		0.897	0.549	0.420	0.326	0.254	0.195	0.148
		30°				0.762	0.423	0.306	0.226	0.166
	10°	0°	0.603	0.520	0.448	0.384	0.326	0.275	0.230	0.189
		10°	0.759	0.626	0.524	0.440	0.369	0.307	0.253	0.206
		20°		1.064	0.674	0.534	0.432	0.351	0.284	0.227
		30°				0.969	0.564	0.427	0.332	0.258
	20°	0°	0.659	0.615	0.543	0.478	0.419	0.365	0.316	0.271
		10°	0.890	0.752	0.646	0.558	0.482	0.414	0.354	0.300
		20°		1.308	0.844	0.687	0.573	0.481	0.403	0.337
		30°				1.268	0.758	0.594	0.478	0.388
	−10°	0°	0.477	0.385	0.309	0.245	0.191	0.146	0.106	0.078
		10°	0.590	0.455	0.354	0.275	0.211	0.159	0.116	0.082
		20°		0.773	0.450	0.328	0.242	0.177	0.127	0.088
		30°				0.605	0.313	0.212	0.146	0.098
	−20°	0°	0.427	0.330	0.252	0.188	0.137	0.096	0.064	0.039
		10°	0.529	0.388	0.286	0.209	0.149	0.103	0.068	0.041
		20°		0.675	0.364	0.248	0.170	0.114	0.073	0.044
		30°				0.475	0.220	0.135	0.082	0.047
15°	0°	0°	0.518	0.434	0.363	0.301	0.248	0.201	0.160	0.125
		10°	0.656	0.522	0.423	0.343	0.277	0.222	0.174	0.135
		20°		0.914	0.546	0.415	0.323	0.251	0.194	0.147
		30°				0.777	0.422	0.305	0.225	0.165
	10°	0°	0.592	0.511	0.441	0.378	0.323	0.273	0.228	0.189
		10°	0.760	0.623	0.520	0.437	0.366	0.305	0.252	0.206
		20°		1.103	0.679	0.535	0.432	0.351	0.284	0.228
		30°				1.005	0.571	0.430	0.334	0.260
	20°	0°	0.690	0.611	0.540	0.476	0.419	0.366	0.317	0.273
		10°	0.904	0.757	0.649	0.560	0.484	0.416	0.357	0.303
		20°		1.383	0.862	0.697	0.579	0.486	0.408	0.341
		30°				1.341	0.778	0.606	0.487	0.395
	−10°	0°	0.458	0.371	0.298	0.237	0.186	0.142	0.106	0.076
		10°	0.576	0.422	0.344	0.267	0.205	0.155	0.114	0.081
		20°		0.776	0.441	0.320	0.237	0.174	0.125	0.087
		30°				0.607	0.308	0.209	0.143	0.097
	−20°	0°	0.405	0.314	0.240	0.180	0.132	0.093	0.062	0.038
		10°	0.509	0.372	0.275	0.201	0.144	0.100	0.066	0.040
		20°		0.667	0.352	0.239	0.164	0.110	0.071	0.042
		30°				0.470	0.214	0.131	0.080	0.046

δ	α	φ / β	15°	20°	25°	30°	35°	40°	45°	50°
20°	0°	0°			0.357	0.297	0.245	0.199	0.160	0.125
		10°			0.419	0.340	0.275	0.220	0.174	0.135
		20°			0.547	0.414	0.322	0.251	0.193	0.147
		30°				0.798	0.425	0.306	0.225	0.166
	10°	0°			0.438	0.377	0.322	0.273	0.229	0.190
		10°			0.521	0.438	0.367	0.306	0.254	0.208
		20°			0.690	0.540	0.436	0.354	0.286	0.230
		30°				1.051	0.582	0.437	0.338	0.264
	20°	0°			0.543	0.479	0.422	0.370	0.321	0.277
		10°			0.659	0.568	0.490	0.423	0.363	0.309
		20°			0.891	0.715	0.592	0.496	0.417	0.349
		30°				1.434	0.807	0.624	0.501	0.406
	−10°	0°			0.291	0.232	0.182	0.140	0.105	0.076
		10°			0.337	0.262	0.202	0.153	0.113	0.080
		20°			0.437	0.316	0.233	0.171	0.124	0.086
		30°				0.614	0.306	0.207	0.142	0.096
	−20°	0°			0.231	0.174	0.128	0.090	0.061	0.038
		10°			0.266	0.195	0.140	0.097	0.064	0.039
		20°			0.344	0.233	0.160	0.108	0.069	0.042
		30°				0.468	0.210	0.129	0.079	0.045

当挡土墙满足朗金理论假设,即墙背垂直($\alpha=0$)、光滑($\delta=0$)、填土面水平($\beta=0$)时,式(5-18)变为:

$$E_{a}=\frac{1}{2}\gamma H^{2}\tan^{2}\left(45°-\frac{\varphi}{2}\right) \tag{5-19}$$

式(5-19)与朗金主动土压力公式(5-5)完全相同,说明朗金理论是库伦理论的一个特例。

由式(5-17)可知,主动土压力 E_{a} 与墙高 H 的平方成正比,为求得沿墙高的主动土压力分布强度 σ_{a},可通过 E_{a} 对 z 求导数而得:

$$\sigma_{a}=\frac{dE_{a}(z)}{dz}=\gamma z K_{a} \tag{5-20}$$

式(5-20)说明,主动土压力强度 σ_{a} 沿墙高呈三角形分布,如图 5-13(c)所示。应该注意的是,这种分布形式只表示土压力强度的大小,并未表示方向。合力 E_{a} 的作用点在离墙底 $H/3$ 处,作用方向在墙背法线上方,并与法线成 δ 角或与水平面成 $\alpha+\delta$ 角。

5.4.2 库伦被动土压力

与产生主动土压力情况相反,当挡土墙在外力作用下向填土方向移动或转动,使得墙后填土达到被动极限平衡状态时,滑动土楔体将沿着某一滑动面 BC 和墙背 AB 向上滑动,见

图 5-14(a)。此时作用在滑动楔体 ABC 上仍为三个力：土楔体自重 W，滑动面和墙背的反力 R 和 E。由于土楔体上滑，故反力 R 和 E 的方向均在滑动面外法线的上侧（图 5-14(a)），与法线夹角分别为 φ,δ。依据静力平衡条件，可求得被动土压力 E_p 计算公式：

$$E_p = \frac{1}{2}\gamma H^2 K_p \qquad (5\text{-}21)$$

式中，K_p 为库伦被动土压力系数，其余符号同式(5-17)。K_p 可按下式计算：

$$K_p = \frac{\cos^2(\varphi+\alpha)}{\cos^2\alpha\cos(\alpha-\delta)\left[1-\sqrt{\dfrac{\sin(\varphi+\delta)\sin(\varphi+\beta)}{\cos(\alpha-\delta)\cos(\alpha-\beta)}}\right]^2} \qquad (5\text{-}22)$$

当挡土墙满足朗金理论假设，即墙背垂直($\alpha=0$)、光滑($\delta=0$)、填土面水平($\beta=0$)时，式(5-21)简化为：

$$E_p = \frac{1}{2}\gamma H^2 \tan^2\left(45°+\frac{\varphi}{2}\right) \qquad (5\text{-}23)$$

式(5-23)与朗金土压力公式(5-10)完全相同，再一次说明朗金理论是库伦理论的一个特例。

同样可得到墙顶以下任意深度 z 处的库伦被动土压力强度计算公式：

$$\sigma_p = \frac{\mathrm{d}E_p(z)}{\mathrm{d}z} = \gamma z K_p \qquad (5\text{-}24)$$

被动土压力强度沿墙高也呈三角形的分布，如图 5-14(c)所示。被动土压力的作用点在距离墙底 $H/3$ 处，其作用方向在墙背法线上侧，并与墙背法线成 δ 角。

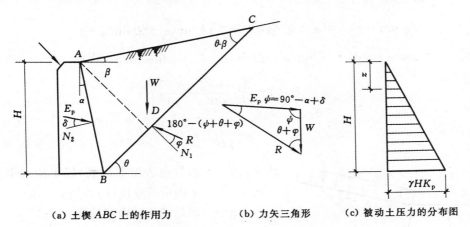

（a）土楔 ABC 上的作用力　　（b）力矢三角形　　（c）被动土压力的分布图

图 5-14　库伦被动土压力计算

[例 5-5] 已知图 5-15 所示的某挡土墙 $H=6.0\text{m}$，墙背倾斜 $\alpha=10°$，墙后填土面倾斜角 $\beta=30°$，填土与墙背的外摩擦角 $\delta=20°$。墙后填土为中砂，重度 $\gamma=19.0\text{kN/m}^3$，内摩擦角 $\varphi=30°$。计算作用在此挡土墙上的主动土压力。

解　因填土黏聚力 c 为零，又 δ,β,α 均大于零，故适于采用库伦土压力理论。根据 $\delta=20°$，

$\varphi=30°, \alpha=10°, \beta=30°$查库伦主动土压力系数表（表 5-1）得 $K_a=1.051$。

将 $K_a=1.051, H=6.0m, \gamma=19.0kN/m^3$，代入式（5-17）计算主动土压力

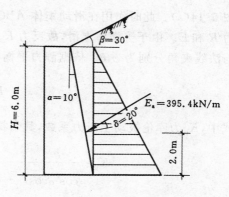

图 5-15 例 5-5 图

$$E_a=\frac{1}{2}\gamma H^2 K_a=\frac{1}{2}\times 19.0\times 6^2\times 1.051$$

$$=359.4kN/m$$

土压力作用点在距墙底 $H/3=2m$ 处。

5.4.3 黏性土的土压力

在推导库伦土压力计算公式时，假设墙后填土是理想的散体，即填土只有内摩擦角 φ 而无黏聚力 c，因此，从理论上说，库伦理论只适用于无黏性填土。但在实际工程中，墙后填土常采用黏性土，其黏聚力 c 对土压力的大小及其分布规律有重大影响。为了考虑黏性土的黏聚力 c 对土压力的数值的影响，《建筑地基基础规范》（GB 50007—2011）推荐的公式采用平面滑裂面假定，得到主动土压力的计算公式为：

$$E_a=\frac{1}{2}\gamma H^2 K_a \tag{5-25}$$

式中 H——挡土墙高度，m；

γ——墙后填土的重度，KN/m^3；

K_a——库伦主动土压力系数，按下式确定：

$$K_a=\frac{\sin(\alpha'+\beta)}{\sin^2\alpha'\sin^2(\alpha'+\beta-\varphi-\delta)}\{k_q[\sin(\alpha'+\beta)\sin(\alpha'-\delta)+\sin(\varphi+\delta)\sin(\varphi-\beta)]$$

$$+2\eta\sin\alpha'\cos\varphi\cos(\alpha'+\beta-\varphi-\delta)-2[(k_q\sin(\alpha'+\beta)\sin(\varphi-\beta)$$

$$+\eta\sin\alpha'\cos\varphi)\cdot(k_q\sin(\alpha'-\delta)\sin(\varphi+\delta)+\eta\sin\alpha'\cos\varphi)]^{1/2}\} \tag{5-26}$$

$$k_q=1+\frac{2q}{\gamma H}\frac{\sin\alpha'\cos\beta}{\sin(\alpha'+\beta)} \tag{5-27}$$

$$\eta=\frac{2c}{\gamma H}$$

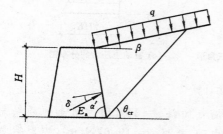

图 5-16 规范推荐方法计算简图

式中 q——墙后地表均布荷载（以单位水平投影面上的荷载强度计），kPa；

φ——墙后填土的内摩擦角，（°）；

K_q——考虑填土地表均布荷载影响的系数。

其余符号同前或如图 5-16 所示。

规范规定，对于高度小于或等于 5m 的挡土墙，当墙身的排水条件符合规范有关规定，填土符合下述质量要求时，其主动土压力系数也可由图 5-17 中的曲线查得。当地下水丰富时，应考虑水压力的作用。

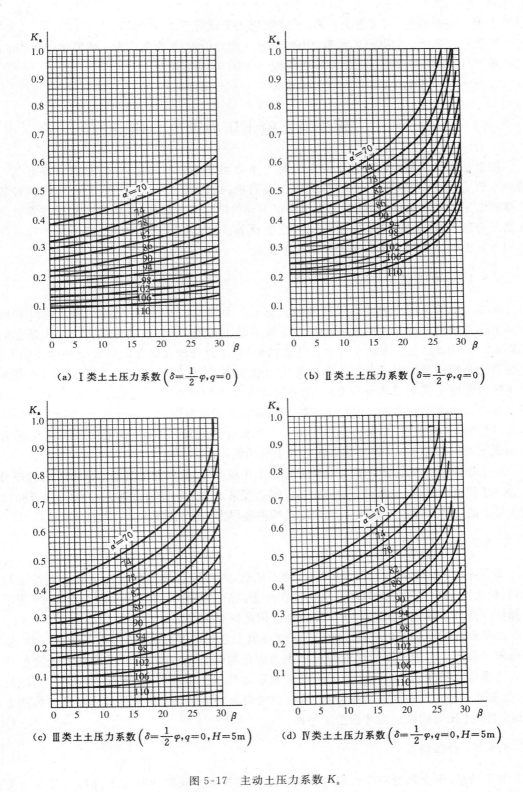

(a) Ⅰ类土土压力系数 $\left(\delta=\dfrac{1}{2}\varphi,q=0\right)$

(b) Ⅱ类土土压力系数 $\left(\delta=\dfrac{1}{2}\varphi,q=0\right)$

(c) Ⅲ类土土压力系数 $\left(\delta=\dfrac{1}{2}\varphi,q=0,H=5\text{m}\right)$

(d) Ⅳ类土土压力系数 $\left(\delta=\dfrac{1}{2}\varphi,q=0,H=5\text{m}\right)$

图 5-17　主动土压力系数 K_a

Ⅰ类——碎石土,密实度为中密,干密度应大于或等于 2.0t/m³;

Ⅱ类——砂土,包括砾砂、粗砂、中砂,其密实度为中密,干密度应大于或等于 1.65t/m³;

Ⅲ类——黏土夹块石,干密度应大于或等于 1.9t/m³;

Ⅳ类——粉质黏土,干密度应大于或等于 1.65t/m³。

5.5 朗金与库伦土压力理论的比较

朗金和库伦两种土压力理论都是研究土压力问题的一种简化方法,它们却各有其不同的基本假定、分析方法与适用条件,只有在最简单的条件下($\alpha=0, \beta=0, \delta=0$),用两种理论计算的结果才是相同的,一般情况下将得出不同的结果来。因此,在应用时必须注意针对实际情况合理选择,否则,将会造成不同程度的误差。本节将从分析方法、应用条件以及误差范围等方面将这两种土压力理论作一简单比较。

5.5.1 分析方法的异同

朗金与库伦土压力理论均属于极限状态土压力理论。就是说,用这两种理论计算出的土压力都是墙后土体处于极限平衡状态下的主动土压力 E_a 与被动土压力 E_p,这是它们的相同点。但两者在分析方法上存在着较大的差别,主要表现在研究的出发点和途径的不同。朗金理论是从研究土中一点的极限平衡应力状态出发,首先求出的是作用在土中竖直面上的土压力强度 σ_a 或 σ_p 及其分布形式,然后再计算出作用在墙背上的总土压力 E_a 或 E_p,因而朗金理论属于极限应力法。库伦理论则是根据墙背和滑裂面之间的土楔整体处于极限平衡状态,用静力平衡条件,先求出作用在墙背上的总土压力 E_a 或 E_p,需要时再算出土压力强度 σ_a 或 σ_p 及其分布形式,因而库伦理论属于滑动楔体法。

在上述两种研究途径中,朗金理论在理论上比较严密,但只能得到如本章所介绍的理想简单边界条件下的解答,在应用上受到限制。库伦理论显然是一种简化理论,但由于其能适用于较为复杂的各种实际边界条件,且在一定范围内能得出比较满意的结果,因而应用更广。

5.5.2 适用范围

朗金理论概念明确,计算公式简单,便于记忆,并对墙后填土为黏性土或无黏性土均可适用,故在工程中得到广泛应用。但由于朗金理论假定墙背垂直、光滑,填土面水平(为了符合弹性半空间体的应力条件),使计算条件适用范围受到限制。

库伦理论适用范围较广,它考虑了墙背与填土之间的摩擦力,并可用于墙背倾斜、填土面倾斜的情况。但由于库伦理论假定填土为理想散粒体($c=0$),因此不能用库伦理论的原公式直接计算黏性土的土压力。库伦理论假定墙后填土破坏时,破裂面为一通过墙踵的平面,而实际上却为一曲面。研究证明,只有当墙背倾角 α 不大,墙背与填土间的摩擦角 δ 较小时,主动土压力的破裂面才接近于平面。

5.5.3 计算误差

如前所述,朗金理论和库伦理论都是建立在某些人为假定的基础上,因此,计算结果都有一定的误差。朗金理论忽略了墙背与填土之间的摩擦力的影响,使计算结果与实际有出入,所得主动土压力偏大而被动土压力偏小,特别当 δ 和 φ 都比较大时,朗金理论计算所得的被动土压力系数 K_p 较之严格的理论可以小 2～3 倍以上。

库伦理论考虑了墙背与填土之间的摩擦作用,边界条件是正确的,但却把土体中的滑动面假定为平面,与实际情况不符。因此,计算结果与实际有一定出入,通常情况下,这种偏差在计算主动土压力时为 2%～10%,可以满足工程精度要求,但在计算被动土压力时,由于破裂面更接近于对数螺线,因此,计算结果误差较大,有时可达 2～3 倍,甚至更大。

综上所述,对于计算主动土压力,各种理论的差别都不大。朗金理论公式简单,且能建立起土体处于极限平衡状态时理论破裂面形状和概念。这一概念对于分析许多土体破坏问题,如板桩墙的受力状态、地基的滑动区等都很有用,所以得到工程人员的喜爱,不过在具体实用中,要注意边界条件是否符合朗金理论的规定,以免得到错误的结果。库伦理论适用范围较广,又因考虑了墙背与填土之间的摩擦,主动土压力值比较接近于实际,并略为偏低,因此,用来设计无黏性土重力式挡土墙一般是经济合理的。至于被动土压力的计算,当 δ 和 φ 较小时,这两种古典土压力理论尚可应用;而当 δ 和 φ 较大时,误差都很大,均不宜采用。

思考题

5-1 什么是静止土压力、主动土压力和被动土压力? 各种土压力产生的条件是什么?比较三者数值的大小。

5-2 影响土压力大小的因素是什么? 其中最主要的因素是什么?

5-3 试比较朗金土压力理论和库伦土压力理论的基本假定、计算方法和适用条件。

5-4 在什么情况下,朗金与库伦土压力理论的计算公式是一致的?

5-5 当填土表面有超载、分层土及有地下水时,土压力如何计算?

习 题

5-1 某挡墙高 5m,墙背垂直光滑,墙后填土面水平,填土的重度 $\gamma=20kN/m^3$,$c=10kPa$,$\varphi=30°$,试求:(1)主动土压力沿墙高的分布;(2)总主动土压力的大小及作用点位置。

答案 (2)35.6kN/m

5-2 用朗金土压力公式计算如图 5-18 所示挡土墙的主动土压力分布及其合力。已知填土为砂土,填土面作用均布荷载 $q=20kPa$。

答案 330kN/m

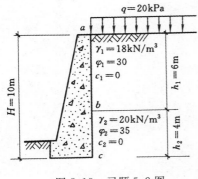

图 5-18 习题 5-2 图

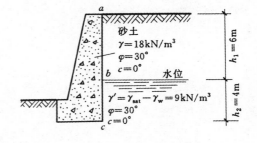

图 5-19 习题 5-3 图

5-3　用水土分算法计算如图 5-19 所示挡土墙上的主动土压力及水压力的分布图及其合力。已知填土为砂土，土的物理力学性质指标如图 5-19 所示。

答案　$E_a = 276 \text{kN/m}, E_w = 78.4 \text{kN/m}$

5-4　用库仑土压力理论计算如图 5-20 所示挡土墙上的主动土压力。已知填土 $\gamma = 20 \text{kN/m}^3, \varphi = 30°, c = 0$；挡土墙高 5m，墙背倾角 $\alpha = 10°$，墙背摩擦角 $\delta = \dfrac{\varphi}{2}$。

答案　$E_a = 133.75 \text{kN/m}$

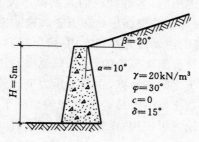

图 5-20　习题 5-4 图

6 土坡稳定与挡土墙

学习重点和目的

　　土质边坡的滑塌事故很常见，对其进行稳定性分析是设计、施工和治理所必需的方法。挡土墙是预防和治理土坡滑动常用的支挡结构。通过本章学习，要求读者掌握无黏性土坡和黏性土坡稳定性分析方法；了解坡顶开裂、有水渗流和快速施工条件下土坡稳定性分析应注意的问题；了解挡土墙的结构类型；掌握重力式挡土墙的设计内容和稳定性验算要求；了解重力式挡土墙构造要求。

6.1 概　述

6.1.1 土坡稳定

　　在工程建设中常会遇到土坡稳定性问题。土坡包括天然土坡和人工土坡，天然土坡是指自然形成的山坡和江河湖海的岸坡，人工土坡是指人工开挖基坑、基槽、路堑或填筑路堤、土坝形成的边坡。边坡滑塌是一种发生频率较高的事故。如图 6-1 所示，在土体重力的作用下，可能发生边坡失稳破坏，即土体 $ABCDEA$ 沿着土中某一滑动面 AED 向下滑动而破坏。当土坡内某一滑动面上作用的滑动力达到土的抗剪强度时，土坡即发生滑动破坏。

　　在工程实践中，分析土坡稳定的目的是检验所设计的土坡断面是否安全与合理，边坡过陡可能发生坍塌，过缓则使土方量增加。土坡的稳定可用稳定安全系数 K 表示，它是指土的抗剪强度 τ_f 与土坡中可能滑动面上产生的剪应力 τ 的比值，即 $K = \dfrac{\tau_f}{\tau}$。

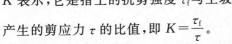

图 6-1　土坡滑动破坏

　　《建筑边坡工程技术规范》(GB 50330—2013)根据边坡损坏后可能造成的破坏后果(危及人的生命、造成经济损失、产生社会不良影响)的严重性、边坡类型和边坡高度等因素确定了安全等级，见表 6-1。边坡稳定性验算时，其稳定安全系数 K 应不小于表 6-2 规定的要求。

表 6-1　土质边坡安全等级

边坡高度 H/m	破坏后果	安全等级
10<H≤15	很严重	一级
	严重	二级
H≤10	很严重	一级
	严重	二级
	不严重	三级

表 6-2　边坡稳定安全系数 K

安全等级　　计算方法	一级边坡	二级边坡	三级边坡
平面滑动	1.35	1.30	1.25
圆弧滑动	1.30	1.25	1.20

　　土坡稳定分析是一个比较复杂的问题，因为尚有一些不确定性因素有待研究，如滑动面

形式的确定、按实际情况合理地取用土的抗剪强度参数、土的非均匀性及土坡内有水渗流时的影响等。本章主要介绍土坡稳定分析的基本方法。

6.1.2 挡土墙

为了防止土体的滑动,常用各种类型的挡土结构加以支挡,挡土墙是最常用的支挡结构物。挡土墙按结构形式可分为重力式、悬臂式、扶壁式、锚杆式及加筋式挡土墙等形式。

重力式挡土墙(图 6-2(a))依靠挡土墙自身的重量保持墙体的稳定,墙体必须做成厚而重的实体,墙身断面较大,一般多用毛石、砖、素混凝土等材料构筑而成。挡土墙的前缘称为墙趾,后缘称为墙踵。重力式挡土墙墙背可以呈垂直、俯斜和仰斜的形式。重力式挡土墙具有结构简单、施工方便、能够就地取材等优点,是工程中应用较广的一种挡土墙形式。

悬臂式挡土墙(图 6-2(b))采用钢筋混凝土材料建成,墙体截面尺寸较小,重量较轻,墙身的稳定靠墙踵板上土重保持,墙身内配钢筋承担拉力。悬臂式挡土墙的优点是充分利用钢筋混凝土的受力特性,可适用于墙比较高、地基土质较差以及工程比较重要时的情况,如市政工程、厂矿贮库中多采用悬臂式挡土墙。

扶壁式挡土墙(图 6-2(c))沿墙的长度方向每隔一定距离设置一道扶壁,增强了挡土墙中立壁的抗弯性能,以保持挡土墙的整体性。

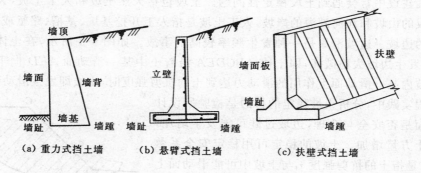

(a) 重力式挡土墙   (b) 悬臂式挡土墙   (c) 扶壁式挡土墙

图 6-2　挡土墙的形式

近十几年来国内外成功发展了多种新型的挡土结构形式,其中应用较多的有锚杆式挡土墙和加筋土挡土墙两种。锚杆式挡土墙是由预制的钢筋混凝土立柱、墙面板、钢拉杆和锚定板在现场拼装而成。这种形式的挡土墙具有结构轻、柔性大、工程量少、造价低、施工方便等优点,常用在临近建筑物的基础开挖以及铁路两旁的护坡、路基、桥台等处。加筋土挡土墙由填土、填土中布置的土工合成材料和墙面板三部分组成,利用土工合成材料和土之间的摩擦力提高填土和地基的稳定性,现已被广泛地应用在土坝、围堰、土坡、路堤中。

6.2　砂性土与黏性土土坡稳定分析

6.2.1 砂性土土坡稳定分析

在分析砂性土的土坡稳定时,根据实际观测,同时也是为了计算简便起见,一般均假定滑动面是平面。

如图 6-3 所示的简单土坡,已知土坡高度为 H,坡角为 β,土的重度为 γ,内摩擦角为 φ,

若假定滑动面是通过坡脚 A 的平面 AC，AC 的倾角为 α，则可按式(6-1)计算滑动土体 ABC 沿 AC 面上滑动的稳定安全系数 K 值。

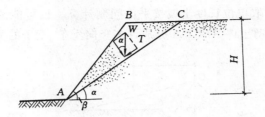

图 6-3　砂性土的土坡稳定计算

$$K=\frac{\tan\varphi}{\tan\alpha} \tag{6-1}$$

从式(6-1)可见，当 $\alpha=\beta$ 时滑动稳定安全系数最小，也即坡面上的一层土是最易滑动的。由此，砂性土的土坡滑动稳定安全系数为

$$K=\frac{\tan\varphi}{\tan\beta} \tag{6-2}$$

式(6-2)表明，砂性土坡的坡角不可能超过土的内摩擦角，砂性土坡所能形成的最大坡角就是砂土的内摩擦角，根据这一原理，在工程上就可以通过堆砂锥体法确定砂土的内摩擦角(也称为砂土的自然休止角)。

6.2.2　黏性土土坡稳定分析

大量的观测调查证实，均质黏性土土坡失稳破坏时，其滑动面常常是曲面，通常可近似地假定为圆弧滑动面。圆弧滑动面的形式一般有以下三种：

(1) 圆弧滑动面通过坡脚 B 点(图 6-4(a))，称为坡脚圆；

(2) 圆弧滑动面通过坡面上 E 点(图 6-4(b))，称为坡面圆；

(3) 圆弧滑动面通过坡脚以外的 A 点(图 6-4(c))，称为中点圆。

上述三种圆弧滑动面的产生，与土坡的坡角大小、土的强度指标，以及土中硬层的位置等因素有关。

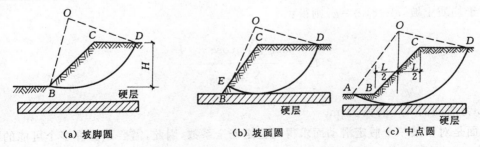

(a) 坡脚圆　　　　　　　(b) 坡面圆　　　　　　　(c) 中点圆

图 6-4　均质黏性土土坡的三种圆弧滑动面

费伦纽斯(Fellenius)条分法(又称瑞典条分法)和简化毕肖普(Bishop)条分法是两种得到广泛应用的圆弧滑动分析方法。

1. 费伦纽斯条分法

条分法是瑞典工程师费伦纽斯(W. Fellenius,1927)首先提出的方法,故称费伦斯条分法。如图 6-5 所示土坡,取单位长度土坡按平面问题计算。设可能滑动面是一圆弧 AD,圆心为 O,半径为 R。将滑动土体 $ABCDA$ 分成许多竖向土条,土条的宽度一般可取 $b=0.1R$。

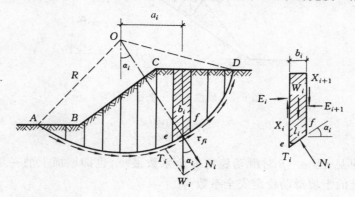

图 6-5　用条分法计算土坡稳定

费伦纽斯条分法不考虑土条两侧的作用力,即假设 E_i 和 X_i 的合力等于 E_{i+1} 和 X_{i+1} 的合力,同时,它们的作用线也重合,因此,土条两侧的作用力相互抵消。

土体沿圆弧滑动面 AD 下滑的稳定安全系数 K 为

$$K=\frac{\sum\limits_{i=1}^{n}(W_i\cos\alpha_i\tan\varphi_i+c_il_i)}{\sum\limits_{i=1}^{i=n}W_i\sin\alpha_i} \tag{6-3}$$

式中　W_i——土条 i 的自重,kN/m;

α_i——土条 i 滑动面的法线与竖直线的夹角,(°);

l_i——土条 i 滑动面 ef 的弧长,m;

c_i——土条 i 滑动面上的黏聚力,kN/m;

φ_i——土条 i 滑动面上的内摩擦角,(°);

n——土条分条数。

对于均质土坡,$c_i=c,\varphi_i=\varphi$,则得:

$$K=\frac{\tan\varphi\sum\limits_{i=1}^{i=n}W_i\cos\alpha_i+c\,\widehat{L}}{\sum\limits_{i=1}^{i=n}W_i\sin\alpha_i} \tag{6-4}$$

式中,$\widehat{L}$ 为滑动面 AD 的弧长,m。

上面是对于某一个假定滑动面求得的稳定安全系数,因此,需要试算许多个可能的滑动面,相应于最小安全系数的滑动面即为最危险滑动面。费伦纽斯条分法可编成计算机程序进行计算。

2. 简化毕肖普条分法

费伦纽斯条分法假定不考虑土条间的作用力,一般说这样得到的稳定安全系数是偏小的。在工程实践中，为了改进条分法的计算精度，许多人都认为应该考虑土条间的作用力，以求得比较合理的结果。目前已有许多解决问题的办法，其中毕肖普(A. W. Bishop,1955)提出的简化方法比较合理、实用。

如图6-5所示土坡，简化毕肖普条分法的稳定安全系数 K 为

$$K=\frac{\sum\limits_{i=1}^{n}\frac{1}{m_{ai}}(W_i\tan\varphi_i+c_il_i\cos\alpha_i)}{\sum\limits_{i=1}^{n}W_i\sin\alpha_i}\tag{6-5}$$

其中

$$m_{ai}=\cos\alpha_i+\frac{1}{K}\tan\varphi_i\sin\alpha_i\tag{6-6}$$

由于式(6-5)中 m_{ai} 也包含 K 值，因此，须用迭代法求解，即先假定一个 K 值，按式(6-6)求得 m_{ai} 值，代入式(6-5)中求出 K 值。若此值与假定值不符，则用此 K 值重新计算 m_{ai} 求得新的 K 值，如此反复迭代，直至假定 K 值与求得的 K 值相近为止。满足这一条件的 K 值可能不止一个，应选择其中最小值，即 K_{min}。这一过程可编成计算机程序进行计算。

6.3 土坡稳定分析的几个问题

6.3.1 坡顶开裂时的土坡稳定计算

在黏性土路堤的坡顶附近，可能因土的收缩及张力作用而发生裂缝，如图6-6所示。地表水渗入裂缝后，将产生静水压力 P_w，它是促使土坡滑动的作用力，故在土坡稳定分析中应该考虑进去。

已知土的重度为 γ，黏聚力为 c，内摩擦角为 φ，则坡顶裂缝的开展深度 h_0 可按下式确定：

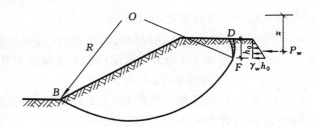

图6-6 坡顶开裂时稳定计算

$$h_0=\frac{2c}{\gamma\tan\left(45°-\dfrac{\varphi}{2}\right)}\tag{6-7}$$

裂缝内因积水产生的静水压力 $P_w=\frac{1}{2}\gamma_w h_0^2$（$\gamma_w$ 为水的重度），它对最危险滑动面的圆心 O 的力臂 z。在按前述各种方法分析土坡稳定时，应考虑 P_w 引起的滑动力矩，同时土坡滑动面的弧长也将由 BD 减短为 BF。

坡顶出现裂缝对土坡的稳定是不利的，在工程中应当避免这种情况出现。例如，对于暴露时间较长、雨水较多的基坑边坡，应在土坡滑动范围外边设置水沟拦截水流，在土坡滑动范围内的坡面上采用水泥砂浆或塑料布铺面防水，如果坡顶出现裂缝，则应立即采用水泥砂浆嵌缝，以防止水流入土坡内而造成对土坡的损害。

6.3.2 有水渗流时土坡稳定的计算

当基坑土坡采用明排水或堤岸内的水位急剧下降时,土坡内的水将向外渗流。土坡内会因此产生动水压力 D,其方向指向路堤边坡(图 6-7),它对路堤的稳定是不利的。

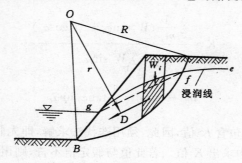

图 6-7 水渗流时的土坡稳定计算

如图 6-7 所示土坡,由于水位骤降,路堤内水向外渗流。已知浸润线(渗流水位线)为 efg,滑动土体在浸润线以下部分($fgBf$)的面积为 A,作用在这一部分土体上的动水力合力为 D。用条分法分析土坡稳定时,土条 i 的重力 W_i 计算,在浸润线以下部分应考虑水的浮力作用,采用有效重度。动水力 D 可按式(6-8)计算:

$$D = \gamma_w I A \tag{6-8}$$

式中 γ_w——水的重度,kN/m^3;

A——滑动土体在浸润线以下部分($fgBf$)的面积,m^2;

I——在面积($fgBf$)范围内的水头梯度平均值,可近似地假设 I 等于浸润线两端 fg 连线的坡度。

动水力 D 的作用点在面积($fgBf$)的形心,其作用方向假定与 fg 线平行,D 对滑动面圆心 O 的力臂为 r。

这样考虑动水力后,若采用费伦纽斯条分法分析均质土坡稳定安全系数,式(6-4)可以写为

$$K = \frac{R(\tan\varphi \sum\limits_{i=1}^{n} W_i \cos\alpha_i + c\hat{L})}{R \sum\limits_{i=1}^{n} W_i \sin\alpha_i + rD} \tag{6-9}$$

式中,R 为滑动面圆弧半径,m。

6.3.3 按有效应力法分析土坡稳定

前面所介绍的土坡稳定安全系数计算公式都是属于总应力法,采用的抗剪强度指标也是总应力指标。若土坡是用饱和黏土填筑,因填土或施加的荷载速度较快,土中孔隙水来不及排出,将产生孔隙水压力,使土的有效应力减小,增加了土坡滑动的危险。这时,土坡稳定分析应该考虑孔隙水压力的影响,采用有效应力方法计算。其稳定安全系数计算公式,可将前述总应力方法公式修正后即得。如费伦纽斯条分法的式(6-4)可改写为

$$K = \frac{\tan\varphi' \sum\limits_{i=1}^{n}(W_i\cos\alpha_i - u_il_i) + c'\hat{L}}{\sum\limits_{i=1}^{i=n}W_i\sin\alpha_i} \qquad (6\text{-}10)$$

式中 c'——土的有效黏聚力,kPa;

　　　φ'——土的有效内摩擦角,(°);

　　　u_i——作用在土条 i 滑动面上的平均孔隙水压力,kPa。

其他符号意义同前。

简化毕肖普法的式(6-5)、式(6-6)可改写成:

$$K = \frac{\sum\limits_{i=1}^{n}\dfrac{1}{m_{ai}}\left[(W_i - u_il_i\cos\alpha_i)\tan\varphi_i' + c_i'l_i\cos\alpha_i\right]}{\sum\limits_{i=1}^{n}W_i\sin\alpha_i} \qquad (6\text{-}11)$$

其中

$$m_{ai} = \cos\alpha_i + \frac{1}{K}\tan\varphi_i'\sin\alpha_i \qquad (6\text{-}12)$$

6.4　重力式挡土墙

重力式挡土墙适用于高度不大于 10m、地层稳定、开挖土石方时不会危及相邻建筑物安全的地段。

6.4.1　重力式挡土墙的设计与验算

重力式挡土墙设计时应首先综合考虑各种因素,本着力求使设计的挡土墙既安全又经济的原则来选择其形式。选型应注意重力式挡土墙的用途、高度及重要性、当地的地形及地质条件,以及尽可能就地取材等问题。

重力式挡土墙的设计一般采用试算法确定其截面,即先根据挡土墙的工程地质条件、墙体材料、填土性质和施工条件等,凭经验初步拟定截面尺寸,然后进行挡土墙的验算,如不满足要求,则调整截面尺寸或采用其他措施,直至达到设计要求为止。

重力式挡土墙的计算通常包括下列内容:

(1)稳定性验算,包括抗滑移、抗倾覆和整体滑移稳定性验算;

(2)地基承载力验算;

(3)墙身强度验算。

对重力式挡土墙进行计算,首要的问题是确定作用在挡土墙上有哪些力,其中的关键是确定作用在挡土墙上的土压力的性质、大小、方向与作用点。在力的作用下要求重力式挡土墙不产生滑移和倾覆而保持稳定状态。作用在重力式挡土墙上的力主要有土压力、墙体自重、基底反力,这是作用在重力式挡土墙上的基本荷载。如果墙背后的排水条件不好,有积水时,还应考虑静水压力的作用;如果在重力式挡土墙的填土表面上有堆放物或建筑物等,还应考虑附加荷载;在地震区还需考虑地震力的附加作用力。

1. 抗滑移稳定性验算(图 6-8)

重力式挡土墙抗滑移稳定性按下式验算:

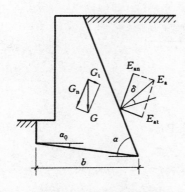

图 6-8　挡土墙抗滑稳定验算示意

$$K_s = \frac{(G_n + E_{an})\mu}{E_{at} - G_t} \geqslant 1.3 \qquad (6\text{-}13)$$

$$G_n = G\cos\alpha_0 \qquad (6\text{-}14)$$

$$G_t = G\sin\alpha_0 \qquad (6\text{-}15)$$

$$E_{at} = E_a\sin(\alpha - \alpha_0 - \delta) \qquad (6\text{-}16)$$

$$E_{an} = E_a\cos(\alpha - \alpha_0 - \delta) \qquad (6\text{-}17)$$

式中　G——挡土墙每延米自重，kN/m；

　　　α_0——挡土墙基底的倾角，(°)；

　　　α——挡土墙墙背的倾角，(°)；

　　δ——土对挡土墙墙背的摩擦角，(°)，可按表 6-3 选用；

　　μ——土对挡土墙基底的摩擦系数，宜由试验确定，也可按表 6-4 选用。

表 6-3　土对挡土墙墙背的摩擦角 δ

挡土墙情况	摩擦角 δ
墙背平滑，排水不良	$(0\sim0.33)\varphi_k$
墙背粗糙，排水良好	$(0.33\sim0.50)\varphi_k$
墙背很粗糙，排水良好	$(0.50\sim0.67)\varphi_k$
墙背与填土间不可能滑动	$(0.67\sim1.00)\varphi_k$

注：φ_k 为墙背填土的内摩擦角标准值，其值的确定方法见第 8.4 节内容。

表 6-4　土对挡土墙基底的摩擦系数 μ

土的类别		摩擦系数 μ
黏性土	可塑	0.20～0.25
	硬塑	0.25～0.30
	坚硬	0.30～0.40
粉土		0.25～0.35
中砂、粗砂、砾砂		0.35～0.40
碎石土		0.40～0.50
软质岩		0.40～0.60
表面粗糙的硬质岩		0.65～0.75

注：① 易风化的软质岩和塑性指数 $I_p > 22$ 的黏性土，基底摩擦系数应通过试验确定。

　　② 对碎石土，可根据其密实程度、填充物状况、风化程度等确定。

2. 抗倾覆稳定性验算（图 6-9）

重力式挡土墙抗倾覆稳定性按下式验算：

$$K_t = \frac{Gx_0 + E_{az}x_f}{E_{ax}z_f} \geqslant 1.6 \qquad (6\text{-}18)$$

$$E_{ax} = E_a\sin(\alpha - \delta) \qquad (6\text{-}19)$$

$$E_{az} = E_a\cos(\alpha - \delta) \qquad (6\text{-}20)$$

$$x_f = b - z\cot\alpha \qquad (6\text{-}21)$$

$$z_f = z - b\tan\alpha_0 \qquad (6\text{-}22)$$

式中　z——土压力作用点离墙踵的高度，m；

　　　x_0——挡土墙重心离墙趾的水平距离，m；

　　　b——基底的水平投影宽度，m。

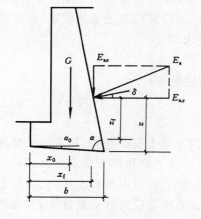

图 6-9　挡土墙抗倾覆稳定验算示意

重力式挡土墙整体滑动稳定性可采用费伦纽斯条分法、简化毕肖普条分法等圆弧滑动面法验算。

3. 地基承载力验算

重力式挡土墙地基承载力验算与一般偏心浅基础验算方法基本相同,详见第八章有关内容。重力式挡土墙基底合力的偏心距不应大于0.25倍基础的宽度。

6.4.2 重力式挡土墙的构造要求

1. 墙背的倾斜形式

一般的重力式挡土墙按墙背倾斜方向可分为仰斜、直立和俯斜三种形式(图6-10)。对于墙背不同倾斜方向的挡土墙,若用相同的计算方法和计算指标进行计算,其主动土压力以仰斜为最小,直立居中,俯斜最大。因此,就墙背所受的土压力而言,仰斜墙背较为合理。但选择墙背形式还应根据使用要求、地形地貌和施工条件等情况综合考虑而定。

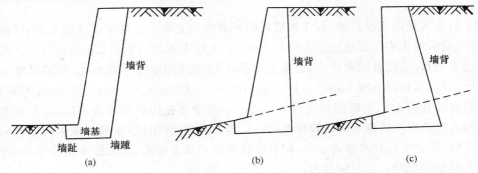

图6-10 重力式挡土墙墙背倾斜形式

2. 墙面(背)坡度的选择

当墙前地面较陡时,墙面坡度可取1∶0.05～1∶0.2,也可采用直立的墙面。墙前地形较为平坦时,对于中、高挡土墙,墙面坡度可较缓,但不宜缓于1∶0.4。仰斜墙背坡度愈缓,主动土压力愈小,但为了避免施工困难,仰斜墙背坡度一般不宜缓于1∶0.25。

3. 基底逆坡坡度

为了增加墙身的抗滑稳定性,可将基底做成逆坡(图6-8挡土墙基底形式),但是基底逆坡过大,可能使墙身连同基底下的土体一起滑动,因此,一般土质地基的基底逆坡不宜大于1∶10,对岩石地基一般不宜大于1∶5。

4. 墙顶宽度

重力式挡土墙自身尺寸较大,若无特殊要求,一般块石挡土墙顶宽不宜小于400mm,混凝土挡土墙的墙顶宽度不宜小于200mm。

5. 墙后填土的选择

根据重力式挡土墙稳定验算及提高稳定性措施的分析,希望作用在墙上的土压力数值越小越好,因为土压力小有利于挡土墙的稳定性,可以减小挡土墙的断面尺寸,节省工程量和降低造价。主动土压力的大小主要与墙后填土的性质有关,因此,应合理选择墙后的填土。

(1) 回填土应尽量选择透水性较大的土,如砂土、砾石、碎石等,这类土的抗剪强度稳定,易于排水。在季节性冻土地区,应选择炉渣、碎石、粗砂等非冻胀性填料。

（2）可用的回填土为黏土、粉质黏土，含水量应接近最优含水量，易压实，宜掺入适量的碎石。

（3）不能利用软黏土、成块的硬黏土、膨胀土、耕植土和淤泥土作为回填土。因为这类土的性质不稳定，交错的膨胀与收缩可在挡土墙上产生较大的侧压力，对挡土墙的稳定产生不利的影响。

填土压实质量是重力式挡土墙施工中的关键问题，填土时应注意分层夯实。

6. 墙后排水措施

重力式挡土墙建成使用期间，往往由于挡土墙后的排水条件不好，大量的雨水渗入墙后填土中，造成填土的抗剪强度降低，导致填土的土压力增大，有时还会受到水的渗流或静水压力的影响，对挡土墙的稳定产生不利的作用，因此设计重力式挡土墙时必须考虑排水问题。

为了防止大量的水渗入墙后，在山坡处的重力式挡土墙应在坡下设置截水沟，拦截地表水；同时在墙后填土表面宜铺筑夯实的黏土层，防止地表水渗入墙后（图6-11（a））。对渗入墙后填土中的水，应使其顺利排出，通常在墙体上适当的部位设置泄水孔，孔眼尺寸一般为直径 $50\sim100$mm 的圆孔或 50mm$\times100$mm、100mm$\times100$mm、150mm$\times200$mm 的方孔，排水孔外斜坡度宜为 5%，孔眼间距宜为 $2\sim3$m。一般泄水孔应高于墙前水位，以免倒灌。在泄水孔的入口处应用易渗水的粗粒材料（卵石、碎石等）作滤水层，在最低泄水孔下部应铺设黏土夯实层，防止墙后积水渗入地基，同时应将墙前回填土夯实，或做散水及排水沟，避免墙前水渗入地基（图6-11（a）、（b）、（c））。

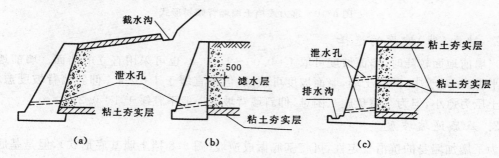

图 6-11　挡土墙排水措施

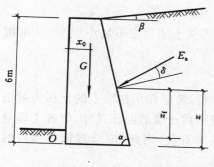

图 6-12　例题 6-1 图

[例 6-1]　如图 6-12 所示，已知某重力式挡土墙墙高 $H=6$m，墙背俯斜，墙背倾角 $\alpha=80°$，墙后填土坡角 $\beta=10°$，墙背与填土摩擦角 $\delta=20°$，墙后填土为中砂，其 $\varphi=30°$，$\gamma=18.5$kN/m³，地基土为中砂，其承载力特征值 $f_a=180$kPa，墙体材料重度 $\gamma_G=24.0$kN/m³。试设计该重力式挡土墙的尺寸。

解　（1）用库伦理论计算作用在墙上的主动土压力。

已知：$\varphi=30°$，$\alpha=80°$，$\beta=10°$，$\delta=20°$，由第5章公式（5-18）计算或查表 5-1 得主动土压力系数 $K_a=0.44$。

主动土压力

$$E_a = \frac{1}{2}\gamma H^2 K_a = \frac{1}{2} \times 18.5 \times 6^2 \times 0.46 = 153.2 \text{kN/m}$$

土压力的垂直分力

$$E_{az} = E_a\cos(\alpha - \delta) = 153.2 \times \cos(80° - 20°) = 76.6 \text{kN/m}$$

土压力的水平分力

$$E_{ax} = E_a\sin(\alpha - \delta) = 153.2 \times \sin(80° - 20°) = 132.7 \text{kN/m}$$

（2）挡土墙断面尺寸的选择

根据经验初步确定墙的断面尺寸，重力式挡土墙的顶宽约为墙高的 1/12，底宽约为墙高的 1/3~1/2，设顶宽 $b_1 = 0.5\text{m}$，可初步确定底宽 $b = 3\text{m}$。

墙体自重为

$$G = \frac{1}{2}(b_1 + B)H\gamma_G = \frac{1}{2} \times (0.5 + 3) \times 6 \times 24 = 252 \text{kN/m}$$

（3）抗滑移稳定性验算

因挡土墙基底水平，故其倾角 $\alpha_0 = 0$，则

$$G_n = G\cos\alpha_0 = G, \quad G_t = G\sin\alpha_0 = 0$$

$$E_{at} = E_a\sin(\alpha - \alpha_0 - \delta) = E_a\sin(\alpha - \delta) = E_{ax}$$

$$E_{an} = E_a\cos(\alpha - \alpha_0 - \delta) = E_a\cos(\alpha - \delta) = E_{az}$$

查表 6-4，取基底摩擦系数 $\mu = 0.35$，按式（6-13）验算抗滑移稳定性如下：

$$K_s = \frac{(G_n + E_{an})\mu}{E_{at} - G_t} = \frac{(G + E_{az})\mu}{E_{ax}} = \frac{(252 + 76.6) \times 0.4}{132.7} = 0.99 < 1.3$$

其结果不满足抗滑移稳定性要求，应修改断面尺寸，取顶宽 $b_1 = 1\text{m}$，底宽 $b = 5\text{m}$，再进行上述验算：

$$G = \frac{1}{2}(b_1 + B)H\gamma_G = \frac{1}{2} \times (1 + 4) \times 6 \times 24 = 360 \text{kN/m}$$

$$K_s = \frac{(G_n + E_{an})\mu}{E_{at} - G_t} = \frac{(G + E_{az})\mu}{E_{ax}} = \frac{(360 + 76.6) \times 0.4}{132.7} = 1.32 > 1.3$$

满足抗滑移稳定性要求。

（4）抗倾覆稳定性验算

求出自重 G 的重心距离墙趾 O 点的距离 $x_0 = 2.86\text{m}$，土压力水平分力的力臂 $z_f = z = 2\text{m}$，土压力垂直分力力臂为 $x_f = b - z\cot\alpha = 3.65\text{m}$，按式（6-18）验算抗倾覆稳定性如下：

$$K_t = \frac{Gx_0 + E_{az}x_f}{E_{ax}z_f} = \frac{360 \times 2.17 + 76.6 \times 3.65}{132.7 \times 2} = 3.99 > 1.6$$

抗倾覆稳定性验算满足要求，且稳定安全系数较大，可见一般重力式挡土墙抗倾覆稳定性验算容易满足要求。

（5）地基承载力验算

略。

思考题

6-1 砂性土土坡的稳定性只要坡角不超过其内摩擦角,坡高 H 可不受限制,而黏性土土坡的稳定还与坡高有关,试分析其原因。

6-2 掌握费伦纽斯条分法和毕肖普条分法的基本原理及计算步骤。

6-3 了解坡顶开裂及路堤内有水渗流时的土坡稳定分析方法。

6-4 用总应力法和有效应力法分析土坡稳定时有何不同之处?各适用于何种情况?

6-5 挡土墙有哪些类型?重力式挡土墙设计中需要验算哪些内容?各有什么要求?

6-6 重力式挡土墙构造上有哪些要求?

习 题

6-1 用费伦纽斯条分法(瑞典条分法)计算如图 6-13 所示土坡的稳定安全系数(按有效应力法计算)。已知土坡高度 $H=5$m,边坡坡度为 $1:1.6$(即坡角 $\beta=32°$),土的性质及试算滑动面圆心位置如图所示。计算时将土条分成 7 条,各土条宽度 b_i、平均高度 h_i、倾角 α_i、滑动面弧长 l_i 及作用在土条底面的平均孔隙水压力 u_i,均列于表 6-5。

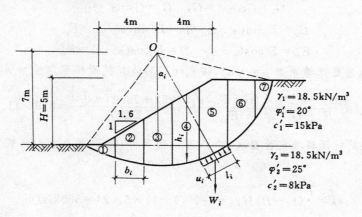

图 6-13 习题 6-1 图

表 6-5 土条计算数据

土条编号	b_i/m	h_i/m	α_i	l_i/m	$u_i/(\mathrm{kN \cdot m^{-2}})$
1	2	0.7	$-27.7°$	2.3	2.1
2	2	2.6	$-13.4°$	2.1	7.1
3	2	4.0	$0°$	2.0	11.1
4	2	5.1	$13.4°$	2.1	13.8
5	2	5.4	$27.7°$	2.3	14.8
6	2	4.0	$44.2°$	2.8	11.2
7	2	1.8	$68.5°$	3.2	5.7

答案 1.68

6-2 用毕肖普法(考虑孔隙水压力作用时)计算习题 6-1 土坡稳定安全系数(第一次试算时可假定安全系数 $K=1.5$)。

答案　1.69

6-3　某地区修建一重力式挡土墙(图 6-12),高度 $H=5.0\text{m}$,墙的顶宽 $b=1.5\text{m}$,墙底宽度 $b=2.5\text{m}$。墙面竖直,墙背俯斜,倾角 $\alpha=80°$,填土表面倾斜,坡度 $\beta=12°$,墙背摩擦角 $\delta=20°$。墙后填土为中砂,重度 $\gamma=17.0\text{kN/m}^3$,内摩擦角 $\varphi=30°$。地基为砂土,墙底摩擦系数 $\mu=0.4$,墙体材料重度 $\gamma_G=22.0\text{kN/m}^3$。验算此挡土墙的抗滑移及抗倾覆稳定安全系数是否满足要求。

答案　抗滑移稳定安全系数 $K_s=1.29$,抗倾覆稳定安全系数 $K_t=2.47$

7 岩土工程勘察

学习重点和目的

    岩土工程勘察是岩土工程的基础工作,也是建筑工程的重要工作之一,这与建筑物的安全和正常使用有着密切的关系。通过本章的学习,要求读者根据建筑物、拟建场地和地基的具体情况,提出勘察任务的具体要求;了解岩土工程勘察方法;能正确地分析和使用岩土工程勘察报告书,并结合第八章的内容选择地基持力层,确定地基承载力,为地基基础方案的确定、地基基础的设计和施工提供可靠的依据。

7.1 概 述

    各项工程在设计和施工之前,必须按基本程序进行岩土工程勘察。岩土工程勘察应按工程建设各勘察阶段的要求,正确反映工程地质条件,查明不良地质作用和地质灾害,精心勘察、精心分析,提出资料完整、评价正确的勘察报告。

    在工程实践中,如果不进行现场勘察就直接设计重要的建筑物,有可能造成严重的工程事故。常见的事故是贪快求省、勘察不详或分析结论有误,以致延误建设进度,浪费大量资金,甚至遗留后患。从事设计和施工的工程技术人员务必重视建筑场地和地基的勘察工作,正确地向勘察单位提出勘察任务和要求,并能正确地分析和应用岩土工程勘察报告。

    岩土工程勘察应按有关规范的规定进行。根据工程重要性等级、场地复杂程度等级和地基复杂程度等级,可把岩土工程勘察等级划分为甲级、乙级和丙级,具体划分要求可见《岩土工程勘察规范》(GB 50021—2001)(2009 年版)有关条款。

    房屋建筑和构筑物(以下简称建筑物)的岩土工程勘察,应在搜集建筑物上部荷载、功能特点、结构类型、基础形式、埋置深度和变形限制等方面资料的基础上进行。其主要工作内容应符合下列规定:

    (1)查明场地和地基的稳定性、地层结构、持力层和下卧层的工程特性、土的应力历史和地下水条件以及不良地质作用等;

    (2)提供满足设计、施工所需的岩土参数,确定地基承载力,预测地基变形性状;

    (3)提出地基基础、基坑支护、工程降水和地基处理设计与施工方案的建议;

    (4)提出对建筑物有影响的不良地质作用的防治方案建议;

    (5)对于抗震设防烈度等于或大于 6 度的场地,进行场地与地基的地震效应评价。

7.2 岩土工程勘察阶段

    岩土工程勘察阶段的划分是与设计阶段的划分相一致的,一定的设计阶段需要相应的岩土工程勘察工作。在我国建筑工程中,岩土工程勘察阶段可分为可行性研究勘察阶段、初步勘察阶段和详细勘察阶段。可行性研究勘察应符合选择场址方案的要求；初步勘察应符合初步设计的要求；详细勘察应符合施工图设计要求。

场地条件复杂或有特殊要求的工程，宜进行施工勘察。场地较小且无特殊要求的工程可合并勘察阶段。当建筑物平面布置已经确定，且场地或其附近已有岩土工程资料时，可根据实际情况，直接进行详细勘察。

每个岩土工程勘察阶段都应具有该阶段的具体任务、拟解决的问题、重点工作内容和工作方法以及工作量等，这在各有关岩土工程勘察规范或工作手册中都有明确规定。在这里仅介绍建筑物各个岩土工程勘察阶段的基本要求与内容。

7.2.1 可行性研究勘察阶段

可行性研究勘察阶段，也是选址阶段，该阶段应对拟建场地的稳定性和适宜性做出评价。为此，在确定建筑场地时，在工程地质条件方面，宜避开下列地区或地段：

(1) 不良地质现象发育且对场地稳定性有直接危害或潜在威胁的；

(2) 地基土性质严重不良的；

(3) 对建（构）筑物抗震有危险的；

(4) 洪水或地下水对建（构）筑物场地有严重不良影响的；

(5) 地下有未开采的有价值矿藏或未稳定的地下采空区的。

本阶段的工程地质工作要求：

(1) 搜集区域地质、地形地貌、地震、矿产、当地的工程地质、岩土工程和建筑经验等资料；

(2) 在搜集和分析已有资料的基础上，通过踏勘，了解场地的地层、构造、岩石和土的性质、不良地质现象及地下水等工程地质条件；

(3) 当拟建场地工程地质条件复杂，已有资料不能符合要求时，应根据具体情况进行工程地质测绘和必要的勘探工作；

(4) 当有两个或两个以上拟选场地时，应进行比较分析。

7.2.2 初步勘察阶段

1. 勘察工作内容

初步勘察阶段应对场地内建筑地段的稳定性做出岩土工程评价。本阶段的岩土工程勘察工作有：

(1) 搜集拟建工程的有关文件、工程地质和岩土工程资料以及工程场地范围的地形图；

(2) 初步查明地质构造、地层结构、岩土工程特性、地下水埋藏条件；

(3) 查明场地不良地质作用的成因、分布、规模、发展趋势，并对场地的稳定性做出评价；

(4) 对抗震设防烈度等于或大于 6 度的场地，应对场地和地基的地震效应做出初步评价；

(5) 对季节性冻土地区，应调查场地土的标准冻结深度；

(6) 初步判定水和土对建筑材料的腐蚀性；

(7) 高层建筑初步勘察时，应对可能采取的地基基础类型、基坑开挖与支护、工程降水方案进行初步分析与评价。

2. 勘探线、勘探点间距

勘探线、勘探点的布置原则是：勘探线应垂直地貌单元边界线、地质构造线及地层界线；勘探点一般按勘探线布置，在地貌和地层变化较大的地段予以加密；在地形平坦土层简单的地区可按方格网布置勘探点。

初步勘察阶段的勘探线、勘探点间距可根据岩土工程勘察等级按表 7-1 确定。

表 7-1　　　　　　　　　　　初步勘察勘探线、勘探点间距　　　　　　　　　　　单位：m

地基复杂程度等级	勘探线间距	勘探点间距
一级（复杂）	50～100	30～50
二级（中等复杂）	75～150	40～100
三级（简单）	150～300	75～200

注：　① 表中间距不适用于地球物理勘探。

　　　② 控制性勘探点宜占勘探点总数的 1/5～1/3，且每个地貌单元均应有控制性勘探点。

3. 勘探孔深度

勘探孔的深度取决于拟建建筑物的荷载大小、分布及地基土的特性。勘探孔分为一般性探孔和控制性探孔两类，其深度可根据岩土工程勘察等级和勘探孔类别按表 7-2 确定。

表 7-2　　　　　　　　　　　　初步勘察勘探孔深度　　　　　　　　　　　　单位：m

工程重要性等级	一般性勘探孔	控制性勘探孔
一级（重要工程）	≥15	≥30
二级（一般工程）	10～15	15～30
三级（次要工程）	6～10	10～20

当遇到下列情形之一时，应适当增减勘探孔深度：

(1) 勘探孔的地面标高与预计整平地面标高相差较大时，应按其差值调整勘探孔深度；

(2) 在预定深度内遇基岩时，除控制性勘探孔仍应钻入基岩适当深度外，其他勘探孔达到确认的基岩后即可终止钻进；

(3) 在预定深度内有厚度较大，且分布均匀的坚实土层（如碎石土、密实砂、老沉积土等）时，除控制性勘探孔应达到规定深度外，一般性勘探孔的深度可适当减小；

(4) 当预定深度内有软弱土层时，勘探孔深度应适当增加，部分控制性勘探孔应穿透软弱土层或达到预计控制深度；

(5) 对重型工业建筑应根据结构特点和荷载条件适当增加勘探孔深度。

4. 采取土试样和原位测试数量

初步勘察采取土试样和进行原位测试应符合下列要求：

(1) 采取土试样和进行原位测试的勘探点应结合地貌单元、地层结构和土的工程性质布置，其数量可占勘探点总数的 1/4～1/2；

(2) 采取土试样的数量和孔内原位测试的竖向间距，应按地层特点和土的均匀程度确定；每层土均应采取土试样或进行原位测试，其数量不宜少于 6 个。

5．水文地质工作

（1）调查含水层的埋藏条件，地下水类型、补给排泄条件，各层地下水位，调查其变化幅度，必要时应设置长期观测孔，监测水位变化；

（2）当需绘制地下水等水位线图时，应根据地下水的埋藏条件和层位，统一量测地下水位；

（3）当地下水可能浸湿基础时，应采取水试样进行腐蚀性评价。

7.2.3 详细勘察阶段

1．勘察工作内容

详细勘察应按单体建筑物或建筑群提出详细的岩土工程资料和设计、施工所需的岩土参数；对建筑地基做出岩土工程评价，并对地基类型、基础形式、地基处理、基坑支护、工程降水和不良地质作用的防治等提出建议。主要应进行下列工作：

（1）搜集附有坐标和地形的建筑总平面图，场区的地面整平标高，建筑物的性质、规模、荷载、结构特点，基础形式、埋置深度，地基允许变形等资料；

（2）查明不良地质作用的类型、成因、分布范围、发展趋势和危害程度，提出整治方案的建议；

（3）查明建筑范围内岩土层的类型、深度、分布、工程特性，分析和评价地基的稳定性、均匀性和承载力；

（4）对需进行沉降计算的建筑物，提供地基变形计算参数，预测建筑物的变形特征；

（5）查明埋藏的河道、沟浜、墓穴、防空洞、孤石等对工程不利的埋藏物；

（6）查明地下水的埋藏条件，提供地下水位及其变化幅度；

（7）在季节性冻土地区，提供场地土的标准冻结深度；

（8）判定水和土对建筑材料的腐蚀性。

详细勘察应论证地下水在施工期间对工程和环境的影响。对情况复杂的重要工程，需论证使用期间水位变化和需提出抗浮设防水位时，应进行专门研究。

2．勘探点间距及其布置

详细勘察勘探点的间距可按表 7-3 确定。

表 7-3　　　　　　　　　　　　　详细勘察勘探点的间距　　　　　　　　　　　　单位：m

地基复杂程度等级	勘探点间距	地基复杂程度等级	勘探点间距
一级（复杂）	10～15	三级（简单）	30～50
二级（中等复杂）	15～30		

详细勘察的勘探点布置，应符合下列规定：

（1）勘探点宜按建筑物周边线和角点布置，对无特殊要求的其他建筑物可按建筑物或建筑群的范围布置；

（2）同一建筑范围内的主要受力层或有影响的下卧层起伏较大时，应加密勘探点，查明其变化；

（3）重大设备基础应单独布置勘探点；重大的动力机器基础和高耸构筑物勘探点不宜

少于 3 个;

（4）勘探手段宜采用钻探与触探相配合,在复杂地质条件、湿陷性土、膨胀岩土、风化岩和残积土地区,宜布置适量探井;

（5）详细勘察的单栋高层建筑勘探点的布置,应满足对地基均匀性评价的要求,且不应少于 4 个;对密集的高层建筑群,勘探点可适当减少,但每栋建筑物至少应有 1 个控制性勘探点。

3. 勘探孔深度

详细勘察的勘探深度自基础底面算起,应符合下列规定:

（1）勘探孔深度应能控制地基主要受力层,当基础底面宽度不大于 5m 时,勘探孔的深度对条形基础不应小于基础底面宽度的 3 倍,对单独柱基不应小于 1.5 倍,且不应小于 5m;

（2）对高层建筑和需作变形计算的地基,控制性勘探孔的深度应超过地基变形计算深度;高层建筑的一般性勘探孔应达到基底下 0.5～1.0 倍的基础宽度,并深入稳定分布的地层;

（3）对仅有地下室的建筑或高层建筑的裙房,当不能满足抗浮设计要求,需设置抗浮桩或锚杆时,勘探孔深度应满足抗拔承载力评价的要求;

（4）当有大面积地面堆载或软弱下卧层时,应适当加深控制性勘探孔的深度;

（5）在上述规定深度内当遇基岩或厚层碎石土等稳定地层时,勘探孔深度可适当调整。

详细勘察的勘探孔深度,除应符合上述要求外,尚应符合下列规定:

（1）地基变形计算深度,对中、低压缩性土可取附加压力等于上覆土层有效自重压力 20% 的深度;对于高压缩性土层可取附加压力等于上覆土层有效自重压力 10% 的深度;

（2）建筑总平面内的裙房或仅有地下室部分（或当基底附加压力 $p_0 \leqslant 0$ 时）的控制性勘探孔的深度可适当减小,但应深入稳定分布地层,且根据荷载和土质条件不宜小于基底下 0.5～1.0 倍基础宽度;

（3）当需进行地基整体稳定性验算时,控制性勘探孔深度应根据具体条件满足验算要求;

（4）当需确定场地抗震类别而邻近无可靠的覆盖层厚度资料时,应布置波速测试孔,其深度应满足确定覆盖层厚度的要求;

（5）大型设备基础勘探孔深度不宜小于基础底面宽度的 2 倍;

（6）当需进行地基处理时,勘探孔的深度应满足地基处理设计与施工要求;当采用桩基时,勘探孔的深度应满足规范中有关桩基础勘察的要求。

4. 采取土试样和原位测试数量

详细勘察采取土试样和进行原位测试应符合下列要求:

（1）采取土试样和进行原位测试的勘探点数量,应根据地层结构、地基土的均匀性和工作特点确定,且不应少于勘探孔总数的 1/2,钻探取土试样孔的数量不应少于勘探孔总数的 1/3;

（2）每个场地每一主要土层的原状土试样或原位测试数据不应少于 6 件（组）,当采用连续记录的静力触探或动力触探为主要勘察手段时,每个场地不应少于 3 个孔;

（3）在地基主要受力层内，对厚度大于0.5m的夹层或透镜体，应采取土试样或进行原位测试；

（4）当土层性质不均匀时，应增加取土数量或原位测试工作量。

7.2.4 施工勘察

施工勘察不是一个固定的勘察阶段，应根据工程需要而定。它是为配合设计、施工或解决施工有关的岩土工程问题而提供相应的岩土工程特性参数。当遇到下列情况之一时，应配合设计、施工进行施工勘察：

（1）对安全等级为甲级、乙级建筑物应进行验槽；

（2）基槽开挖后岩土条件与勘察资料不符时，进行补充勘察；

（3）在地基处理或深基坑开挖施工中进行检验和监测；

（4）地基中有溶洞、土洞时应查明并提出处理建议；

（5）施工中出现边坡失稳危险时，查明原因，进行监测并提出处理建议。

7.3 岩土工程勘察方法

为顺利地实现岩土工程勘察的目的、要求和内容，提高勘察成果的质量，必须有一套勘察方法来配合实施。

岩土工程勘察的基本方法有：工程地质测绘、勘探与取样、原位测试、室内试验等。室内试验包括土的物理性质试验、土的压缩固结试验、土的抗剪强度试验和土的动力性质试验等，有关具体操作和试验仪器可参照《土工试验方法标准》(GB/T50123-1999)。

7.3.1 工程地质测绘

岩石出露或地貌、地质条件较复杂的场地应进行工程地质测绘。工程地质测绘与调查是指采用搜集资料、调查访问、地质测量、遥感解译等方法，查明场地的工程地质要素，并绘制相应的工程地质图。对地质条件简单的场地，可用调查代替工程地质测绘。

工程地质测绘是以标准的地形图或地质图作为底图，运用地质学的理论与方法，通过野外现场观察、量测和描绘与工程建设相关的各种地质要素与岩土工程材料，为初步评价场地的工程地质条件与场地的稳定性、工程地质分区、后期勘察工作的合理布置等提供依据。

工程地质测绘的基本方法是在地形图上布置一定数量的观测点或观测线，以便按点或线观测地质现象。观测点一般选择在不同地貌单元、不同地层的交接处及对工程有意义的地貌构造和可能出现不良地质现象的地段。观测线通常与岩层走向、构造线方向及地貌单元轴线相垂直，以便观测到较多的地质现象。观测到的地质现象应标于地形图上。

工程地质测绘和调查宜在可行性研究或初步勘察阶段进行。在详细勘察阶段可对某些专门地质问题作补充调查。工程地质测绘的比例尺可按以下三种选用：可行性研究勘察1∶5000～1∶50000，初步勘察1∶2000～1∶5000，详细勘察1∶500～1∶2000。条件复杂时，比例尺可适当放大。

在可行性研究勘察阶段进行工程地质测绘与调查时，应搜集、研究已有的地质资料，进行现场踏勘。在初步勘察阶段,当地质条件较复杂时,应继续进行工程地质测绘。测绘与调查的范围应包括场地及其附近与研究内容有关的地段。

7.3.2 勘探和取样

勘探和取样是岩土工程勘察中重要的手段,在建筑工程中,必须掌握地基及地质环境的情况,如岩土层的分布、厚度,物理力学性质,以及地下溶洞、断层、古河道、流砂等的有害地质现象,仅靠工程地质测绘和调查是不能解决对地表以下地质的了解,而工程地质勘探正是解决对深部地质了解的一种可靠的方法。它可以直接深入地下岩土层取得所需的工程地质和水文地质资料,而且,由于这些资料是直接取得的,因而它是真实的、可靠的。

勘探方法可采用钻探、井探、槽探、洞探和地球物理勘探等,勘探方法的选取应符合勘察目的和岩土的特性。

1. 钻探

钻探是用钻机在地层中钻孔,以鉴别和划分土层。若在钻孔中取土样则可鉴别和测定岩土的物理力学性质指标,并能测定出钻探期间地下水的埋藏深度及变化规律,土的某些性质也可直接在孔内进行原位测试得到。因此,钻探是目前常用的方法。

钻探分为机械钻探和人工钻探两种。对于大规模的深钻孔并采取原状土样,最常用的方法是机械钻探。机械钻探按钻机的钻进方式又可分为回转式钻进、冲击式钻进、振动钻进和冲洗钻进。

1) 回转式钻进

回转式钻进是利用钻头的旋转同时加上压力使钻头向下钻进,如图 7-1 所示。通常使用管状钻头,可取得柱状土样。最常用的国产钻机的型号有 30 型、50 型和 100 型等,数字表示的是钻机的最大钻进深度(m)。在钻进中,对不同的地层应选用不同的钻头,如抽筒、钢砂钻头、硬合金钻头为几种常用的钻头。

2) 冲击钻进

冲击钻进是利用钻具的重力和冲击力使钻头冲击、破碎孔底土层。根据使用的钻具的不同,可分为钻杆冲击钻进和钢丝绳冲击钻进,其中钢丝绳冲击钻进应用较为普遍。对于土层,一般采用圆筒形钻头,借钻头的冲击力切削土层钻进,但它只能取得扰动土样。

3) 振动钻进

振动钻进是将振动力通过连接杆及钻具传到圆形钻头周围土层中,依靠钻具和振动器的重量切削土层进行钻进。振动钻进对粉土、黏性土及较小粒径的碎石层较适用,钻进速度较快。

4) 冲洗钻进

冲洗钻进是利用水的压力冲击孔底土层,破坏土层结构,土颗粒随水循环出孔外的钻进方法,它主要靠水压直接冲洗土层,因而不能采样观察和鉴别。

除用机械钻探外,还可采用人工钻探,一般用于浅部土层的勘探,如小口径麻花钻、小口径勺形钻、洛阳铲等。最常用的是手摇麻花钻,钻进时,用人力将麻花钻旋入地下,取出土样鉴别土层情况,但取出的土样为扰动土样,钻进深度 5~10m。

2. 井探、槽探和洞探

当钻探方法难以准确查明地下情况时,可采用探井、探槽等进行勘探。在坝址、地下工程、大型边坡工程等勘察中,当需详细查明深部岩层性质及其构造特征时,可采用竖井或平洞。

井探深度一般都大于3m,小于15m。断面形状有方形的、矩形的和圆形的。方形的或矩形的探井称为浅井,其断面尺寸有1.0m×1.0m,1.0m×1.2m,1.5m×1.5m等;圆形的称为小圆井,其断面直径一般为0.6～1.25m。浅井挖掘过程中一般要采取支护措施,特别是在表土不甚稳固、易坍塌的地层中挖掘时。小圆井一般用于较坚实稳固的地层中,使用小圆井时可以不用支护,这是由于井壁地层稳固且圆形断面可以承受较大的压力。

槽探是在地表挖掘成长条形且两壁常为倾斜的上宽下窄的槽子,其断面有梯形和阶梯形两种。在第四纪土层中,当探槽深度较大时,常用阶梯形断面;否则,探槽的两壁要进行支护。槽探一般在覆土层小于3m时使用。

3．地球物理勘探

地球物理勘探是一种兼有勘探和测试双重功能的技术。在岩土工程勘察中可在下列方面采用地球物理勘探:

(1) 作为钻探的先行手段,了解隐蔽的地质界线、界面或异常点;

(2) 作为钻探的辅助手段,在钻孔之间增加地球物理勘探点,为钻探成果的内插、外推提供依据;

(3) 作为原位测试手段,测定岩土体的波速、动弹性模量、动剪切模量、卓越周期、电阻率、放射性辐射参数、土对金属的腐蚀性等参数。

4．岩土试样的采取

工程地质钻探的主要任务之一是在岩土层中采取岩芯或原状土试样。岩土试样质量应根据试验目的按表7-4分为四个等级。

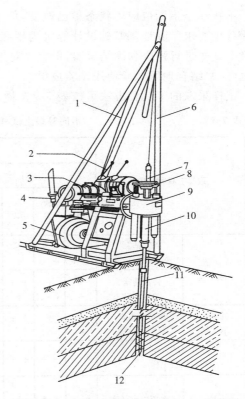

1—钢丝绳;2—卷扬机;3—柴油机;4—操纵把
5—转轮;6—钻架;7—钻杆;8—卡杆器;
9—回转器;10—立轴;11—钻孔;12—螺旋钻头

图7-1　回转式钻机示意图

表 7-4　　　　　　　　　　　　岩土试样质量等级

级别	扰动程度	试验内容
I	不扰动	土类定名、含水量、密度、强度试验、固结试验
II	轻微扰动	土类定名、含水量、密度
III	显著扰动	土类定名、含水量
IV	完全扰动	土类定名

不扰动是指原位应力状态虽已改变,但土的结构、密度和含水量变化很小,能满足室内试验各项要求。除地基基础设计等级为甲级的工程外,在工程技术要求允许的情况下可用 II 级土试样进行强度和固结试验,但宜先对土试样受扰动程度作抽样鉴定,判定用于试验的适宜性,并结合地区经验使用试验成果。

试样采取的工具和方法可按表 7-5 选择。

表 7-5　　　　　　　　　　　不同等级土试样的取样工具和方法

土试样质量等级	取样工具和方法		适用土类										
			粘性土					粉土	砂土				砾砂、碎石土、软岩
			流塑	软塑	可塑	硬塑	坚硬		粉砂	细砂	中砂	粗砂	
I	薄壁取土器	固定活塞 水压固定活塞	++ ++	++ ++	+ +	− −	− −	+ +	+ +	− −	− −	− −	− −
		自由活塞 敞　口	− +	+ +	++ +	+ −	+ −	− −	+ +	− −	− −	− −	− −
	回转取土器	单动三重管 双动三重管	− −	+ −	++ −	++ +	+ ++	++ −	++ −	++ −	− ++	− ++	− +
	探井(槽)中刻取块状土样		++	++	++	++	++	++	++	++	++	++	++
II	薄壁取土器	水压固定活塞 自由活塞 敞　口	++ + ++	++ ++ ++	+ ++ ++	− − −	− − −	+ + +	+ + +	− − −	− − −	− − −	− − −
	回转取土器	单动三重管 双动三重管	− −	+ −	++ −	++ +	+ ++	++ −	++ −	++ −	− ++	− ++	− ++
	厚壁敞口取土器		+	++	++	++	++	++	++	−	−	+	−
III	厚壁敞口取土器 标准贯入器 螺纹钻头 岩芯钻头		++ ++ ++ ++	++ ++ ++ ++	++ ++ ++ ++	++ ++ ++ ++	++ ++ ++ ++	++ ++ ++ ++	++ ++ ++ ++	++ ++ ++ +	++ + − +	++ ++ − +	− − − +
IV	标准贯入器 螺纹钻头 岩芯钻头		++ ++ ++	++ ++ ++	++ ++ ++	++ ++ ++	++ ++ ++	++ ++ ++	++ + ++	++ − ++	++ − ++	++ − ++	− − ++

注: ① ++为适用; +为部分适用; −为不适用。
　　② 采取砂土试样应有防止试样失落的补充措施。
　　③ 有经验时,可用束节式取土器代替薄壁取土器。

在钻孔中采取 I、II 级砂样时,可采用原状取砂器,并按相应的现行标准执行。

在钻孔中采取 I,II 级土试样时,应满足下列要求:

(1) 在软土、砂土中宜采用泥浆护壁,如使用套管,应保持管内水位等于或稍高于地下水位,取样位置应低于套管底三倍孔径的距离;

(2) 采用冲洗、冲击、振动等方式钻进时,应在预计取样位置 1m 以上改用回转钻进;

（3）下放取土器前，应仔细清孔，清除扰动土，孔底残留浮土厚度不应大于取土器废土段长度（活塞取土器除外）；

（4）采取土试样宜用快速静力连续压入法；

（5）具体操作方法应按现行标准《原状土取样技术标准》（JGJ 89—92）执行。

Ⅰ，Ⅱ，Ⅲ级土试样应妥善密封，防止湿度变化，严防曝晒或冰冻。在运输中应避免振动，保存时间不宜超过三周。对易于振动液化和水分离析的土试样宜就近进行试验。

取土器的技术规格应按表 7-6 执行。

表 7-6　　　　　　　　　　　　　　取土器技术参数

取土器参数	厚壁取土器	薄壁取土器		
		敞口自由活塞	水压固定活塞	固定活塞
面积比 $\dfrac{D_w^2 - D_e^2}{D_e^2} \times 100/\%$	13～20	≤10	10～13	
内间隙比 $\dfrac{D_s - D_e}{D_e} \times 100/\%$	0.5～1.5	0	0.5～1.0	
外间隙比 $\dfrac{D_w - D_t}{D_t} \times 100/\%$	0～2.0	0		
刃口角度 $\alpha/(\degree)$	<10	5～10		
长度 L/mm	400,550	对砂土：$(5\sim10)D_e$ 对黏性土：$(10\sim15)D_e$		
外径 D_t/mm	75～89,108	75,100		
衬管	整圆或半合管，塑料、酚醛层压纸或镀锌铁皮制成	无衬管，束节式取土器衬管同左		

注：① 取样管及衬管内壁必须光滑圆整。

② 在特殊情况下取土器直径可增大至 150～250mm。

③ 表中符号：

D_e—取土器刃口内径；

D_s—取样管内径，加衬管时为衬管内径；

D_t—取样管外径；

D_w—取土器管靴外径，对薄壁管 $D_w = D_t$。

5．土的野外鉴别和描述

在勘探过程中取得的土样，必须及时用肉眼鉴别，初步确定土的名称、颜色、状态、湿度、密度、含有物、工程地质特征等，作为划分土层、进行工程地质分析和评价的依据。

1）土的鉴别和定名

土主要是第四纪以来由天然地质作用或人为活动堆积形成的。土的鉴别和定名是描述工作的主要内容，正确的定名可以反映土的基本性质。但是，在自然界中，土的种类很多，光有一个简单定名，还往往不能全面地反映土的真正面目，如黏土，有的沉积年代较老，得到了充分的固结和具有较高的结构强度，而有的沉积年代较近，其固结度与结构强度均要差些。

土按沉积年代分为老沉积土和新近沉积土。晚更新世 Q_3 及其以前沉积的土为老沉积土,第四纪全新世 Q_4 中近期沉积的土为新近沉积土。土按成因分为残积土 Q^{el}、坡积土 Q^{dl}、洪积土 Q^{pl}、冲积土 Q^{al}、湖积土 Q^l、海积土 Q^m、风积土 Q^{eol} 和冰积土 Q^{gl} 等。土应在其定名前冠以沉积年代或成因,如第四纪全新世时期河流冲积形成的黏性土可写成"Q_4^{al} 黏性土"。

2)土的描述

土的描述内容主要是针对影响其工程性质的,反映土的组成、结构、构造和状态的主要特征。因此,对于各种不同的土,描述的侧重点也有所不同。

(1)碎石类土的描述

碎石类土应描述碎屑物的成分,指出碎屑是由哪类岩石组成的;碎屑物的大小,其一般直径和最大直径如何,并估计其含量之百分比;碎屑物的形状,其形状可分为圆形、亚圆形或棱角形;碎屑的坚固程度。

当碎石类土有充填物时,应描述充填物的成分,并确定充填物的土类和估计其含量的百分比。如果没有充填物时,应研究其孔隙的大小,颗粒间的接触是否稳定等现象。

碎石土还应描述其密实度,密实度是反映土颗粒排列的紧密程度,越是紧密的土,其强度大,结构稳定,压缩性小;密实度小,则工程性质就相应要差。一般碎石土的密实度分为密实、中密和稍密等三种。

(2)砂土的描述

砂类土按其颗粒的粗细和其干湿程度可分为砾砂、粗砂、中砂、细砂和粉砂。

砂类土应描述其粒径和含量的百分比,以及颗粒的主要矿物成分及有机质和包含物。当含大量有机质时,土呈黑色,含量不多时呈灰色;含多量氧化铁时,土呈红色,含少量时呈黄色或橙黄色;含 SiO_2,$CaCO_3$ 及 $Al(OH)_3$ 和高岭土时,土常呈白色或浅色。

(3)黏性土的描述

黏性土的野外鉴别可按其湿润时的状态、人手捏的感觉、粘着程度和能否搓条,将黏性土分为黏土和粉质黏土两种。

黏性土应描述其颜色、状态、湿度和包含物。在描述颜色时,应注意其副色,一般记录时应将副色写在前面,主色写在后面,例如"黄褐色",表示以褐色为主,以黄色为副。

黏性土的状态是指其在含有一定量的水分时,所表现出来的黏稠稀薄不同的物理状态,它说明了土的软硬程度,反映土的天然结构受破坏后,土粒之间的联结强度以及抵抗外力所引起的土粒移动的能力。土的状态可分为坚硬、硬塑、可塑、软塑、流塑五种。

(4)人工填土及淤泥质土的描述

人工填土应描述其成分、颜色、堆积方式、堆积时间、有机物含量、均匀性及密实度,淤泥质土尚需描述颜色、嗅味等特性。

7.3.3 原位测试

岩土工程勘察中的试验包括室内试验和现场原位测试。所谓原位测试,就是在土层原来所处的位置基本保持土体天然结构、天然含水量以及天然应力的状态下,测定土的工程力学性质指标。

原位测试与室内试验相比,具有以下主要优点:

(1)可以测定难以取得的不扰动土样(如饱和砂土、粉土、流塑淤泥及淤泥质土、贝壳层

等)的有关工程力学性质;

(2) 可以避免取样过程中应力释放的影响;

(3) 原位测试的土体影响范围远比室内试验大,因此代表性也强;

(4) 可大大缩短地基土层勘察周期。

原位测试的主要方法有:静力载荷试验、静力触探试验、圆锥动力触探试验、标准贯入试验、十字板剪切试验、旁压试验、扁铲侧胀试验、波速试验等。静力载荷试验见第八章第四节内容,以下简要介绍常用的静力触探试验、圆锥动力触探试验和标准贯入试验,十字板剪切试验见第四章第三节内容。

1. 静力触探试验(CPT)

静力触探试验是通过加压装置将连接在触探杆上的探头用静力以一定速率(1.2 ± 0.3) m/min 压入土中,利用探头内力传感器,通过电子量测仪器将贯入阻力记录下来,根据贯入阻力的大小判定土层性质。静力触探适用于黏性土、粉土、软土、砂土和填土。

静力触探设备的核心是触探头,触探头分为单桥探头和双桥探头。

单桥探头所测到的是包括锥尖阻力和侧壁摩阻力在内的总贯入阻力 $P(kN)$,通常用比贯入阻力 $p_s(kPa)$ 表示,即

$$p_s = \frac{P}{A} \tag{7-1}$$

式中,A 为探头截面面积,m^2。

双桥探头的结构比单桥探头复杂些,可以同时分别测出锥尖总阻力 $Q_c(kN)$ 和侧壁总摩阻力 $Q_s(kN)$,通常以锥尖阻力 $q_c(kPa)$ 和侧壁摩阻力 $f_s(kPa)$ 表示:

$$q_c = \frac{Q_c}{A} \tag{7-2}$$

$$f_s = \frac{Q_s}{F_s} \tag{7-3}$$

式中,F_s 为外套筒的总表面积,m^2。

根据锥尖阻力和侧壁摩阻力可计算同一深度处的摩阻比 R_s:

$$R_s = \frac{f_s}{q_c} \times 100\% \tag{7-4}$$

为了直观反映勘探深度范围内土层的性质,可绘制比贯入阻力 p_s 与深度 z 的关系曲线、侧壁摩阻力 f_s 与深度 z 的关系曲线、摩阻比 R_s 与深度 z 的关系曲线等,图 7-2 给出了用双桥探头测得的有关曲线。

静力触探能快速、连续地测定比贯入阻力、锥尖阻力、侧壁摩阻力和孔隙水压力,探测土层及其性质的变化。根据静力触探资料,利用地区经验关系,可以划分土层,估算土的强度、土的压缩性、地基承载力、单桩承载力,选择桩端持力层,判定土的液化势。

2. 圆锥动力触探试验(DPT)

圆锥动力触探是利用一定的锤击动能,将一定规格的圆锥探头打入土中,根据打入土中的阻力大小判别土层的物理力学性质。通常以打入土中一定距离所需的锤击数来表示土的阻力。圆锥动力触探的优点是设备简单、操作方便、工效较高、适应性广,并具有连续贯入的特性。对难以取样的砂土、粉土、碎石类土等及静力触探难以贯入的土层,动力触探是十分

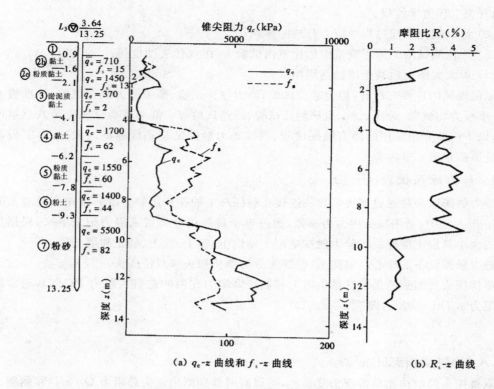

图 7-2 静力触探图

有效的勘探测试手段。圆锥动力触探的缺点是不能采样对土进行直接鉴别描述,试验误差较大,再现性差。

圆锥动力触探试验的类型可分为轻型、重型和超重型三种,其规格和适用土类应符合表7-7的规定。

表 7-7 圆锥动力触探类型

类 型		轻 型	重 型	超 重 型
落锤	锤的质量/kg	10	63.5	120
	落距/cm	50	76	100
探头	直径/mm	40	74	74
	锥角/(°)	60	60	60
探杆直径/mm		25	42	50~60
指 标		贯入30cm的读数 N_{10}	贯入10cm的读数 $N_{63.5}$	贯入10cm的读数 N_{120}
主要适用岩土		浅部的填土、砂土、粉土、黏性土	砂土、中密以下的碎石土、极软岩	密实和很密的碎石土、软岩、极软岩

根据圆锥动力触探试验指标和地区经验,可进行力学分层,评定土的均匀性和物理性质(状态、密实度)、土的强度、变形参数、地基承载力、单桩承载力,查明土洞、滑动面、软硬土层界面,检测地基处理效果等。应用试验成果时是否修正或如何修正,应根据建立统计关系时的具体情况确定。

3. 标准贯入试验(SPT)

标准贯入试验实质上属于动力触探类型之一,所不同的是,其触探头不是圆锥形探头,而是标准规格的圆筒形探头(两个半圆管合成的取土器),称之为贯入器。因此,标准贯入试验就是利用一定的锤击动能,将一定规格的对开管式贯入器打入钻孔孔底的土层中,根据打入土层中的贯入阻力,评定土层的变化和土的物理力学性质。贯入阻力用贯入器贯入土层30cm 的锤击数用 N 表示,也称标贯击数。标准贯入试验适用于砂土、粉土和一般黏性土。

标准贯入试验的设备应符合表7-8的规定。

表7-8   标准贯入试验设备规格

落 锤		锤的质量/kg	63.5
		落 距/cm	76
贯入器	对开管	长 度/mm	＞500
		外 径/mm	51
		内 径/mm	35
	管靴	长 度/mm	50～76
		刃口角度/(°)	18～20
		刃口单刃厚度/mm	2.5
钻 杆		直 径/mm	42
		相对弯曲	＜1/1000

标准贯入试验锤击数 N 值,可对砂土、粉土、黏性土的物理状态,土的强度、变形参数、地基承载力、单桩承载力,砂土和粉土的液化,成桩的可能性等做出评价。应用试验成果时是否修正和如何修正,应根据建立统计关系时的具体情况确定。

7.4 岩土工程勘察报告

7.4.1 岩土工程勘察报告的基本要求

岩土工程勘察报告是设计和施工的依据,应以满足设计和施工的要求为原则,其内容应根据勘察阶段、任务书要求、工程特点和场地的工程地质条件编写。编写时,所依据的原始资料应进行整理、检查、分析,确认无误后方可使用。岩土工程勘察报告应资料完整、真实准确、数据无误、图表清晰、结论有据、建议合理、便于使用和适宜长期保存,并应因地制宜,重点突出,有明确的工程针对性。

7.4.2 岩土工程勘察报告的基本内容

岩土工程勘察报告书应采用简洁明了的文字和图表编写,并应包括以下内容:

(1) 勘察目的、任务要求和依据的技术标准;

(2) 拟建工程概况;

(3) 勘察方法和勘察工作布置;

(4) 场地地形、地貌、地层、地层地质构造、岩土性质及其均匀性;

（5）各项岩土性质指标、岩土的强度参数、变形参数、地基承载力的建议值；

（6）地下水埋藏情况、类型、水位及变化；

（7）土和水对建筑材料的腐蚀性；

（8）可能影响工程稳定性的不良地质作用的描述和对工程危害程度的评价；

（9）场地稳定性和适宜性的评价。

岩土工程勘察报告应对岩土利用、整治和改造的方案进行分析论证并提出建议；对工程施工和使用期间可能发生的岩土工程问题进行预测，提出监控和预防措施的建议。

成果报告应附下列图件：

（1）勘探点平面布置图；

（2）工程地质柱状图；

（3）工程地质剖面图；

（4）原位测试成果图表；

（5）室内试验成果图表。

7.4.3 勘察报告书的阅读和使用

为了充分发挥勘察报告在设计和施工中的作用，必须重视勘察报告的阅读和使用。首先应熟悉勘察报告的主要内容，了解勘察结论和计算指标的可靠程度，判断报告书中建议的适用性，正确地使用勘察报告。

通过阅读勘察报告，熟悉场地各土层的分布和性质，初步选定适合上部结构和基础要求的地层作为持力层，经方案比较最后做出决定。合理确定地基承载力是选择持力层的关键，而持力层承载力有多种影响因素，单纯依靠某种方法确定承载力未必十分合理，必要时可通过多种手段，并结合实践经验予以适当增减。

由于勘察工作不够详细，或地基土的特殊性不明，或勘探方法本身的局限性，或人为和仪器设备的影响，使得勘察报告不能十分准确反映场地的主要特性，从而造成勘察报告成果的失真而影响报告的可靠性，因此，在阅读勘察报告时应注意发现问题，并对有疑问的关键问题进一步查清，避免出错。

7.4.4 勘察报告实例

某中学新建砖混结构四层教学楼，勘察阶段为详细勘察阶段，该工程勘察报告摘录如下：

1．文字部分

1）勘察的任务、要求及工作概况

根据岩土工程勘察任务书及设计提供资料，该中学拟建教学楼为四层砖混结构，墙底竖向荷载为 160kN/m，场地整平标高 5.50m，要求按施工设计阶段进行勘察。

勘察工作历时 13 天，总进尺 60m，共布置了 6 个钻孔，其中，技术孔 3 个，鉴别孔 3 个，取原状土样 20 件，并在鉴别孔中人工填土部位做了轻便触探试验。

2）场地及土层描述

拟建场地地形平坦，地面原始标高 5.26～5.50m，平均 5.38m，略低于场地整平标高，钻探揭露场地土层自上而下分为三层：

（1）Q_4^{ml} 素填土：黄褐色，很湿～饱和，可塑，含砖头瓦片等，层厚 2.0～2.5m，层底显现

0.1~0.3m 的淤泥薄层；

（2）Q_4^{al} 黏土：灰褐色，饱和，可塑，含氧化铁、云母等，层厚 3.0~4.2m；

（3）Q_4^{m} 粉质黏土：黄灰~灰色，饱和，软塑~流塑，含云母、贝壳，下部有粉砂夹层。

各土层承载力和指标统计值见表 7-9。

表 7-9　　　　　　　　　　　　各土层承载力和指标统计值

土层编号	土类	土样数	指标平均值（标准值）											承载力
			w /%	γ /(kN·m^{-3})	d_s	S_r /%	e	w_L /%	w_p /%	I_p	I_L	a_{1-2} /(MPa^{-1})	E_{s1-2} /MPa	f_{ak} /kPa
①	素填土	6	28.6	19.1	2.72	94	0.83	31.4	18.0	13.4	0.80	0.45	3.73	106.9
②	黏土	7	37.5	18.3	2.76	97	1.07	43.9	23.7	20.2	0.69	0.65	2.91	126.2
③	粉质黏土	7	31.2	18.7	2.72	96	0.90	30.4	18.0	12.4	1.07	0.33	5.96	124.4

3）地下水情况

钻探期间静止地下水位标高 4.03m，深度 1.26~1.50m，根据附近场地原有水质分析结果，地下水无腐蚀性。当地冻结深度 0.6~0.8m。

4）结论与建议

（1）由于该建筑物层数不多，荷载不大，加之地下水位较高，建议采用天然地基浅基础，并尽量减少基础埋深，可以将素填土或黏土层作为地基持力层；

（2）由于黏土层压缩性较高，所以宜采用钢筋混凝土基础，并应适当加强上部结构的整体刚度，必要时可设沉降缝；

（3）施工期间应注意做好排水工作，防止基坑底土体扰动，开槽后应进行基坑验槽。

2. 图表部分

1）勘探点平面布置图

该工程勘探点平面布置如图 7-3 所示。由于是院内扩建工程，所以未标注地形等高线和坐标网。

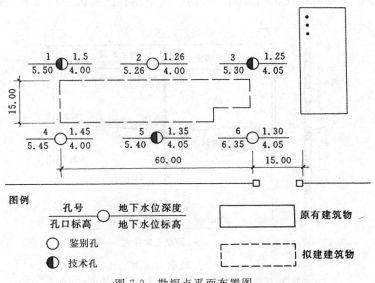

图 7-3　勘探点平面布置图

2）钻孔柱状图

钻孔柱状图是根据现场钻探记录和室内试验结果整理出来的,原则上每个钻孔应绘制一张图,图 7-4 为 1 号钻孔柱状图,要求按比例绘制钻孔剖面图,自上而下标明各土层的名称、地质年代、成因类型、埋藏深度、土层厚度、取原样位置、地下水位和触探记录等。

图层编号	成因年代	孔口标高 ▽ 5.50	岩土名称	土层厚度 /m	底层深度 /m	底图标高 /m	地下水位 /m	土层描述
①	Q^{ml}		素填土	2.0	2.0	3.5	1.5~4.0	素填土 黄褐色,很湿~饱和 可塑,含砖头、瓦片、植物根等
②	Q_4^{al}		黏土	4.2	6.2	−0.7		黏土 灰色,饱和,可塑 含氧化铁、云母
③	Q_4^m		粉质黏土	2.8	9.0	−3.5		粉质黏土下部夹粉砂薄层 黄色~灰色,饱和 软塑~流塑,含云母、贝壳

图 7-4　钻孔柱状图

3）地质剖面图

为同时反映土层沿水平及竖向的分布情况,可绘制地质剖面图。通过若干个位于同一剖面上的钻孔柱状图,将相同层次分界线相连,即可得出这一剖面的地质剖面图。图 7-5 是根据 1 号、2 号和 3 号钻孔柱状图绘制出来的。两个钻孔之间的土层分界是根据土层出露情

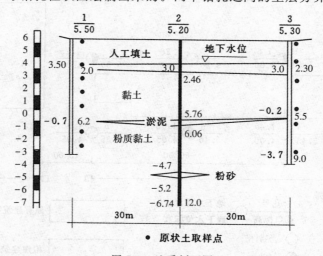

图 7-5　地质剖面图

图中数字:钻孔以左为地层层底标高,钻孔以右为层底深度,m

— 146 —

况推测绘出的,因此,当土层比较复杂、钻孔间距又较大时,有可能与实际不符。阅读勘察报告时应充分注意这一点,施工时应加强验槽工作,必要时应做补充勘察。

4) 试验成果

岩土工程勘察报告中应提供室内土工试验和原位测试成果图、表。

思考题

7-1 为什么要进行岩土工程勘察?勘察分为哪几个阶段?包括哪些内容?

7-2 岩土工程勘察方法有哪几种?

7-3 土试样质量等级如何划分?土的取样工具和方法有哪些?采取Ⅰ,Ⅱ级土试样应注意什么问题?

7-4 原位测试方法有哪几种?各自有哪些优缺点、适用条件和用途?

7-5 岩土工程勘察报告书分为哪几个部分?如何阅读和使用勘察报告?

7-6 某拟建火力发电厂,位于长江下游岸边,地形平坦,面积(600×1000) m²,场地复杂程度等级二级,工程重要性等级一级,试建议初步勘察勘探线间距、勘探点间距和控制性勘探孔数量。

(提示:根据表7-1可确定)

7-7 某拟建四层砖混住宅楼,场地平整标高为10.6m,面积为(11.28×80.0) m²,采用横墙承重,墙底竖向荷载为110kN/m,附近地质资料表明,场地土层分布自上而下依次为:①粉质黏土,硬塑—可塑,厚度3.0~3.2m;②淤泥,厚度变化较大,为2.2~3.5m;③砂层,中密。地下水埋藏较浅。拟采用天然地基上条形基础,条形基础底面宽度2m,勘察按详细勘察进行。根据上述情况,要求提出该建筑场地勘察的钻孔布置、数量、深度,采取原状土试样的数量和深度,以及各层土需要进行的土工试验项目等。

(提示:根据题意,地基复杂程度等级为二级,沿建筑物外围轮廓线长度方向设计两排钻孔,每排5孔,钻孔间距20m)

8 浅基础

学习重点和目的

浅基础广泛应用于工业与民用建筑工程中,是一种既经济又实用的基础形式。通过本章的学习,要求读者了解浅基础的类型;掌握浅基础的选型、基础埋置深度的选择、地基承载力的确定、地基持力层和软弱下卧层承载力验算、基础底面积的确定和地基变形验算等内容;熟悉无筋扩展基础、扩展基础、柱下条形基础、筏板基础和箱形基础的设计;了解减轻不均匀沉降的建筑、结构和施工措施。

8.1 概 述

建筑物通常是设置在土体上的,在地表以上的建筑物结构称为上部结构,在地表以下的建筑物结构则称为基础。上部结构的荷载通过基础传递给下面土层,支撑基础的土层称为地基。基础具有承上启下的作用,一方面,基础处于上部结构荷载及地基反力的共同作用之下,承受由此而产生的内力(弯矩、剪力、轴力和扭矩等);另一方面,基础底面的反力反过来作为地基土上的荷载,使地基产生应力和变形。因此,除了必须保证基础结构本身具有足够的强度和刚度外,还须选择合理的基础尺寸和布置方案,使地基的反力和沉降在允许的范围之内。

通常,上部结构和基础的材料强度是比较高的,如素混凝土材料,其抗压强度至少达到 4 200kPa,相比之下,地基土的设计强度(地基承载力)却小得多,如软土的地基承载力一般为 80kPa 左右,且压缩性较大,而一般黏性土的地基承载力虽高一些,但也只在 160kPa 左右。为此,要使土体能够承受上部结构传来的荷载,必须把基础的底面积扩大,并埋置在承载力较大的地层上,这种基础就是扩展基础。扩展基础将上部结构传来的荷载,通过向侧边扩展成一定底面积,使作用在基底的压应力等于或小于地基土的允许承载力。

凡是基础直接砌置在未经处理的天然土层上时,这种地基称为天然地基;若天然地基不能满足上部结构荷载的要求,则地基在修建基础前需事先经过人工处理,这样的地基则称为人工地基。

基础在天然地基上的埋置深度有深有浅。通常,当基础的埋置深度小于基础最小宽度时,称为浅基础,反之则为深基础。这种按埋置深度来划分浅基础或深基础的方法,主要是从施工方面来考虑,当基础埋置深度不大(一般浅于 5m)时,可用比较简便的施工方法来建造;但基础埋置深度较大时(如桩、沉井和地下连续墙等),一般要采用特殊的施工方法和装备加以建造。

浅基础设计内容与步骤如下:

(1)选择基础所用材料及结构形式,进行基础平面布置;

(2)确定基础的埋置深度;

(3)确定地基承载力特征值;

（4）确定基础的底面尺寸，并验算承载力，若地基持力层下部存在软弱土层时，尚需验算软弱下卧层的承载力；

（5）地基基础设计等级为甲级、乙级和有特殊要求的丙级建筑物应进行地基变形验算；对经常受水平荷载作用的高层建筑、高耸结构和挡土墙等，建造在斜坡上或边坡附近的建筑物和构筑物，基坑工程等尚应验算其稳定性；

（6）确定基础剖面尺寸，进行基础结构和构造设计；

（7）绘制基础施工图，编写施工说明。

8.2　浅基础的类型

浅基础类型主要有无筋扩展基础、扩展基础、柱下条形基础、十字交叉条形基础、筏板基础、箱形基础等。

8.2.1　无筋扩展基础

无筋扩展基础通常是指由砖、块石、毛石、素混凝土、三合土和灰土等材料建造，这些材料虽有较好的抗压性能，但抗拉、抗剪强度却不高，所以设计时要求基础的外伸宽度和基础高度的比值在一定限度内，以避免发生在基础内的拉应力和剪应力超过其材料强度设计值。在这样的限制下，基础的相对高度一般都比较大，几乎不会发生弯曲变形，所以此类基础习惯上也称为刚性基础。

无筋扩展基础可用于六层和六层以下（三合土基础不宜超过四层）的民用建筑和砌体承重的厂房。无筋扩展基础又可分为墙下无筋扩展基础和柱下无筋扩展基础，如图8-1所示。

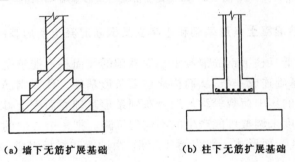

（a）墙下无筋扩展基础　　　　**（b）柱下无筋扩展基础**

图 8-1　无筋扩展基础

8.2.2　扩展基础

扩展基础一般系指柱下钢筋混凝土独立基础和墙下钢筋混凝土条形基础。扩展基础的抗弯和抗剪性能良好，可在竖向荷载较大、地基承载力不高以及承受水平力和力矩荷载等情况下使用，因此扩展基础也称为柔性基础。

柱下钢筋混凝土独立基础通常有现浇台阶形基础、现浇锥形基础和预制柱的杯口形基础，如图8-2所示。

墙下钢筋混凝土条形基础，其横截面积根据受力条件可分为不带肋和带肋两种（图

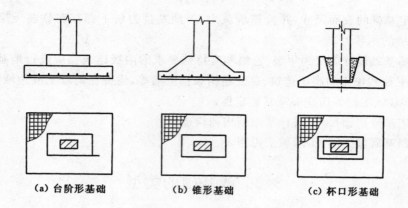

（a）台阶形基础   （b）锥形基础   （c）杯口形基础

图 8-2　钢筋混凝土独立基础

8-3）。带肋的墙基础在肋部配置纵向钢筋和箍筋,提高了基础的整体性和抗弯能力。

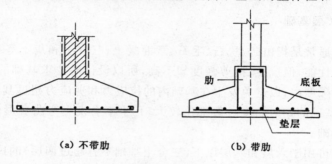

（a）不带肋   （b）带肋

图 8-3　墙下钢筋混凝土条形基础

8.2.3　柱下钢筋混凝土条形基础和十字交叉钢筋混凝土条形基础

当地基承载力较低且柱下钢筋混凝土独立基础的底面积不能承受上部结构荷载的作用时,常把若干柱子的基础连成一条,从而构成柱下条形基础。柱下钢筋混凝土条形基础设置的目的是在于将承受的集中荷载较均匀地分布到条形基础底面积上,以减小地基反力,并通过形成的基础整体刚度来调整可能产生的不均匀沉降。把一个方向的单列柱基连在一起便成为单向条形基础,其截面形式一般为倒 T 字形,由肋梁和翼板组成,如图 8-4 所示。

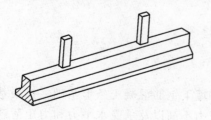

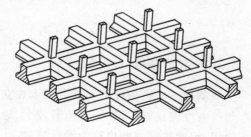

图 8-4　柱下单向条形基础   图 8-5　十字交叉条形基础

当单向条形基础的底面积仍不能承受上部结构荷载的作用时,可把纵横柱的基础均连在一起,从而成为十字交叉条形基础,如图 8-5 所示。十字交叉条形基础具有较大的整体刚度,在多层厂房、荷载较大的多层及高层框架结构基础中常被采用。

8.2.4 筏板基础

当地基承载力低,而上部结构的荷重又较大,以致十字交叉条形基础仍不能提供足够的底面积来满足地基承载力的要求时,可采用钢筋混凝土满堂基础,这种满堂基础称为筏板基础。它类似一块倒置的楼盖,比十字交叉条形基础有更大的整体刚度,有利于调整地基的不均匀沉降,较能适应上部结构荷载分布的变化,特别对于有地下室的房屋或大型贮液结构,如水池、油库等,筏板基础是一种比较理想的基础结构。

筏板基础有柱下筏板基础和墙下筏板基础。柱下筏板基础又可分为平板式和梁板式两种类型。平板式筏板基础是一块等厚度的钢筋混凝土平板(图 8-6(a))。当柱荷载较大时,可按图 8-6(b)局部加大柱下板厚或设墩基以防止筏板被冲剪破坏。若柱距较大,柱荷载相差也较大时,板内也会产生较大的弯矩,此时宜在板上沿柱轴纵横向设置基础梁,即形成梁板式筏板基础。梁板式基础分下梁板式(图 8-6(c))和上梁板式(图 8-6(d))。梁板式基础板的厚度虽比平板式小得多,但其刚度较大,能承受更大的弯矩。

筏板基础可在六层住宅中使用,也可在 50 层的高层建筑中使用,如美国休斯敦市的 52 层壳体广场大楼就是采用天然地基上的筏板基础,它的厚度为 2.52m。

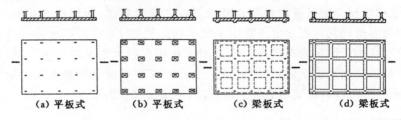

| (a) 平板式 | (b) 平板式 | (c) 梁板式 | (d) 梁板式 |

图 8-6　筏板基础

8.2.5 箱形基础

箱形基础是由钢筋混凝土底板、顶板和纵横内外隔墙组成,形成一个刚度极大的箱子,如图 8-7。箱形基础具有较大的基础底面,较深的埋置深度和中空的结构形式,使开挖卸去的土补偿了上部结构传来的部分荷载在地基中引起的附加应力,与一般实体基础(扩展基础和柱下条形基础)相比,它能显著提高地基稳定性、降低基础沉降量。箱形基础适用于软弱地基上的高层建筑、重型或对不均匀沉降有严格要求的建筑物。

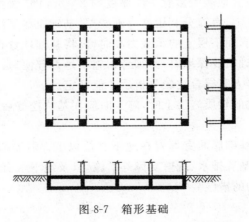

图 8-7　箱形基础

8.3 基础埋置深度的选择

基础的埋置深度(简称埋深)是指基础底面到天然地面的垂直距离。选择合适的基础埋置深度关系到地基的可靠性、施工的难易程度、工期的长短以及造价的高低等。在满足地基稳定和变形要求的前提下,当上层地基的承载力大于下层土时,宜利用上层土作持力层。除岩石地基外,一般基础埋深不宜小于 0.5m。影响基础埋深的条件很多,应综合考虑以下因素后加以确定。

8.3.1 建筑物的用途、类型、荷载大小和性质

确定基础的埋深时,首先要考虑到是建筑物在使用功能和用途方面的要求。

如果有地下室、设备基础和地下设施,基础的埋深要结合建筑设计标高的要求确定。用砖石等脆性材料砌筑的无筋扩展基础,为了防止基础本身材料的破坏,基础的构造高度往往很大,因此,无筋扩展基础的埋深要大于钢筋混凝土柔性基础。

高层建筑基础的埋置深度应满足地基承载力、变形和稳定性要求。位于岩石地基上的高层建筑,其基础埋深应满足抗滑稳定性要求。在抗震设防区,除岩石地基外,一般天然地基上的箱形和筏形基础其埋置深度不宜小于建筑物高度的 1/15;桩箱或桩筏基础的埋置深度(不计桩长)不宜小于建筑物高度的 1/18。对于作用有较大水平荷载的基础,还应满足稳定要求。当这类基础建筑位于岩石地基上时,基础埋深还应满足抗滑要求。对于受有上拔力的结构(如输电塔)基础,也要求有较大的埋深,以满足抗拔要求。

8.3.2 工程地质和水文地质条件

根据工程地质条件选择合适的土层作为基础的持力层是确定基础埋深的重要因素。直接支撑基础的土层称为持力层,其下的各土层称为下卧层。必须选择强度足够、稳定可靠的土层作为持力层,才能保证地基的稳定性,减少建筑物的沉降。

中国沿海软土地区多为沉积土,沉积土是分层的,由于土层在沉积过程中条件的变化,各土层的工程性质差异很大,其物理和力学强度指标也有较大的差异。特别在上海、福州、宁波、天津、连云港、温州等地区,软土土层松软,孔隙比大,压缩性高,强度低,且其厚度深厚,是不良的持力层,但在其地表大多有一层厚度约 2~3m 的"硬壳层",对于一般中小型建筑物或 6 层以下的居民住宅,宜充分利用这一硬壳层,基础应尽量浅埋在这一硬壳层上。

当上层土的承载力低,而下层土的承载力高时,应将基础埋置在下层好的土层上。但如果上层松软土层很厚,基础需要深埋时,必须考虑施工是否方便,是否经济,并应与其他如加固上层土或用短桩基础等方案综合比较分析后才能确定。

当基础埋置在易风化的软质岩层上时,施工时应在基坑挖好后立即铺筑垫层,以免岩层表面暴露后风化软化。

当有地下水存在时,基础底面宜埋置在地下水位以上。若基础底面必须埋在地下水位以下时,应考虑施工时的基坑排水、坑壁支撑等措施,以及地下水有否侵蚀性等因素,并采取地基土在施工时不受扰动的措施。

8.3.3 相邻建筑物基础埋深的影响

在城市房屋密集的地方,往往新旧建筑物距离较近,为了保证在新建建筑物施工期间,相邻的原有建筑物的安全和正常使用,新建建筑物的基础埋深不宜深于相邻原有建筑物的基础埋深。有的新建建筑物荷载很大,楼层又高,而基础埋深又一定要超过原有建筑物的基础埋深,此时,为了避免新建建筑物对原有建筑物的影响,设计时应考虑与原有基础保持有一定的净矩。其距离应根据荷载大小和土质条件而定,一般取相邻两基础底面高差的1~2倍,如图8-8所示。若上述要求不能满足,也可以采用其他措施,如分段施工,设临时加固支撑、板桩、水泥搅拌桩挡墙或地下连续墙等施工措施,或加固原有建筑物地基。

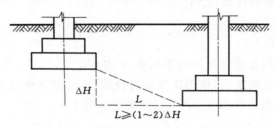

图 8-8　埋深不同的相邻基础

8.3.4 地基土冻胀和融陷的影响

在季节性冻土地区,冬季,地面下一定厚度的土层处于土中水的冰点以下,土中含有的水分会冻结形成冻土;而当温度升高时,冻土又融化,每年冻融交替一次。我国这种季节性冻土分布很广,季节性冻土层厚度一般在50cm以上,最厚达3m。

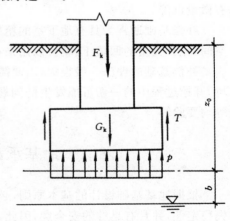

图 8-9　作用在基础上的
冻胀力 p 和冻切力 T

注:图中 F_k,G_k 含义参见公式(8-12)符号说明

细粒土层(黏土、粉质黏土、粉土和粉砂)有冻胀的特点。若基础埋于冻胀土内,由于土体膨胀在基础周围和基础底部,产生冻胀力和冻切力使基础上抬(图8-9),造成门窗不能开启,严重的甚至引起墙体开裂。当温度升高土体解冻时,又由于土中水分的高度集中,使土质变得十分松软而引起融陷,且建筑物各部分的融陷也是不均匀的。多次冻融会使建筑物遭致严重的破坏。所以,在季节性冻土地区,基础埋置深度宜大于冻结深度。

影响冻胀的因素主要有土的粒径大小、土中含水量的多少以及地下水补给的可能性等。对于结合水含量极少的粗颗粒土,因不发生水分迁移,故不存在冻胀问题。而在相同条件下,黏性土的冻胀性就比粉砂严重得多。细粒土的冻胀与含水量有关,如果冻胀前,土处于含水量很少的坚硬状态,冻胀就很微弱。冻胀程度还与地下水位高低有关,若地下水位高或通过毛细水能使水分向冻结区补充,则冻胀较严重。根据冻胀对建筑物危害的严重程度,可将地基土的冻胀性划分为不冻胀、弱冻胀、冻胀、强冻胀和特强冻胀五类。

8.3.5 补偿基础概念

在软土天然地基上建造重型建筑物,会有很大的固结沉降。为了减小拟建建筑物的沉降量,除了地基处理或桩基础措施外,选用补偿基础是一种很好的基础形式。众所周知,建筑物的沉降是与建筑物基底附加压力成正比的,因此,理论上当建筑物基底附加压力为零时,建筑物的沉降也为零。基底附加压力 p_0 公式为:

$$p_0 = \frac{N}{A} - \gamma_{\mathrm{m}} d \tag{8-1}$$

式中　N——作用在基底的荷载,kN;

　　　A——基础底面积,m^2;

　　　d——基础的埋深,m;

　　　γ_{m}——埋置深度内土重度的加权平均值,$\mathrm{kN/m}^3$。

当建筑物的设计一旦确定后,作用在基底的荷载 N 也相应确定了,因此,只能通过增加基础埋深 d 来减小基底附加压力 p_0,若基础的埋深 d 达到:

$$d = \frac{N}{A\gamma_{\mathrm{m}}} \tag{8-2}$$

此时,作用在基础底面的附加压力 p_0 等于零,即建筑物的重力等于基坑挖去的总土重,这样的基础称为全补偿基础;若 N/A 大于 $\gamma_{\mathrm{m}}d$,则称为部分补偿基础。以上二者统称为补偿基础。

全补偿基础理论上其沉降等于零,实际上由于基底土的扰动及开挖回弹,全补偿基础仍有微量沉降。

补偿基础通常为具有地下室的箱形基础和筏板基础,由于地下室的存在,基础具有大量空间,免去大量的回填土,就可以用来补偿上部结构的全部或部分压力。

补偿基础的埋深一般很深,因此需要进行深基坑开挖,若在强度很低的软土中开挖深基坑,开挖过程中的一切可能发生的问题均需要引起注意,如坑壁的稳定问题、坑底回弹问题等均要验算。

8.4　地基承载力特征值的确定和验算

根据地基基础设计的基本原则,必须保证在基底压力作用下,地基不发生剪切破坏和丧失稳定性,并具有足够的安全度,因此,必须对各级建筑物进行地基承载力计算。

地基承载力特征值是指由载荷试验测定的地基土压力变形曲线线性变形段内规定的变形所对应的压力值。其最大值为比例界限值,该值也可由原位测试、公式计算、并结合工程实践经验等方法综合确定。地基承载力特征值与土的物理、力学性质指标有关,还与基础形式、底面尺寸、埋深、建筑类型、结构特点和施工等因素有关。

8.4.1 现场载荷试验确定地基承载力特征值

地基土平板载荷试验可适用于确定地基土层的承压板下应力主要影响范围内的承载

力。荷载影响深度一般为 1～2 倍承压板宽度,承压板面积不应小于 0.25m^2,对于软土不应小于 0.5m^2。现场载荷试验是确定地基承载力特征值最可靠的方法。

如图 8-10 所示,对地基土进行载荷试验后可整理出如图所示的荷载 p 与沉降量 s 的关系曲线,按以下规定确定地基承载力特征值:

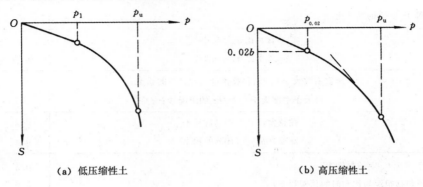

图 8-10　载荷试验 p-s 曲线

(1) 当曲线上有比例界限时,取该比例界限所对应的荷载值;

(2) 当极限荷载小于对应比例界限的荷载值的 2 倍时,取极限荷载值的一半;

(3) 当不能按上述二款要求确定,压板面积为 $0.25\sim0.5\text{m}^2$ 时,可取 $s/b=0.01\sim0.015$ 所对应的荷载,但其值不应大于最大加载量的一半。

同一土层参加统计的试验点不应少于三点,当试验实测值的极差不超过其平均值的 30% 时,取此平均值作为该土层的地基承载力特征值 f_{ak}。否则应查找和分析离散原因,必要时须增加载荷试验点。

当基础宽度大于 3m 或埋置深度大于 0.5m 时,用载荷试验或其他原位测试、经验值等方法确定的地基承载力特征值尚应按下式修正:

$$f_a = f_{ak} + \eta_b \gamma (b-3) + \eta_d \gamma_m (d-0.5) \tag{8-3}$$

式中　f_a——修正后的地基承载力特征值,kPa;

　　　f_{ak}——地基承载力特征值,kPa;

　　　η_b,η_d——基础宽度和埋深的地基承载力修正系数,按基底下土的类别查表 8-1 得到;

　　　γ——基础底面以下土的重度,地下水位以下取有效重度,kN/m^3;

　　　b——基础底面宽度,m,当宽度小于 3m 时按 3m 取值,大于 6m 时按 6m 取值;

　　　γ_m——基础底面以上土的加权平均重度,地下水位以下的土层取有效重度,kN/m^3;

　　　d——基础埋置深度,m,一般自室外地面标高算起,在填方整平地区,可自填土地面标高算起,但填土在上部结构施工完成时,应从天然地面标高算起。对于地下室,如采用箱形基础或筏基时,基础埋置深度自室外地面标高算起;当采用独立基础或条形基础时,应从室内地面标高算起。

表 8-1　　　　　　　　　　　　　　　　承载力修正系数

土的类别		η_b	η_d
淤泥和淤泥质土		0	1.0
人工填土 e 或 I_L 大于等于 0.85 的黏性土		0	1.0
红黏土	含水比 $a_w > 0.8$	0	1.2
	含水比 $a_w \leqslant 0.8$	0.15	1.4
大面积 压实填土	压实系数大于 0.95、黏粒含量 $\rho_c \geqslant 10\%$ 的粉土	0	1.5
	最大干密度大于 2.1t/m³ 的级配砂石	0	2.0
粉土	黏粒含量 $\rho_c \geqslant 10\%$ 的粉土	0.3	1.5
	黏粒含量 $\rho_c < 10\%$ 的粉土	0.5	2.0
e 及 I_L 均小于等于 0.85 的黏性土		0.3	1.6
粉砂、细砂(不包括很湿与饱和时的稍密状态)		2.0	3.0
中砂、粗砂、砾砂和碎石土		3.0	4.4

8.4.2　用承载力公式确定

当偏心距 e 小于或等于 0.033 倍基础底面宽度时,根据土的抗剪强度指标确定地基承载力特征值可按式(8-4)计算,并应满足变形要求:

$$f_a = M_b \gamma b + M_d \gamma_m d + M_c c_k \tag{8-4}$$

式中　f_a——由土的抗剪强度指标确定的地基承载力特征值,kPa;

M_b, M_d, M_c——承载力系数,按表 8-2 确定;

b——基础底面宽度,m,大于 6m 时按 6m 取值,对于砂土小于 3m 时按 3m 考虑;

c_k——基底下一倍短边宽度的深度范围内土的黏聚力标准值,kPa。

表 8-2　　　　　　　　　　　　承载力系数 M_b, M_d, M_c

$\varphi_k/(°)$	M_b	M_d	M_c	$\varphi_k/(°)$	M_b	M_d	M_c
0	0.00	1.00	3.14	22	0.61	3.44	6.04
2	0.03	1.12	3.32	24	0.80	3.87	6.45
4	0.06	1.25	3.51	26	1.10	4.37	6.90
6	0.10	1.39	3.71	28	1.40	4.93	7.40
8	0.14	1.55	3.93	30	1.90	5.59	7.95
10	0.18	1.73	4.17	32	2.60	6.35	8.55
12	0.23	1.94	4.42	34	3.40	7.21	9.22
14	0.29	2.17	4.69	36	4.20	8.25	9.97
16	0.36	2.43	5.00	38	5.00	9.44	10.80
18	0.43	2.72	5.31	40	5.80	10.84	11.73
20	0.51	3.06	5.66				

注:　φ_k 为基底下一倍短边宽深度内土的内摩擦角标准值。

内摩擦角标准值 φ_k、黏聚力标准值 c_k 可按下列规定计算：

（1）根据室内 n 组三轴压缩试验的结果，按下列公式计算某一土性指标的变异系数、试验平均值和标准差：

$$\delta = \frac{\sigma}{\mu} \tag{8-5}$$

$$\mu = \frac{\sum\limits_{i=1}^{n} \mu_i}{n} \tag{8-6}$$

$$\sigma = \sqrt{\frac{\sum\limits_{i=1}^{n} \mu_i^2 - n\mu^2}{n-1}} \tag{8-7}$$

式中　δ——变异系数；

　　　μ——试验平均值；

　　　σ——标准差。

（2）按下列公式计算内摩擦角和黏聚力的统计修正系数 ψ_φ，ψ_c：

$$\psi_\varphi = 1 - \left(\frac{1.704}{\sqrt{n}} + \frac{4.678}{n^2}\right)\delta_\varphi \tag{8-8}$$

$$\psi_c = 1 - \left(\frac{1.704}{\sqrt{n}} + \frac{4.678}{n^2}\right)\delta_c \tag{8-9}$$

式中　ψ_φ——内摩擦角的统计修正系数；

　　　ψ_c——黏聚力的统计修正系数；

　　　δ_φ——内摩擦角的变异系数；

　　　δ_c——黏聚力的变异系数。

（3）按下列公式计算内摩擦角标准值 φ_k、黏聚力标准值 c_k：

$$\varphi_k = \psi_\varphi \varphi_m \tag{8-10}$$

$$c_k = \psi_c c_m \tag{8-11}$$

式中　φ_m——内摩擦角的试验平均值，(°)；

　　　c_m——黏聚力的试验平均值，kPa。

[例 8-1]　某粉土地基如图 8-11 所示，试按理论公式(8-4)计算地基承载力特征值 f_a。

解　根据持力层粉土 $\varphi_k = 22°$，查表 8-2，得：

$$M_b = 0.61, \ M_d = 3.44, \ M_c = 6.04$$

$$f_a = M_b \gamma b + M_d \gamma_m d + M_c c_k$$

$$= 0.61 \times (18.1 - 10) \times 1.5 + 3.44 \times \frac{17.8 \times 1.0 + (18.1 - 10) \times 0.5}{1 + 0.5} \times 1.5 + 6.04 \times 1.0$$

$$= 7.41 + 75.16 + 6.04 = 88.6 \text{kPa}$$

8.4.3　地基承载力验算

在确定地基承载力特征值后，就可根据不同的外荷载，进行验算。

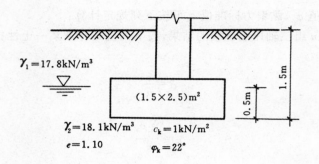

图 8-11 例 8-1 图

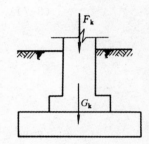

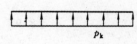

图 8-12 轴心荷载
作用的基础

1. 轴心荷载作用

当基础上仅有竖向荷载作用,且荷载通过基础底面形心时,基础承受轴心荷载作用,假定基底反力呈直线均匀分布,如图 8-12 所示,则持力层地基承载力验算必须满足下式:

$$p_k = \frac{F_k + G_k}{A} \leqslant f_a \qquad (8\text{-}12)$$

式中 p_k——相应于荷载效应标准组合时,基础底面处的平均压力值,kPa;

f_a——修正后的地基承载力特征值,kPa;

F_k——相应于荷载效应标准组合时,上部结构传至基础顶面的竖向力值,kN;

γ_G——基础与台阶上土的平均重度,kN/m^3,可近似按 20kN/m^3 计算;

A——基础底面积,m^2;

G_k——基础自重和基础上的土重,kN,$G_k = \gamma_G A d$,d 为基底埋深。

把 $G_k = \gamma_G A d$ 代入式(8-12),则式(8-12)可改写为:

$$\frac{F_k}{A} + \gamma_G d \leqslant f_a \qquad (8\text{-}13)$$

2. 偏心荷载作用

当传到基础顶面的荷载除轴心荷载外,还有弯矩 M 作用时,基底反力将呈梯形分布,如图 8-13 所示,基底最大和最小压力可按下式计算:

$$p_{kmin}^{kmax} = \frac{F_k + G_k}{A} \pm \frac{M_k}{W} \qquad (8\text{-}14)$$

式中 p_{kmax}——相应于荷载效应标准组合时,基础底面边缘的最大压力值,kPa;

p_{kmin}——相应于荷载效应标准组合时,基础底面边缘的最小压力值,kPa;

M_k——相应于荷载效应标准组合时,作用于基础底面的力矩设计值,kN·m;

W——基础底面的抵抗矩,矩形基础:$W = Lb^2/6$,m^3。

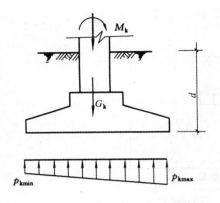
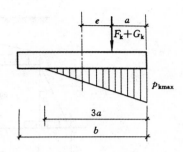

图 8-13　偏心荷载作用的基础　　　图 8-14　偏心荷载($e>b/6$)下基底压力计算示意图

为了保证基础不至于过分倾斜,通常要求偏心距 e 应满足下式:

$$e=\frac{M_k}{F_k+G_k}\leqslant\frac{b}{6}\tag{8-15}$$

式中,b 为力矩作用方向基础底面边长,m。

当偏心距 $e>b/6$ 时,如图 8-14 所示,p_{kmax} 应按下式计算:

$$p_{kmax}=\frac{2(F_k+G_k)}{3la}\tag{8-16}$$

式中　l——垂直于力矩作用方向的基础底面边长,m;

　　　　a——合力作用点至基础底面最大压力边缘的距离,m。

偏心荷载作用下,除应满足式(8-12)外,尚应满足下式:

$$p_{kmax}\leqslant1.2f_a\tag{8-17}$$

3. 软弱下卧层承载力验算

土层大多是成层的,土层的强度通常随深度的增加而增加,而外荷载引起的附加应力则随深度的增加而减小,因此,只要基底面持力层承载力满足设计要求即可了。但也有不少情况,持力层不厚,在持力层以下受力层范围内存在软土层(即称软弱下卧层),软弱下卧层的承载力比持力层承载力小得多。如我国沿海地区表层"硬壳层"下有很厚一层(厚度在20m 左右)软弱的淤泥质土层,这时,只满足持力层的要求是不够的,还须验算软弱下卧层的强度。要求传递到软弱下卧层顶面处的附加压力值和土的自重压力值之和不超过软弱下卧层的承载力特征值,即

$$\sigma_z+\sigma_{cz}\leqslant f_{az}\tag{8-18}$$

式中　σ_z——相应于荷载效应标准组合时,软弱下卧层顶面处的附加压力值,kPa;

　　　　σ_{cz}——软弱下卧层顶面处土的自重压力值,kPa;

　　　　f_{az}——软弱下卧层顶面处经深度修正后地基承载力特征值,kPa。

软弱下卧层顶面处的附加压力值 σ_z 按应力扩散原理进行简化计算,如图 8-15 所示,作用在基底面处的附加压力以扩散角 θ 向下传递,均匀地分布在下卧层上。根据扩散后作用

在下卧层顶面处的合力与扩散前在基底处的合力相等的条件,即

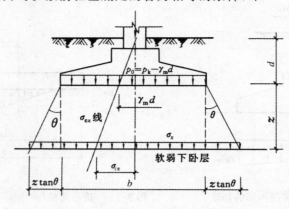

图 8-15　软弱下卧层顶面附加应力计算

对于矩形基础,有

$$\sigma_z = \frac{p_0 bl}{(b+2z\tan\theta)(l+2z\tan\theta)} \tag{8-19}$$

对于条形基础,有

$$\sigma_z = \frac{p_0 b}{b+2z\tan\theta} \tag{8-20}$$

式中　b,l——分别为基础的宽度(m)和长度(m),若为条形基础,l 取 1m,长度方向应力不扩散;

　　　　p_0——基础底面附加压力值,$p_0 = p_k - \gamma_m d$,kPa;

　　　　z——基础底面到软弱下卧层顶面的距离,m;

　　　　θ——压力扩散角,可按表 8-3 采用。

表 8-3　　　　　　　　　　　　　　　　　　　压力扩散角 θ

E_{s1}/E_{s2}	$z/b \geqslant 0.25$	$z/b \geqslant 0.50$
3	6°	23°
5	10°	25°
10	20°	30°

注:　① E_{s1} 为上层土压缩模量;E_{s2} 为下层土压缩模量。

　　　② $z/b<0.25$ 时取 $\theta=0°$,必要时宜由试验确定;$z/b>0.50$ 时 θ 值不变。

从上表可见,表层若有"硬壳层",能起到应力扩散的作用,因此,当存在软弱下卧层时,基础宜尽量浅埋,以增加基底到软弱下卧层的距离。

[**例 8-2**]　某柱基础,作用在设计地面处的柱荷载设计值、埋深及地基条件如图 8-16 所示,基础底面尺寸 $b \times l = 3.0\text{m} \times 3.5\text{m}$,试验算持力层和软弱下卧层的强度。

解　(1)持力层承载力验算

因 $b=3\text{m}$,$d=2.3\text{m}$,$e=0.80<0.85$,$I_L=0.74<0.85$,所以查表 8-1,有 $\eta_b=0.3$,$\eta_d=1.6$。

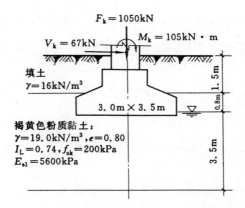

$F_k = 1050\text{kN}$

$V_k = 67\text{kN}$ $M_k = 105\text{kN·m}$

填土
$\gamma = 16\text{kN/m}^3$

1.5m

$3.0\text{m} \times 3.5\text{m}$ 0.8m

褐黄色粉质黏土:
$\gamma = 19.0\text{kN/m}^3, e = 0.80$
$I_L = 0.74, f_{ak} = 200\text{kPa}$
$E_{s1} = 5600\text{kPa}$

3.5m

淤泥质粘土: $\gamma = 17.5\text{kN/m}^3, w = 45\%, f_{ak} = 78\text{kPa}, E_{s2} = 1860\text{kPa}$

图 8-16 例 8-2 图

基础底面以上土的加权平均重度为

$$\gamma_{m1} = \frac{16 \times 1.5 + 19 \times 0.8}{2.3} = 17.0\text{kN/m}^3$$

修正的持力层承载力特征值 f_a 为

$$f_a = f_{ak} + \eta_b \gamma (b - 3) + \eta_d \gamma_{m1}(d - 0.5)$$

$$= 200 + 0.3 \times (19 - 10) \times (3 - 3) + 1.6 \times 17.0 \times (2.3 - 0.5)$$

$$= 200 + 0 + 49.0 = 249.0\text{kPa}$$

基底平均压力:

$$p_k = \frac{F_k + G_k}{A} = \frac{1050 + 3 \times 3.5 \times 2.3 \times 20}{3 \times 3.5} = 146\text{kPa} < f_a \quad (满足)$$

基底最大压力:

$$\sum M = 105 + 67 \times 2.3 = 259.1\text{kN·m}$$

$$W = \frac{bl^2}{6} = \frac{3 \times 3.5^2}{6} = 6.125\text{m}^3$$

由于 $e = \dfrac{\sum M}{F_k + G_k} = \dfrac{259.1}{1050 + 3 \times 3.5 \times 2.3 \times 20} = 0.169\text{m} \leqslant \dfrac{b}{6} \quad (满足)$

则 $p_{k\max} = \dfrac{F_k + G_k}{A} + \dfrac{\sum M}{W}$

$$= 146 + \frac{105 + 67 \times 2.3}{6.125} = 188.3\text{kPa} < 1.2f_a \quad (满足)$$

所以,持力层地基承载力满足。

(2) 软弱下卧层承载力验算

下卧层承载力特征值 f_{az} 计算:因为下卧层系淤泥质土,查表 8-1,$\eta_d = 1.0$。

下卧层顶面埋深 $d'=d+z=2.3+3.5=5.8\mathrm{m}$，下卧层顶面以上土的平均重度 γ_{m2} 为：

$$\gamma_{m2}=\frac{16\times1.5+19.0\times0.8+(19.0-10)\times3.5}{1.5+0.8+3.5}=\frac{70.7}{5.8}=12.2\mathrm{kN/m^3}$$

$$f_{az}=f_{ak}+\eta_d\gamma_{m2}(d'-0.5)=78+1.0\times12.2\times(5.8-0.5)=142.7\mathrm{kPa}$$

基础底面附加压力：

$$p_0=p_k-\gamma_{m1}d=146-17.0\times2.3=106.9\mathrm{kPa}$$

下卧层顶面处应力：

自重应力 $\sigma_{cz}=16.0\times1.5+19.0\times0.8+(19.0-10)\times3.5=70.7\mathrm{kPa}$

附加应力按扩散角计算，$E_{s1}/E_{s2}=3$，$z/b=3.5/3.0=1.17>0.50$，查表 8-3，得 $\theta=23°$。

$$\sigma_z=\frac{p_0bl}{(b+2z\tan\theta)(l+2z\tan\theta)}=\frac{106.9\times3\times3.5}{(3+2\times3.5\tan23°)\times(3.5+2\times3.5\tan23°)}$$

$$=29.0\mathrm{kPa}$$

作用在软弱下卧层顶面处的总应力为：

$$\sigma_z+\sigma_{cz}=29.0+70.7=99.7\mathrm{kPa}<f_{az}\quad(满足)$$

所以，软弱下卧层地基承载力也满足。

8.5　基础底面尺寸的确定

前面已介绍了地基承载力的确定及验算方法。但是，在一般情况下，基础底面尺寸事先并不知道，需要在确定基础类型和埋置深度后，根据持力层的承载力来设计基础底面尺寸。

8.5.1　轴心荷载作用下的基础底面尺寸确定

根据地基承载力验算公式(8-12)，经过变换得：

$$A\geqslant\frac{F_k}{f_a-\gamma_G d}\tag{8-21}$$

对于条形基础，可沿基础长方向取单位长度 1m 进行计算，荷载也同样按单位长度计算，条形基础宽度则为：

$$b\geqslant\frac{F_k}{f_a-\gamma_G d}\tag{8-22}$$

在利用式(8-21)和式(8-22)计算时，可先按未经宽度修正的承载力设计值进行计算，初步确定基础底面尺寸，根据第一次计算得到的基础底面尺寸，再对地基承载力进行修正，直至设计出最佳基础底面尺寸。

8.5.2　偏心荷载作用下的基础底面尺寸确定

偏心荷载作用下的基础底面尺寸确定不能用公式直接写出，通常的计算方法如下：

(1) 按轴心荷载作用条件,利用式(8-21)初步估算所需的基础底面积 A;

(2) 根据偏心距的大小,将基础的底面积增大 $10\%\sim40\%$,当偏心小时可采用 10%,当偏心大时采用 40%,并以适当的比例确定基础底面的长度 l 和宽度 b;

(3) 按式(8-14)计算基底最大压力和最小压力,并使其满足式(8-12)和式(8-17)要求。

这一计算过程可能要经过几次试算方能最后确定合适的基础底面尺寸。

[例 8-3] 有一个工业厂房,柱截面 $350\text{mm}\times400\text{mm}$,作用在柱底的荷载为:$F_k=700\text{kN}$,$M_k=80$ $\text{kN}\cdot\text{m}$,$V_k=15\text{kN}$。土层为黏性土,$\gamma=17.5\text{kN/m}^3$,$e=0.70$,$I_L=0.78$,$f_{ak}=226\text{kPa}$,基础底面埋深 1.3m,其他参数如图 8-17 所示。试根据持力层地基承载力确定基础底面尺寸。

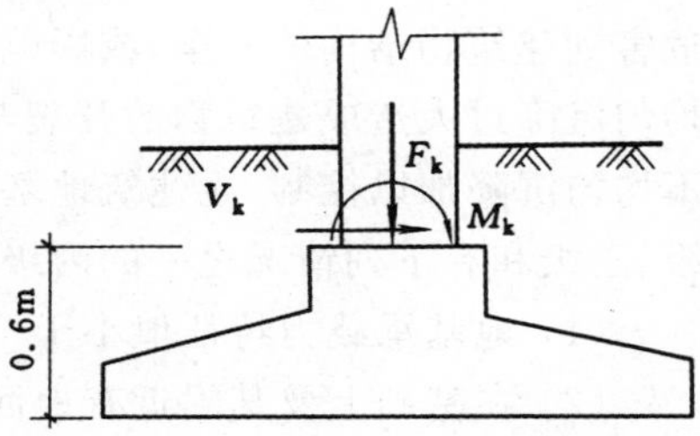

图 8-17 例 8-3 图

解 (1)先求地基承载力特征值

根据 $e=0.70$,$I_L=0.78$,查表 8-1,得 $\eta_b=0.3$,$\eta_d=1.6$,则 f_a(先不考虑对基础宽度进行修正)为:

$$f_a=f_{ak}+\eta_d\gamma_m(d-0.5)$$

$$=226+1.6\times17.5\times(1.3-0.5)=248.4\text{kPa}$$

(2)初步选择基底尺寸

$$A_0=\frac{F_k}{f_a-\gamma_G d}=\frac{700}{248.4-20\times1.3}=3.15\text{m}^2$$

由于偏心不大,基础底面积按 20% 增大,即

$$A=1.2\times3.15=3.78\text{m}^2$$

初步选择基础底面积 $A=b\times l=1.6\times2.5=4.0\text{m}^2$,因 $b<3\text{m}$,故不需再对 f_a 进行修正。

(3)验算持力层地基承载力

基础和回填土重

$$G_k=\gamma_G dA=20\times1.3\times4=104\text{kN}$$

偏心距

$$e=\frac{\sum M}{F_k+G_k}=\frac{80+15\times0.6}{700+104}=0.11\text{m}<\frac{b}{6}$$

基底平均压力

$$p_k=\frac{F_k+G_k}{A}=\frac{700+104}{4}=201\text{kPa}<f_a \quad (满足)$$

基底最大压力

$$p_{kmax}=\frac{F_k+G_k}{A}+\frac{\sum M}{W}=\frac{700+104}{4}+\frac{80+15\times0.6}{1.6\times\frac{2.5^2}{6}}$$

$$=254.4\text{kPa}<1.2f_a \quad (满足)$$

所以,持力层地基承载力满足。

8.6 地基的变形和稳定性验算

8.6.1 地基的变形验算

地基在荷载或其他因素的作用下,要发生变形(均匀沉降或不均匀沉降),变形过大可能危害到建筑物结构的安全,或影响建筑物的正常使用。为防止建筑物不致因地基变形或不均匀沉降过大造成建筑物的开裂与损坏,保证建筑物正常使用,必须对地基的变形,特别是不均匀沉降加以控制。《建筑地基基础设计规范》(GB 50007—2011)规定,对设计等级为甲级、乙级和有下列情况之一的丙级建筑物均应作地基变形验算:

(1) 地基承载力特征值小于 130kPa,且体型复杂的建筑;

(2) 在基础上及其附近有地面堆载或相邻基础荷载差异较大可能引起地基产生过大的不均匀沉降时;

(3) 软弱地基上的建筑物存在偏心荷载时;

(4) 相邻建筑距离过近,可能发生倾斜时;

(5) 地基内有厚度较大或厚薄不均的填土,其自重固结未完成时。

一般根据结构类型、整体刚度、体型大小、荷载分布、基础形式以及土的工程地质特性,计算地基变形 Δ 值,要求其不超过相应的允许值 $[\Delta]$ 值,即

$$\Delta \leqslant [\Delta] \tag{8-23}$$

式中,$[\Delta]$ 为地基的允许变形值,见表 8-4。

表 8-4   建筑物的地基变形允许值

变 形 特 征	地基土类别	
	中、低压缩性土	高压缩性土
砌体承重结构基础的局部倾斜	0.002	0.003
工业与民用建筑相邻柱基的沉降差		
(1) 框架结构	0.002L	0.003L
(2) 砖石墙填充的边排柱	0.0007L	0.001L
(3) 当基础不均匀沉降时不产生附加应力的结构	0.005L	0.005L
单层排架结构(柱距为 6m)柱基的沉降量/mm	(120)	200
桥式吊车轨面的倾斜(按不调整轨道考虑)		
纵 向	0.004	
横 向	0.003	
多层和高层建筑基础的倾斜: $H_g \leqslant 24$	0.004	
$24 < H_g \leqslant 60$	0.003	
$60 < H_g \leqslant 100$	0.0025	
$H_g > 100$	0.002	
体型简单的高层建筑基础的平均沉降量/mm	200	

续表

变 形 特 征		地基土类别	
		中、低压缩性土	高压缩性土
高耸结构基础的倾斜：	$H_g \leqslant 20$	0.008	
	$20 < H_g \leqslant 50$	0.006	
	$50 < H_g \leqslant 100$	0.005	
	$100 < H_g \leqslant 150$	0.004	
	$150 < H_g \leqslant 200$	0.003	
	$200 < H_g \leqslant 250$	0.002	
高耸结构基础的沉降量/mm	$H_g \leqslant 100$	400	
	$100 < H_g \leqslant 200$	300	
	$200 < H_g \leqslant 250$	200	

注： ① 有括号者仅适用于中压缩性土。
② L 为相邻柱基的中心距离(mm)，H_g 为自室外地面起算的建筑物高度(m)。

地基的允许变形值按其变形特征可以分为以下几种：

（1）沉降量—独立基础中心点的沉降量或整幢建筑物基础的平均值；

（2）沉降差—相邻两个柱基的沉降量之差；

（3）倾斜—独立基础在倾斜方向基础两端点的沉降差与其距离的比值；

（4）局部倾斜—砌体承重结构沿纵墙6～10m内基础两点的沉降差与其距离的比值。

由于建筑地基不均匀、荷载差异很大、体型复杂等因素引起的地基变形，对于砌体承重结构应由局部倾斜值控制；对于框架结构和单层排架结构应由相邻柱基的沉降差控制；对于多层或高层建筑和高耸结构应由倾斜值控制；必要时尚应控制平均沉降量。

在必要的情况下，需要分别预估建筑物在施工期间和使用期间的地基变形值，以便预留建筑物有关部分之间的净空，并考虑连结方法和施工顺序。此时，一般多层建筑物在施工期间完成的沉降量，对于砂土可认为其最终沉降量已完成80%以上，对于低压缩黏性土可认为已完成最终沉降量的50%～80%，对于中压缩性土可认为已完成20%～50%，对于高压缩性土可认为已完成5%～20%。

表8-4列出了建筑物的地基变形允许值。从表中可见，地基的变形允许值对于不同类型的建筑物、不同的建筑物结构特点和使用要求、不同的上部结构对不均匀沉降的敏感程度以及不同的结构安全储备，有着不同的要求。

8.6.2 地基稳定性验算

某些建筑物当承受较大的水平荷载和偏心荷载时，有可能发生沿基底面的滑动、倾斜或与深层土层一起滑动。如建于1941年的加拿大特郎斯康(Transcona)谷仓，因不了解基础下有厚达16m的软黏土层，迅速加载，超过了地基的极限承载力，使建筑物失去稳定，地基发生整体滑动破坏。如果地基土层本身倾斜，则更易发生整体滑动破坏。《建筑地基基础设计规范》(GB 50007—2011)规定，对经常受水平荷载作用的高层建筑、高耸结构和挡土墙等，以及建造在斜坡上或边坡附近的建筑物和构筑物尚应验算其稳定性；对基坑工程应进行稳定性验算。

地基稳定性可采用圆弧滑动面法进行验算,最危险的滑动面上诸力对滑动中心所产生的抗滑力矩与滑动力矩应符合下式:

$$\frac{M_R}{M_S} \geqslant 1.2 \tag{8-24}$$

式中 M_S——滑动力矩;

  M_R——抗滑力矩。

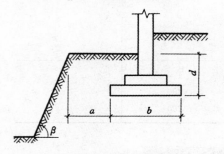

图 8-18 基础外缘至坡顶
水平距离示意图

位于稳定土坡坡顶上的建筑物,当垂直于坡顶边缘线的基础底面边长小于或等于 3m 时,其基础底面外边缘线到坡顶的水平距离 a 可按下式计算(图 8-18),但不得小于 2.5m:

条形基础

$$a \geqslant 3.5b - \frac{d}{\tan\beta} \tag{8-25}$$

矩形基础 $a \geqslant 2.5b - \frac{d}{\tan\beta} \tag{8-26}$

式中 a——基础底面外边绿线至坡顶的水平距离,m;

  b——垂直于坡顶边缘线的基础底面边长,m;

  d——基础埋置深度,m;

  β——边坡坡角。

当基础底面外边缘线至坡顶的水平距离 a 不满足式(8-25)、式(8-26)的要求时,可根据基底平均压力按式(8-24)确定基础距坡顶边缘的距离和基础埋深。当边坡坡角大于 45°、坡高大于 8m 时,尚应按式(8-24)进行土坡稳定验算。

8.7 浅基础设计

8.7.1 无筋扩展基础设计

由于无筋扩展基础通常是由砖、块石、毛石、素混凝土、三合土和灰土等材料建造的,这些材料具有抗压强度高而抗拉、抗剪强度低的特点,所以在进行无筋扩展基础设计时必须使基础主要承受压应力,并保证基础内产生的拉应力和剪应力都不超过材料强度的设计值。具体设计中主要通过对基础的外伸宽度与基础高度的比值进行验算来实现。同时,其基础宽度还应满足地基承载力的要求。

1. 构造要求

根据建造材料的不同无筋扩展基础又可分为混凝土和毛石混凝土基础、砖基础、毛石浆砌基础、灰土基础、石灰三合土基础等,在设计无筋扩展基础时应按其材料特点满足相应的构造要求:

(1)混凝土和毛石混凝土基础。混凝土基础一般用 C15 以上的素混凝土做成。毛石混凝土基础是在混凝土基础中埋入 25%～30%(体积比)的毛石形成,且用于砌筑的石块直径不宜大于 30cm。

（2）砖基础。砖基础采用的砖强度等级应不低于 MU10，砂浆不低于 M5，在地下水位以下或地基土潮湿时应采用水泥砂浆砌筑。基础底面以下一般先做 100mm 厚的混凝土垫层，混凝土强度等级为 C10 或 C7.5。

（3）毛石浆砌基础。毛石基础采用的材料采用未加工或仅稍作修整的未风化的硬质岩石，每级高度一般不小于 20cm。当毛石形状不规则时，其高度应不小于 15cm。浆砌砂浆不低于 M5。

（4）灰土基础。灰土基础由熟化后的石灰和黏土按比例拌和并夯实而成。常用的配合比（体积比）有 3∶7 和 2∶8，铺在基槽内分层夯实，每层虚铺 22～25cm，夯实至 15cm。其最小干密度要求为：粉土 1550kg/m³，粉质黏土 1500kg/m³，黏土 1450kg/m³。

（5）石灰三合土基础。石灰三合土基础由石灰、砂和骨料（矿渣、碎砖或碎石）加适量的水充分搅拌均匀后，铺在基槽内分层夯实而成。三合土的配合比（体积比）为 1∶2∶4 或 1∶3∶6，在基槽内每层虚铺 22cm，夯实至 15cm。

2. 设计计算

（1）初步选定基础高度 H_0。混凝土基础的高度 H_0 不宜小于 20cm，一般为 30cm。对于石灰三合土基础和灰土基础，基础高度 H_0 应为 15cm 的倍数。砖基础的高度应符合砖的模数。

（2）基础宽度 b 的确定（图 8-19）。先根据地基承载力条件初步确定基础宽度。再按下列公式进一步验算基础的宽度：

$$b \leqslant b_0 + 2H_0 \tan\alpha \tag{8-27}$$

式中　b——基础底面宽度，m；

　　　b_0——基础顶面的砌体宽度，m，如图 8-19(a) 和图 8-19(b) 所示；

　　　H_0——基础高度，m；

　　　b_2——基础台阶宽度，m；

　　　$\tan\alpha$——基础台阶宽高比 b_2∶H_0，α 称为刚性角，其允许值可按表 8-5 选用。

如验算符合要求，则可采用原先选定的基础宽度和高度，否则应调整基础高度重新验算，直至满足要求为止。

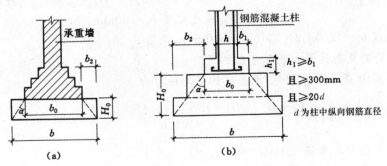

图 8-19　无筋扩展基础构造示意

（3）当无筋扩展基础由不同材料叠合而成时，应对接触部分作抗压验算。

（4）对混凝土基础，当基础底面平均压力超过 300kPa 时，尚应对台阶高度变化处的断

面进行抗剪验算,验算公式如下:

$$V_s \leqslant 0.366 f_t A \tag{8-28}$$

式中　V_s——相应于荷载效应基本组合时,地基土平均净反力产生的沿墙(柱)边缘或变阶处的剪力设计值,kN;

　　　f_t——混凝土轴心抗拉强度设计值,kPa;

　　　A——沿墙(柱)边缘或变阶处基础的垂直截面面积,m^2。

表 8-5　　　　　　　　　　　无筋扩展基础台阶宽高比的允许值

基础材料	台阶宽高比的允许值		
	$p_k \leqslant 100$	$100 < p_k \leqslant 200$	$200 < p_k \leqslant 300$
混 凝 土 基 础	1:1.00	1:1.00	1:1.25
毛石混凝土基础	1:1.00	1:1.25	1:1.50
砖　 基　 础	1:1.50	1:1.50	1:1.50
毛石浆砌基础	1:1.25	1:1.50	
灰　 土　 基　 础	1:1.25	1:1.50	
三 合 土 基 础	1:1.50	1:2.00	

注:　表中 p_k 为荷载效应标准组合时基础底面处的平均压力值,kPa。

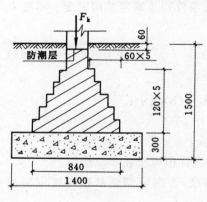

图 8-20

[**例 8-4**]　某承重砖墙混凝土基础的埋深为 1.5m,如图 8-20 所示,上部结构传来的轴向压力 $F_k = 200kN/m$。持力层为粉质黏土,其天然重度 $\gamma = 17.5kN/m^3$,承载力特征值 $f_a = 178kPa$,地下水位在基础底面以下。试设计此基础。

解　(1)初步确定基础宽度

$$b \geqslant \frac{F_k}{f_a - \gamma_G d} = \frac{200}{178 - 20 \times 1.5} = 1.35m$$

初步选定基础宽度为 1.40m。

(2)基础剖面设计

初步选定基础高度 $H_0 = 0.3m$。大放脚采用标准砖砌筑,每皮宽度 $b_1 = 60mm$,$h_1 = 120mm$,共砌 5 皮,大放脚的底面宽度 $b_0 = 240 + 2 \times 5 \times 60 = 840mm$,见图 8-20。

(3)按台阶的宽高比要求验算基础的宽度

基础采用 C10 素混凝土砌筑,而基底的平均压力为

$$p_k = \frac{F_k + G_k}{A} = \frac{200 + 20 \times 1.4 \times 1.5}{1.4 \times 1.0} = 172.8kPa$$

查表 8-5 得台阶的允许宽高比 $\tan\alpha = b_2/H_0 = 1.0$,于是

$$b \leqslant b_0 + 2H_0 \tan\alpha = 0.84 + 2 \times 0.3 \times 1.0 = 1.44m$$

取基础宽度为 1.40m 满足设计要求。

8.7.2 扩展基础设计

扩展基础系指柱下钢筋混凝土独立基础和墙下钢筋混凝土条形基础。墙下钢筋混凝土条形基础的内力计算一般可按平面应变问题处理,在长度方向可取单位长度计算。截面设计验算的内容主要包括基础底面宽度 b 和基础的高度 h 及基础底板配筋等。基底宽度应根据地基承载力要求确定,基础高度由混凝土的抗剪切条件确定,基础底板的受力钢筋配筋则由基础验算截面的抗弯能力确定。在确定基础底面尺寸或计算基础沉降时,应考虑设计地面以下基础及其上覆土重力的作用,而在进行基础截面设计(基础高度的确定、基础底板配筋)中,应采用不计基础与上覆土重力作用时的地基净反力 p_j 计算。

1. 扩展基础的构造要求

(1) 锥形基础的边缘高度不宜小于 200mm,且两个方向的坡度不宜大于 1:3;阶梯形基础的每阶高度宜为 300~500mm;

(2) 垫层的厚度不宜小于 70mm;垫层混凝土强度等级不宜低于 C10;

(3) 扩展基础受力钢筋最小配筋率不应小于 0.15%,受力钢筋最小配筋率不应小于 0.15%,底板受力钢筋的最小直径不应小于 10mm;间距不应大于 200mm,也不应小于 100mm。墙下钢筋混凝土条形基础纵向分布钢筋的直径不应小于 8mm;间距不应大于 300mm;每延米分布钢筋的面积应不小于受力钢筋面积的 1/10。当有垫层时钢筋保护层的厚度不应小于 40mm;无垫层时不应小于 70mm;

(4) 混凝土强度等级不应低于 C20;

(5) 当柱下钢筋混凝土独立基础的边长和墙下钢筋混凝土条形基础的宽度大于或等于 2.5m 时,底板受力钢筋的长度可取边长或宽度的 0.9 倍,并宜交错布置(图 8-21(a));

(6) 钢筋混凝土条形基础底板在 T 形及十字形交接处,底板横向受力钢筋仅沿一个主要受力方向通长布置,另一方向的横向受力钢筋可布置到主要受力方向底板宽度 1/4 处(图 8-21(b))。在拐角处底板横向受力钢筋应沿两个方向布置(图 8-21(c))。

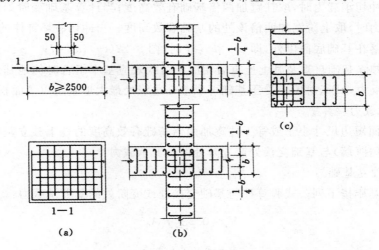

图 8-21 扩展基础底板受力钢筋布置示意

2. 扩展基础的设计计算

1) 基础底面尺寸

按本章第五节有关内容确定。在墙下条形基础相交处,不应重复计入基础面积。

2) 受冲切承载力验算

对柱下独立基础,当冲切破坏锥体落在基础底面以内时,应按下列公式验算柱与基础交接处以及基础变阶处混凝土的受冲切承载力:

$$F_l \leqslant 0.7\beta_{hp}f_t a_m h_0 \tag{8-29}$$

$$a_m = \frac{(a_t + a_b)}{2} \tag{8-30}$$

$$F_l = p_j A_l \tag{8-31}$$

式中 A_l ——冲切验算时取用的部分基底面积,m^2(图 8-22(a)、(b)中 ABCDEF 的阴影面积,或图 8-22(c)中的阴影面积 ABCD);

F_l ——相应于荷载效应基本组合时作用在 A_l 上的地基土净反力设计值,kN;

β_{hp} ——受冲切承载力截面高度影响系数,当基础高度 h 不大于 800mm 时,取 1.0;当 h 大于等于 2000mm 时,取 0.9,其间按线性内插法取用;

f_t ——混凝土轴心抗拉强度设计值,kPa;

h_0 ——基础冲切破坏锥体的有效高度,m;

a_m ——冲切破坏锥体最不利一侧计算长度,m;

a_t ——冲切破坏锥体最不利一侧斜截面的上边长,m,当计算柱与基础交接处的受冲切承载力时,取柱宽;当计算基础变阶处的受冲切承载力时,取上阶宽,m;

a_b ——冲切破坏锥体最不利一侧斜截面在基础底面积范围内的下边长,m,当冲切破坏锥体的底面落在基础底面以内(图 8-22(a)、(b)),计算柱与基础交接处的受冲切承载力时,取柱宽加两倍基础有效高度;当计算基础变阶处的受冲切承载力时,取上阶宽加两倍该处的基础有效高度。当冲切破坏锥体的底面在 l 方向落在基础底面以外,即 $a + 2h_0 \geqslant l$ 时(图 8-22(c)),$a_b = l$;

p_j ——扣除基础自重及其上土重后相应于荷载效应基本组合时的地基土单位面积净反力,kPa,对偏心受压基础可取基础边缘处最大地基土单位面积净反力。

3) 受剪承载力验算

对基础底面短边尺寸小于或等于柱宽加两倍基础有效高度的柱下独立基础以及墙下条形基础,应验算柱(墙)与基础交接处或变阶处的受剪承载力。

(1) 柱下独立基础

柱下独立基础按下列公式验算柱与基础交接处或变阶处的受剪承载力:

$$V_s \leqslant 0.7\beta_{hs}f_t A_0 \tag{8-32}$$

$$\beta_{hs} = (800/h_0)^{1/4} \tag{8-33}$$

式中 V_s ——相应于作用的基本组合时,柱与基础交接处的剪力设计值,kN,图 8-23 中的阴影面积乘以基底平均净反力;

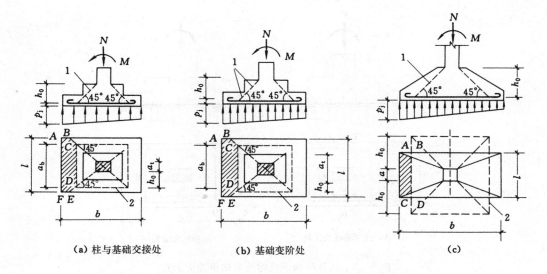

1—冲切破坏锥体最不利一侧的斜截面；2—冲切破坏锥体的底面线

图 8-22　计算阶形基础的受冲切承载力截面位置

β_{hs}——受剪切承载力截面高度影响系数，当 $h_0<<800\mathrm{mm}$ 时，取 $h_0=800\mathrm{mm}$；当
$\qquad h_0>2000\mathrm{mm}$ 时，取 $h_0=2000\mathrm{mm}$；

A_0——验算截面处基础的有效截面面积，m^2。当验算截面为阶梯形或锥形时，可将
$\qquad$ 其截面折算成矩形截面。

对于阶梯形承台，应分别在变阶处（$A_1—A_1$、$B_1—B_1$）及柱边处（$A_2—A_2$、$B_2—B_2$）进行斜截面受剪计算（图 8-24）。计算变阶处截面 $A_1—A_1$、$B_1—B_1$ 的斜截面受剪承载力时，其截面的有效高度均为 h_{01}，截面计算宽度分别为 b_{y1} 与 b_{x1}。计算柱边截面 $A_2—A_2$ 和 $B_2—B_2$ 处的斜截面受剪承载力时，其截面有效高度均为 $h_{01}+h_{02}$，截面计算宽度按下式计算：

对 $A_2—A_2$
$$b_{y0}=\frac{b_{y1}\cdot b_{01}+b_{y2}\cdot h_{02}}{h_{01}+h_{02}} \qquad (8\text{-}34)$$

对 $B_2—B_2$
$$b_{x0}=\frac{b_{x1}\cdot b_{01}+b_{x2}\cdot h_{02}}{h_{01}+h_{02}} \qquad (8\text{-}35)$$

对于锥形承台，应对 $A—A$ 和 $B—B$ 两个截面进行受剪承载力计算（图 8-25）。截面的有效高度为 h_0，截面的计算宽度按下式计算：

对 $A—A$
$$b_{y0}=\left[1-0.5\frac{h_1}{h_0}\left(1-\frac{b_{y2}}{b_{y1}}\right)\right]b_{y1} \qquad (8\text{-}36)$$

对 $B—B$
$$b_{x0}=\left[1-0.5\frac{h_1}{h_0}\left(1-\frac{b_{x2}}{b_{z1}}\right)\right]b_{x1} \qquad (8\text{-}37)$$

（2）墙下条形基础

墙下条形基础应按式(8-32)验算墙与基础底板交接处截面受剪承载力，其中，A_0 为验算截面处基础底板的单位长度垂直截面有效面积，V_s 为墙与底板交接处由基底平均净反力产生的单位长度剪力设计值。

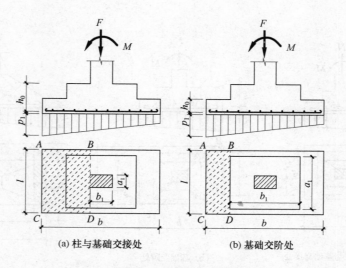

(a) 柱与基础交接处　　　　　(b) 基础交阶处

图 8-23　验算阶梯形基础受剪切承载力示意

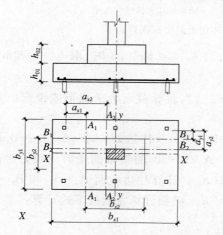

图 8-24　阶梯形承台斜截面受剪计算

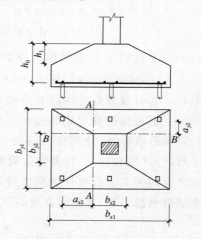

图 8-25　锥形承台受剪计算

4）扩展基础底板配筋

在轴心荷载或单向偏心荷载作用下，底板受弯，可按下列简化方法计算任意截面的弯矩：

（1）对于柱下矩形独立基础，当台阶的宽高比小于或等于 2.5 且偏心距小于或等于 1/6 基础宽度时，任意截面的底板弯矩可按下列公式计算（图 8-26）：

$$M_{\mathrm{I}} = \frac{1}{12} a_1^2 \left[(2l + a') \left(p_{\max} + p - \frac{2G}{A} \right) + (p_{\max} - p) \right]$$

或

$$M_{\mathrm{I}} = \frac{1}{12} a_1^2 \left[(2l + a') (p_{\mathrm{jmax}} + p_j) + (p_{\mathrm{jmax}} - p_j) l \right] \tag{8-38}$$

$$M_{\mathrm{II}} = \frac{1}{48} (l - a')^2 (2b + b') \left(p_{\max} + p_{\min} - \frac{2G}{A} \right)$$

或

$$M_{\mathrm{II}} = \frac{1}{48} (l - a')^2 (2b + b') (p_{\mathrm{jmax}} + p_{\mathrm{jmin}}) \tag{8-39}$$

式中　M_I, M_II ——任意截面 I－II、II－III 处相应于荷载效应基本组合时的弯矩设计值，kN·m；

　　　　a_1 ——任意截面 I－I 至基底边缘最大反力处的距离，m；

　　　　l, b ——基础底面的边长，m；

　　　　p_{max}, p_{min} ——相应于荷载效应基本组合时的基础底面边缘最大和最小地基反力设计值，kPa；

　　　　p_{jmax}, p_{jmin} ——相应于荷载效应基本组合时的基础底面边缘最大和最小地基净反力设计值，kPa；

　　　　p ——相应于荷载效应基本组合时在任意截面 I－I 处基础底面地基反力设计值，kPa；

　　　　p_j ——相应于荷载效应基本组合时在任意截面 I－I 处基础底面地基净反力设计值，kPa；

　　　　G ——考虑荷载分项系数的基础自重及其上的土自重，kN；当组合值由永久荷载控制时，$G=1.35G_k$，G_k 为基础及其上土的标准自重。

（2）对于墙下条形基础任意截面的弯矩（图 8-27），可取 $l=a'=1\mathrm{m}$ 按式（8-38）进行计算，其最大弯矩截面的位置应符合下列规定：①当墙体材料为混凝土时，取 $a_1=b_1$；②如为砖墙且放脚不大于 1/4 砖长时，取 $a_1=b_1+1/4$ 砖长。

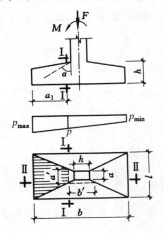 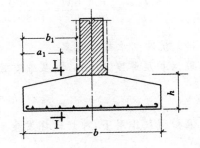

图 8-26　矩形基础底板的计算示意　　　　图 8-27　墙下条形基础的计算示意

　　按《建筑地基基础设计规范》（GB 50007—2011）的有关规定，基础底板受力钢筋面积可按式（8-40）确定：

$$A_s=\frac{M}{0.9h_0f_y} \tag{8-40}$$

式中　M ——截面弯矩，kN·m；

　　　　A_s ——垂直截面基础底板受力钢筋面积，m²；

　　　　f_y ——钢筋抗拉强度设计值，kPa。

　　《建筑地基基础设计规范》（GB 50007—2011）规定，当柱下独立基础底面长短边之比 ω 在 $2\leqslant\omega\leqslant3$ 时，基础底边短向钢筋应按下述方法布置：将短向全部钢筋面积乘以 λ 后求得的钢筋,均匀分布在与柱中心线重合的宽度等于基础短边的中间带范围内(图 8-28),其余的全部短向钢筋则均匀地分布在中间带宽的两侧。长向配筋应均匀分布在基础全宽范围内。λ 按式(8-41)计算:

$$\lambda = 1 - \frac{\omega}{6} \qquad (8\text{-}41)$$

规范这一规定是考虑基础底面长边与短边之比在上述规定范围内时,基础底板仍具有双向受力作用,但长向的两端区域对底板短向受弯承载力的作用相对较小,因此,在布置短向钢筋时应考虑各区域钢筋受力分布情况。

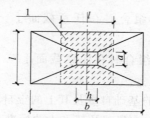

1—λ 倍短向全部钢筋面积均匀配置在阴影范围内

图 8-28　基础底板短向钢筋布置示意

[例 8-5]　某柱下扩展基础,基础高 600mm,基础底面尺寸 $b \times l = 2.7\text{m} \times 1.8\text{m}$,柱截面尺寸 $b_0 \times l_0 = 0.6\text{m} \times 0.4\text{m}$,传至基础顶面竖向荷载基本组合值 $F = 820\text{kN}$,力矩基本组合值 $M = 150\text{kN} \cdot \text{m}$,试验算设计该扩展基础。

解　(1) 基底净反力计算

$$\frac{p_{j\max}}{p_{j\min}} = \frac{F}{lb} \pm \frac{6M}{bl^2} = \frac{820}{1.8 \times 2.7} \pm \frac{6 \times 150}{1.8 \times 2.7^2} = 168.7 \pm 68.6 = \frac{237.3\text{kPa}}{100.1\text{kPa}}$$

(2) 抗冲切承载力验算

取保护层厚度 80mm,则基础有效高度 h_0 为

$$h_0 = 600 - 80 = 520\text{mm}$$

偏心荷载作用下,冲切破坏发生于最大基底反力一侧,由图 8-22(a),冲切验算基底面积 A_l 为

$$A_l = \left(\frac{b - b_0}{2} - h_0 \right) l - \left(\frac{l - l_0}{2} - h_0 \right)^2$$

$$= [(2.7 - 0.6)/2 - 0.52] \times 1.8 - [(1.8 - 2.4)/2 - 0.52]^2 = 0.922\text{m}^2$$

作用在 A_l 上的地基土净反力设计值 F_l 为

$$F_l = p_{j\max} A_l = 237.3 \times 0.922 = 218.8\text{kN}$$

因基础高度小于 800mm,取 $\beta_{hp} = 1.0$。采用 C20 混凝土,其抗拉强度设计值 f_t 为 1.1MPa。

柱于基础交接处抗冲切验算:

$$0.7\beta_{hp} f_t a_m h_0 = 0.7 \times 1.0 \times 1.1 \times 10^3 \times (0.40 + 0.52) \times 0.52 = 368\text{kN} > F_l \quad (满足)$$

基础高度满足要求。选用锥形基础,基础剖面如图8-29所示。

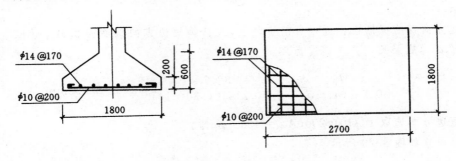

图 8-29 例题 8-5 图

(3) 受剪承载力验算

本题基础底面短边尺寸为1.8m,大于柱宽加两倍基础有效高度1.42m,故不作柱与基础交接处的受剪承载力验算。

(4) 基础底板配筋计算

如图8-26所示,验算柱边缘处截面Ⅰ—Ⅰ、Ⅱ—Ⅱ,则

$$b' = b_0 = 600\text{mm}, a' = l_0 = 400\text{mm}$$

$$a_1 = \frac{(b - b_0)}{2} = \frac{(2700 - 600)}{2} = 1050\text{mm}$$

Ⅰ—Ⅰ截面处:

$$p_j = p_{jmax} - \frac{p_{jmax} - p_{jmin}}{l} a_1$$

$$= 237.3 - (237.3 - 100.1) \times 1.05/2.7 = 183.9\text{kPa}$$

$$M_{\text{I}} = \frac{1}{12} a_1^2 \left[(2l + a')(p_{jmax} + p_j) + (p_{jmax} - p_j)l \right]$$

$$= \frac{1}{12} \times 1.05^2 \left[(2 \times 1.8 + 0.4) \times (237.3 + 183.9) + (237.3 - 183.9) \times 1.8 \right]$$

$$= 163.6\text{kN} \cdot \text{m}$$

Ⅱ—Ⅱ截面处:

$$M_{\text{II}} = \frac{1}{48} (l - a')^2 (2b + b')(p_{jmax} + p_{jmin})$$

$$= \frac{1}{48} \times (1.8 - 0.4)^2 \times (2 \times 2.7 + 0.6) \times (237.3 + 100.1)$$

$$= 82.7\text{kN} \cdot \text{m}$$

选取钢筋等级为 HPB235 级,$f_y = 210\text{MPa}$,则

$$A_{s\text{I}} = \frac{M_{\text{I}}}{0.9 f_y h_0} = \frac{163.6}{0.9 \times 210 \times 520} \times 10^6 = 1664.6\text{mm}^2$$

则基础长边方向选取 $11\phi14@170(A_{sI}=1692mm^2)$，该层钢筋铺在基础底面，保护层厚度 80mm。

短边方向钢筋拟铺在长边方向钢筋之上，故计算短边方向钢筋面积 A_{sII} 时取有效高度为 h_0-d，d 为底层长边方向钢筋直径。

$$A_{sII}=\frac{M_{II}}{0.9f_y(h_0-d)}=\frac{82.7}{0.9\times210\times(520-14)}\times10^6=864.8mm^2$$

则基础短边方向选取 $14\phi10@200(A_{sII}=1099mm^2)$。

钢筋布置如图 8-29 所示。

8.7.3 柱下条形基础设计

柱下条形基础在其纵、横两个方向均产生弯曲变形，故在这两个方向的截面内均存在剪力和弯矩。柱下条形基础的横向剪力与弯矩通常可考虑由翼板的抗剪、抗弯能力承担，其内力计算与墙下条形基础相同。柱下条形基础纵向的剪力与弯矩一般则由基础梁承担，基础梁的纵向内力通常可采用简化法（直线分布法）或弹性地基梁法计算。

1. 柱下条形基础构造要求

柱下条形基础的构造，除满足扩展基础的构造要求外，尚应满足下列规定：

（1）柱下条形基础梁的高度宜为柱距的 1/8～1/4。翼板厚度不应小于 200mm。当翼板厚度大于 250mm 时，宜采用变厚度翼板，其顶面坡度宜小于或等于 1：3。

（2）条形基础的端部宜向外伸出，其长度宜为第一跨距的 0.25 倍。

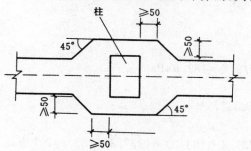

图 8-30　现浇柱与条形基础梁交接处平面尺寸

（3）现浇柱与条形基础梁的交接处，在条形基础相交处，不应重复计入基础面积。

（4）条形基础梁顶部和底部的纵向受力钢筋除满足计算要求外，顶部钢筋按计算配筋全部贯通，底部通长钢筋不应少于底部受力钢筋截面总面积的 1/3。

（5）柱下条形基础的混凝土强度等级不应低于 C20。

2. 柱下条形基础的设计计算

基础底面尺寸按本章第五节有关内容确定，在条形基础相交处，不应重复计入基础面积。条形基础梁内力可按连续梁和弹性地基梁计算。

（1）按连续梁计算

这是计算条形基础梁内力的常用方法，适用于地基比较均匀，上部结构刚度较大，荷载分布较均匀，且条形基础梁的高度不小于 1/6 柱距的情况。地基反力可按直线分布计算条形基础的内力可按连续梁计算，此时边跨跨中弯矩及第一内支座的弯矩值宜乘以 1.2 的系数。

因基础自重不引起内力，采用基底净反力计算内力，并据此进行配筋。两端边跨应增加受力钢筋，且上下均匀配置。

（2）按弹性地基梁计算

当上部结构刚度不大，荷载分布不均匀，且条形基础梁高小于 1/6 柱距时，地基反力不按直线分布，可按弹性地基梁计算内力。

通常采用文克尔（Winkler）弹性地基模型求解反力，其假设地基上任一点所受的压应力 p 与该点的地基沉降 s 成正比，即

$$p = ks \tag{8-42}$$

式中，k 为基床系数，kN/cm^3。

k 值的大小与地基土土性、基础底面尺寸大小和形状以及基础荷载和刚度等因素有关，宜根据实际条件由现场载荷试验确定；

如无载荷试验资料，可按表 8-6 选用。

在软弱地基或地基压缩层很薄的情况下，按上述方法计算可得到满意的效果。

表 8-6   基床系数 k 的经验值

土的分类	土的状态	$k/(kN \cdot cm^{-3})$
淤泥质黏土	流塑	3.0～5.0
淤泥质黏性土	流塑	5.0～10
黏土、黏性土	软塑	5.0～20
	可塑	20～40
	硬塑	40～100
砂土	松散	7.0～15
	中密	15～25
	密实	25～40
砾石	中密	25～40

8.7.4 筏板基础

筏形基础分为梁板式和平板式两种类型，其选型应根据工程地质、上部结构体系、柱距荷载大小以及施工条件等因素确定。

1. 筏板基础的构造要求

（1）筏形基础的混凝土强度等级不应低于 C30。当有地下室时应采用防水混凝土，防水混凝土的抗渗等级应根据地下水的最大水头与防渗混凝土厚度的比值，按现行《地下工程防水技术规范》(GB 50108—2008) 选用，但不应小于 0.6MPa。必要时宜设架空排水层；

（2）采用筏形基础的地下室，地下室钢筋混凝土外墙厚度不宜小于 250mm，内墙厚度不宜小于 200mm。墙的截面设计除满足承载力要求外，尚应考虑变形、抗裂及外墙防渗等要求。墙体内应设置双面钢筋，钢筋不宜采用光面圆钢筋，水平钢筋的直径不应小于 12mm，竖向钢筋的直径不应小于 10mm，间距不应大于 200mm；

（3）地下室底层柱、剪力墙与梁板式筏基的基础梁连接的构造应符合下列要求：

① 柱、墙的边缘至基础梁边缘的距离不应小于 50mm（图 8-30）。

② 当交叉基础梁的宽度小于柱截面的边长时，交叉基础梁连接处应设置八字角，柱角

与八字角之间的净距不宜小于50mm(图8-31(a))。

③ 单向基础梁与柱的连接,可按图8-31(b)、(c)采用。

④ 基础梁与剪力墙的连接,可按图8-31(d)采用。

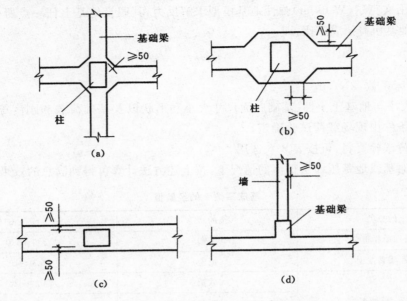

图 8-31　地下室底层柱或剪力墙与基础梁连接的构造要求

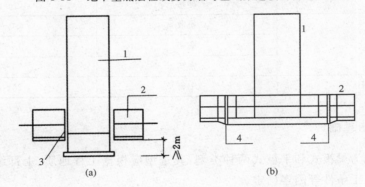

1—高层建筑;2—裙房及地下室;

3—室外地坪以下用粗砂填实;4—后浇带

图 8-32　高层建筑与裙房间的沉降缝、后浇带处理

(4) 高层建筑筏形基础与裙房基础之间的构造应符合下列要求:

① 当高层建筑与相连的裙房之间设置沉降缝时,高层建筑的基础埋深至少应大于裙房基础埋深2m。地面以下沉降缝的缝隙应用粗砂填实(图8-32(a))。

② 当高层建筑与相连的裙房之间不设置沉降缝时,宜在裙房一侧设置用于控制沉降差的后浇带,当沉降实测值和计算确定的后期沉降差满足设计要求后,方可进行后浇带混凝土浇筑。当高层建筑基础面积满足地基承载力和变形要求时,后浇带宜设在与高层建筑相邻裙房的第一跨内。当需要满足高层建筑地基承载力、降低高层建筑沉降量、减小高层建筑与裙房间的沉降差而增大高层建筑基础面积时,后浇带可设在距主楼边柱的第二跨内,此时应

满足以下条件:a.地基土质较均匀;b.裙房结构刚度较好且基础以上的地下室和裙房结构层数不少于两层;c.后浇带一侧与主楼连接的裙房基础底板厚度与高层建筑的基础底板厚度相同(图 8-32b)。

③ 当高层建筑与相连的裙房之间不允许设置沉降缝和后浇带时,高层建筑及与其紧邻一跨裙房的筏板应采用相同厚度,裙房筏板的厚度宜从第二跨裙房开始逐渐变化,应同时满足主、裙楼基础整体性和基础板的变形要求;应进行地基变形和基础内力的验算,验算时应分析地基与结构间变形的相互影响,并采取有效措施防止产生有不利影响的差异沉降。

2. 筏板基础的设计计算

(1) 梁板式筏板基础的内力计算

梁板式筏基底板除计算正截面受弯承载力外,其厚度尚应满足受冲切承载力、受剪切承载力的要求。

底板受冲切承载力按下式计算:

$$F_l \leqslant 0.7\beta_{hp} f_t u_m h_0 \tag{8-43}$$

式中　F_l——作用的基本组合时,图 8-33 中阴影部分面积上的地基土平均净反力设计值,kN;

　　　u_m——距基础梁边 $h_0/2$ 处冲切临界截面的周长,m(图 8-33)。

当底板区格为矩形双向板时,底板受冲切所需的厚度 h_0 按下式计算,其底板厚度与最大双向板格的短边净跨之比不应小于 1/14,且板厚不应小于 400mm。

$$h_0 = \frac{1}{4}\left[(l_{n1}+l_{n2}) - \sqrt{(l_{n1}+l_{n2})^2 - \frac{4p_j l_{n1} l_{n2}}{p_j + 0.7\beta_{hp} f_t}}\right] \tag{8-44}$$

式中　l_{n1}, l_{n2}——计算板格的短边和长边的净长度,m;

　　　p_j——扣除底板及其上填土自重后,相应于荷载效应基本组合的地基土平均净反力设计值,kPa。

底板斜截面受剪承载力应符合下式要求:

$$V_s \leqslant 0.7\beta_{hs} f_t (l_{n2}-2h_0) h_0 \tag{8-45}$$

$$\beta_{hs} = \left(\frac{800}{h_0}\right)^{0.25} \tag{8-46}$$

式中　V_s——距梁边缘 h_0 处,作用在中阴影部分面积(图 8-34)上的地基土平均净反力产生的剪力设计值,kN;

　　　β_{hs}——受剪切承载力截面高度影响系数,当按公式(8-46)计算时,板的有效高度 h_0 小于 800mm 时,取 800mm;h_0 大于 2000mm 时,取 2000mm。

(2) 平板式筏板基础的内力计算

平板式筏基的板厚应满足受冲切承载力的要求。计算时应考虑作用在冲切临界面重心上的不平衡弯矩产生的附加剪力。对基础边柱和角柱进行计算时,其冲切力应分别乘以 1.1 和 1.2 的增大系数。距柱边 $h_0/2$ 处冲切临界截面的最大剪应力 τ_{max} 应按下列公式计算(图 8-35)。板的最小厚度不应小于 500mm。

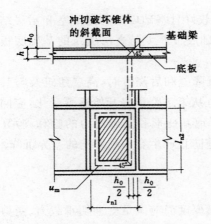

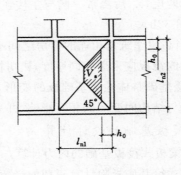

图 8-33　底板冲切计算示意　　　　　图 8-34　底板剪切计算示意

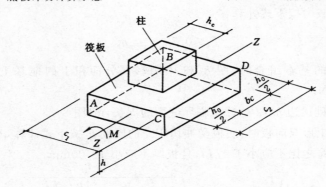

图 8-35　内柱冲切临界截面

$$\tau_{\max} = \frac{F_l}{u_m h_0} + a_s M_{unb} \frac{c_{AB}}{I_s} \tag{8-47}$$

$$\tau_{\max} \leqslant 0.7 \left(0.4 + \frac{1.2}{\beta_s} \right) \beta_{hp} f_t \tag{8-48}$$

$$a_s = 1 - \frac{1}{1 + \frac{2}{3}\sqrt{\dfrac{c_1}{c_2}}} \tag{8-49}$$

式中　F_l——相应于荷载效应基本组合时的冲切力,kN,对内柱取轴力设计值减去筏板冲切破坏锥体内的基底净反力设计值;对边柱和角柱,取轴力设计值减去筏板冲切临界截面范围内的基底净反力设计值;

u_m——距柱边缘不小于 $h_0/2$ 处冲切临界截面的最小周长,m;

h_0——筏板的有效高度,m;

M_{unb}——作用在冲切临界截面重心上的不平衡弯矩设计值,kN·m;

c_{AB}——沿弯矩作用方向,冲切临界截面重心至冲切临界截面最大剪应力点的距离,m;

I_s——冲切临界截面对其重心的极惯性矩,m⁴;

β_s——柱截面长边与短边的比值,当 $\beta_s < 2$ 时取 2,当 $\beta_s > 4$ 时取 4;

β_{hp}——受冲切承载力截面高度影响系数,当 $h \leqslant 800mm$ 时,取 $\beta_{hp} = 1.0$;当 $h \geqslant$ 2000mm时,取 $\beta_{hp} = 0.9$,其间按现行内插法取值;

f_t——混凝土轴心抗拉强度设计值,kPa;

c_1——与弯矩作用方向一致的冲切临界截面的边长,m;

c_2——垂直于 c_1 的冲切临界截面的边长,m;

a_s——不平衡弯矩通过冲切临界截面上的偏心剪力来传递的分配系数。

当柱荷载较大,等厚度筏板的受冲切承载力不能满足要求时,可在筏板上面增设柱墩或在筏板下局部增加板厚或采用抗冲切箍筋来提高受冲切承载能力。

由抗剪与抗冲切强度验算方法确定筏板厚度,再由抗弯强度验算确定筏板的纵向与横向配筋量。对含基础梁的筏板基础,其基础梁的计算及配筋可采用与条形基础梁相同的方法进行。

8.7.5 箱形基础

箱形基础一方面承受上部结构传来的荷载和不均匀地基反力引起的整体弯曲,同时其顶板和底板还分别受到顶板荷载与地基反力引起的局部弯曲。在分析箱形基础整体弯曲时,其自重按均布荷载处理;在进行底板弯曲计算时,应扣除底板自重。

采用箱形基础时,上部结构体形应力求简单、规则,平面布局尽量对称,基底平面形心应尽可能与上部结构竖向静荷载重心相重合。当偏心较大时,可使基础底板四周伸出不等长的短悬臂以调整底面形心位置。偏心距 e 应满足

$$e \leqslant 0.1 \frac{W}{A} \tag{8-50}$$

式中 W ——箱基底面抵抗矩,m³;

A ——箱基底面积,m²。

箱形基础的墙体宜与上部结构的内外墙对正,并沿柱网轴线布置。箱基的墙体含量应有充分的保证,平均每平方米基础面积上墙体长度不得小于 400mm 或墙体水平截面积不得小于基础面积的 1/10,其中,纵墙配置不得小于墙体总配置量的 60%,且有不少于三道纵墙贯通全长。

箱形基础的高度一般取建筑物高度的 1/15,或箱形基础长度的 1/18,并不小于 3m。顶板、底板及墙身的厚度应根据受力情况、整体刚度、施工条件及防水要求确定。当材料为钢筋混凝土时,底板及外墙的厚度不应小于 250mm;内墙厚度不宜小于 200mm;顶板厚度不宜小于 150mm。

箱形基础的墙体应尽量不开洞或少开洞,并应避免开偏洞和边洞、高度大于 2m 的高洞、宽度大于 1.2m 的宽洞。两相邻洞口最小净间距不宜小于 1m,否则洞间墙体应按柱子计算,并采取构造措施。墙体的开口系数 α 应符合下式要求:

$$\alpha = \sqrt{\frac{A_0}{A_w}} \leqslant 0.4 \tag{8-51}$$

式中 A_0 ——门洞开口面积,m²;

A_w ——墙体面积,即柱距与箱形基础全高的乘积,m²。

箱基的顶板、底板及内外墙一般采用双面双向分离式配筋。在墙体的配筋中,墙身竖向钢筋不宜小于 $\phi 12 @200$,其他部位不宜小于 $\phi 10 @200$。顶板、底板配筋不宜小于 $\phi 14 @ 200$。在两片钢筋网之间应设置架立钢筋,架立筋间距小于等于 800mm。

箱形基础的混凝土强度等级不应低于 C25,并宜采用密实混凝土刚性防水,其抗渗等级不低于 S_6。

当箱基埋置于地下水位以下时,一般在施工阶段采用井点降水法。在箱基封底、地下水位回升前,上部结构应有足够的重量,保证抗浮稳定性不小于 1.2。

箱形基础的具体设计计算可参考有关规范与资料。

8.8　减轻不均匀沉降危害的措施

当建筑物的不均匀沉降过大时,将使建筑物开裂损坏并影响其使用,特别对于高压缩性土、膨胀土、湿陷性黄土以及软硬不均等不良地基上的建筑物,由于总沉降量大,故不均匀沉降相应也大,如何防止或减轻不均匀沉降的危害,是设计中必须认真思考的问题。通常的方法可以有:①采用桩基础或其他深基础,以减少地基总沉降量;②对地基进行处理,以提高地基的承载力和压缩模量;③在建筑、结构和施工中采取措施。总之,采取措施的目的一方面是为了减少建筑物的总沉降量以及不均匀沉降,另一方面也可增强上部结构对沉降和不均匀沉降的适应能力。

8.8.1　建筑措施

1. 建筑物的体型力求简单

建筑物的体型指的是其平面形状和立面高差(包括荷载差)。在满足使用和其他要求的前提下,建筑体型应力求简单,避免凹凸转角,因为在建筑单元纵横交叉处,基础密集,使得地基的附加应力相互重叠,造成这部分的沉降大于其他部位,如果这类建筑物的整体刚度较差,很容易因不均匀沉降引起建筑物开裂破坏。图 8-36 为平面呈"E"形的四层内框架混合结构房屋,钢筋混凝土条形基础,地基的孔隙比大于 1.5,为淤泥质土和淤泥,施工半年后,该房屋就因沉降不均匀,使砖墙和楼板均出现严重裂缝。

建筑物的高低或荷载变化太大,地基各部分所受的轻重不同,必然会加大不均匀沉降。图 8-37 为软土地基上紧邻高差一层以上而不用沉降缝断开的混合结构房屋,较低部分墙面有很多裂缝。

2. 增强结构的整体刚度

建筑物的长度与高度的比值称为长高比,长高比是衡量建筑物结构刚度的一个指标。长高比越大,整体刚度就越差,抵抗弯曲变形和调整不均匀沉降的能力也就越差。图 8-38 为长高比达 7.6 的超长建筑物纵墙开裂的实例。根据软土地基的经验,砖石承重的混合结构建筑物,长高比控制在 3 以内,一般可避免不均匀沉降引起的裂缝。若房屋的最大沉降小于或等于 120mm 时,长高比适当大些也可避免不均匀沉降引起的裂缝。

合理布置纵横墙,也是增强砖石混合结构整体刚度的重要措施之一。砖石混合结构房屋的纵向刚度较弱,地基的不均匀沉降主要损害纵墙,内外墙的中断、转折都将削弱建筑物

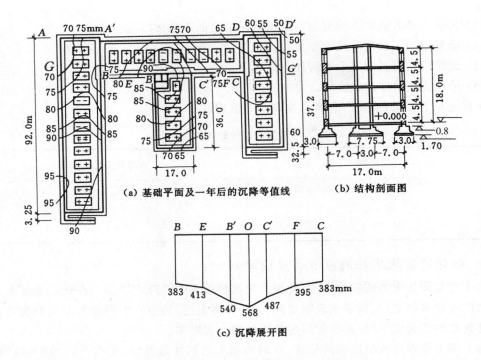

(a) 基础平面及一年后的沉降等值线　　(b) 结构剖面图

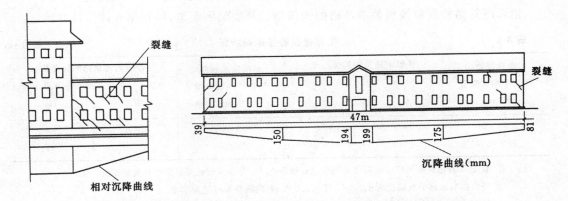

(c) 沉降展开图

图 8-36　"E"形平面建筑物的不均匀沉降

图 8-37　建筑物高差大而开裂　　　　图 8-38　长高比达 7.6 的过长建筑物纵墙开裂实例

的纵向刚度。为此,在软弱地基上建造砖石混合结构房屋,应尽量使内外纵墙都贯通。缩小横墙的间距,能有效地改善整体性,进而增强了调整不均匀沉降的能力。不少小开间集体宿舍,尽管沉降较大,由于其长高比较小,内外纵墙贯通,而横墙间距较小,房屋结构仍能保持完好无损。所以可以通过控制长高比和合理布置墙体来增强房屋结构的刚度。

3. 设置沉降缝

沉降缝不同于温度伸缩缝,它将建筑物连同基础分割为两个或更多个独立的沉降单元,分割出的沉降单元应具备体型简单、长高比较小、结构类型单一以及地基比较均匀等条件,即每个沉降单元的不均匀沉降均很小。建筑物的下列部位宜设置沉降缝:

(1) 复杂建筑平面的转折部位;

(2) 建筑物的高度或荷载差异处;

（3）长高比过大的砌体承重结构或钢筋混凝土框架结构的适当部位；

（4）地基土的压缩性有显著差异处；

（5）建筑结构或基础类型不同处；

（6）分期建造房屋的交接处。

沉降缝应有足够的宽度，缝宽可按表8-7选用。

表 8-7 房屋沉降缝的宽度

房屋层数	沉降缝宽度/mm
二～三	50～80
四～五	80～120
五层以上	不小于120

4. 相邻建筑物基础间应有合适的净距

由于地基附加应力的扩散作用，使相邻建筑物近端的沉降均增加。在软弱地基上，同时建造的两座建筑物之间、新老建筑物之间，如果距离太近，均会产生附加的不均匀沉降，从而造成建筑物的开裂或互倾，甚至使房屋整体横倾大大增加。

为了避免相邻建筑物影响的危害，软弱地基上的相邻建筑物，要有一定的距离，间隔的距离与影响建筑物的规模和重量及被影响建筑物的刚度有关，可按表8-8确定。

相邻高耸结构或对倾斜要求严格的构筑物的外墙间隔距离，可根据允许值计算确定。

表 8-8 相邻建筑物基础间净距 单位：m

影响建筑物的预估平均沉降量 S/mm	被影响建筑物的长高比		影响建筑物的预估平均沉降量 S/mm	被影响建筑物的长高比	
	$2.0 \leqslant \dfrac{L}{H_f} < 3.0$	$3.0 \leqslant \dfrac{L}{H_f} < 5.0$		$2.0 \leqslant \dfrac{L}{H_f} < 3.0$	$3.0 \leqslant \dfrac{L}{H_f} < 5.0$
70～150	2～3	3～6	260～400	6～9	9～12
160～250	3～6	6～9	>400	9～12	≥12

注：① 表中 L 为建筑物长度或沉降缝分隔单元长度（m）；H_f 为自基础底面起算的建筑物高度（m）。

② 当被影响建筑的长高比为 $1.5 \leqslant L/H_f < 2.0$ 时，其间隔净距可适当缩小。

5. 调整某些设计标高

过大的建筑物沉降，使原有标高发生变化，严重时将影响建筑物的使用功能。根据可能产生的沉降量，采取适当的预防措施：

（1）室内地坪和地下设施的标高，应根据预估沉降量予以提高。建筑物各部分（或设备之间）有联系时，可将沉降较大者的标高适当提高。

（2）建筑物与设备之间，应留有足够的净空。有管道穿过建筑物时，应预留足够尺寸的空洞，或采用柔性的管道接头等。

8.8.2 结构措施

1. 设置圈梁

对于砖石承重墙房屋，不均匀沉降的损害主要表现为墙体的开裂，因此常在墙内设置钢筋混凝土圈梁来增强其承受弯曲变形的能力。当墙体弯曲时，圈梁主要承受拉应力，弥补了砌体抗拉强度不足的弱点，增加墙体刚度，能防止出现裂缝及阻止裂缝的开展。

圈梁的设置通常是，多层房屋在基础和顶层各设置一道，其他各层可隔层设置，必要时也可层层设置，圈梁常设在窗顶或楼板下面。

对于单层工业厂房、仓库，可结合基础梁、连系梁、过梁等酌情设置。

每道圈梁应设置在外墙、内纵墙和主要内横墙上，并应在平面内形成封闭系统。当开洞过大使墙体削弱时，宜在削弱部位按梁通过计算适当配筋或采用构造柱及圈梁加强。

2. 选用合适的结构形式

选用当支座发生相对变位时不会在结构内引起很大附加应力的结构形式，如排架、三铰拱(架)等非敏感性结构。例如采用三铰门架结构作小型仓库和厂房，当基础倾斜时，上部结构内不产生次应力，可以取得较好的效果。

必须注意，采用这些结构后，还应当采取相应的防范措施，如避免用连续吊车梁及刚性屋面防水层、墙内加设圈梁等。

3. 减轻建筑物和基础的自重

在基底压力中，建筑物自重(包括基础及覆土重)所占比例很大，据估计，工业建筑物占1/2左右，民用建筑物可达3/5以上。为此，对于软弱地基上的建筑物，减轻其自重，能有效地减少沉降和不均匀沉降。

(1) 采用轻型结构。如预应力钢筋混凝土结构、轻型屋面板、轻型钢结构及各种轻型空间结构。

(2) 减少墙体重量。如采用空心砌块、轻质砌块、多孔砖以及其他轻质高强度墙体材料。非承重墙可用轻质隔墙代替。

(3) 减少基础及覆土的重量。可选用自重轻、回填土少的基础形式，如壳体基础、空心基础等。如室内地坪标高较高时可用架空地板代替室内厚填土。

4. 减小或调整基底附加压力

(1) 设置地下室(或半地下室)。利用挖取的土重补偿一部分甚至全部建筑物的重量，使基底附加压力减小，达到减小沉降的目的。有较大埋深的箱形基础或具有地下室的筏板基础便是理想的基础形式。局部地下室应设置在建筑物的重、高部位以下。如某地图书馆大楼的书库比阅览室重得多，在书库下设地下室，并与阅览室用沉降缝隔断，建筑物各部分的沉降就比较均匀。

(2) 改变基础底面尺寸。对不均匀沉降要求严格的建筑物，可通过改变基础底面尺寸来获得不同的基底附加压力，对不均匀沉降进行调整。

5. 加强基础刚度

对于建筑体型复杂、荷载差异较大的上部结构，可采用加强基础刚度的方法，如采用箱基、厚度较大的筏基、桩箱基础以及桩筏基础等，以减少不均匀沉降。

8.8.3 施工措施

在软弱地基上进行工程建设时，合理安排施工程序，注意施工方法，也能减小或调整部分不均匀沉降。

1. 遵照先建重(高)建筑，后建轻(低)建筑的程序

当拟建的相邻建筑物之间轻(低)重(高)相差悬殊时，一般应先建重(高)建筑物，后建轻(低)建筑物，有时甚至需要在重(高)建筑物竣工后，间歇一段时间，再建造轻而低的裙房建筑物。

2. 建筑物施工前使地基预先沉降

活荷载较大的建筑物，如料仓、油罐等，条件许可时，在施工前采用控制加载速率的堆载预压措施，使地基预先沉降，以减少建筑物施工后的沉降及不均匀沉降。

3. 注意沉桩、降水对邻近建筑物的影响

在拟建的密集建筑群内若有采用桩基础的建筑物，沉桩工作应首先进行；若必须同时建造，则应采取合理的沉桩路线，控制沉桩速率、预钻孔等方法来减轻沉桩对邻近建筑物的影响。在开挖深基坑并采用井点降水措施时，可采用坑内降水、坑外回灌或采用能隔水的围护结构(如水泥土搅拌桩)等措施，来减轻深基坑开挖对邻近建筑物的不良影响。

4. 基坑开挖坑底土的保护

基坑开挖时，要注意对坑底土的保护，特别是坑底土为淤泥和淤泥质土时，尽可能不扰动土的原状结构，通常在坑底保留 20cm 厚的原土层，待浇捣混凝土垫层时才予以挖除，以减少坑底土扰动产生的不均匀沉降。当坑底土为粉土或粉砂时，可采用坑内降水和合适的围护结构，以避免产生流砂现象。

思考题

8-1 天然地基上浅基础的设计包括哪些内容？

8-2 常用浅基础形式有哪些？

8-3 何谓基础的埋置深度？当选择基础埋深时，应考虑哪些因素？

8-4 何谓补偿基础？

8-5 何谓地基承载力特征值？如何确定地基承载力特征值？

8-6 如何验算地基承载力？在什么情况下，应进行软弱下卧层承载力验算？

8-7 如何确定轴心荷载和偏心荷载作用下基础底面尺寸？

8-8 什么情况下需进行地基变形验算？变形控制特征有哪些？

8-9 如何进行无筋扩展基础、扩展基础、柱下条形基础、筏板基础和箱形基础的设计？

8-10 减轻建筑物不均匀沉降危害的措施有哪些？

习 题

8-1 表 8-9 为一黏性土抗剪强度指标试验结果，试确定该黏性土的 c_k 和 φ_k。

表 8-9 抗剪强度指标试验结果

指标	试样 1	试样 2	试样 3	试样 4	试样 5	试样 6	试样 7
c/kPa	25.8	26.3	24.8	26.8	25.3	24.3	27.3
φ/(°)	19.8	19.3	17.3	18.8	17.8	20.3	18.3

答案 $c_k = 25.0\text{kPa}, \varphi_k = 18°$

8-2 某工业厂房采用钢筋混凝土独立基础,如图 8-39 所示,荷载效应标准组合时,作用在基础顶部的荷载 $F_k=800\text{kN}$,$M_k=112\text{kN·m}$,$V_k=20\text{kN}$。杂填土厚度 1m,重度 $\gamma=19.0\text{kN/m}^3$,其下为粉质黏土,$\gamma=18.5\text{kN/m}^3$,$f_{ak}=240\text{kPa}$,$\eta_b=0.3$,$\eta_d=1.6$,试确定基础底面尺寸。

答案 基础底面尺寸 $b=1.6\text{m}$,$l=2.5\text{m}$

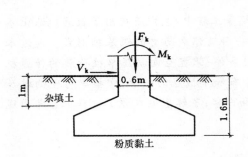

图 8-39 习题 8-2 图   图 8-40 习题 8-3 图

8-3 某柱下独立基础底面尺寸为 2600mm×5200mm,荷载效应标准组合时,柱底荷载值 $F_{k1}=2000\text{kN}$,$F_{k2}=200\text{kN}$,$M_k=1000\text{kN·m}$,$V_k=200\text{kN}$,基础及回填土重 $G_k=486.7\text{kN}$,基础埋置深度、土层分布和有关土性参数如图 8-40 所示,试确定持力层承载力特征值,并进行承载力验算。

答案 $f_a=269.5\text{kPa}$,满足持力层和软弱下卧层承载力要求

8-4 某柱下锥形基础的底面尺寸为 2200mm×3000mm,荷载效应基本组合时,上部结构柱荷载 $F=750\text{kN}$,$M=110\text{kN·m}$,柱截面尺寸为 400mm×400mm,基础采用 C20 级混凝土和 Ⅰ 级钢筋。试确定基础高度并进行基础配筋。

(提示:根据构造要求,可在基础下设置 100mm 厚的混凝土垫层,强度等级为 C10。先假设基础高度 $h=500\text{mm}$,则基础有效高度 $h_0=0.5-0.05=0.45\text{m}$。而后进行基础的抗冲切验算和截面弯矩及底板配筋计算。)

答案 长边方向配筋 11ϕ16@210,短边方向配筋 15ϕ10@200

9　桩基础

学习重点和目的

　　桩基础被广泛应用于高层建筑、重型建筑和桥梁等工程中,也广泛应用于软弱地基上不允许有过大沉降和不均匀沉降的建(构)筑物中,是一种有悠久历史的深基础形式。通过本章的学习,要求读者了解桩基础的类型、特点和适用条件;掌握竖向抗压单桩荷载的传递机理、侧摩阻力和端阻力发挥的影响因素、负摩阻力分布和中性点的概念;掌握单桩竖向抗压承载力特征值的确定方法;掌握桩基础的设计步骤和内容;了解基桩在施工过程中容易出现的质量问题,以及基桩完整性检测的方法。

9.1　概　述

　　如果建筑场地浅层的土质不能满足建筑物对地基承载力和变形的要求而又不适宜采取地基处理措施时,就需要考虑以下部坚实土层或岩层作为持力层的深基础方案。相对于浅基础,深基础埋入地层较深,结构形式和施工方法较浅基础复杂,在设计计算时需考虑基础侧面土体的影响。深基础主要有桩基础、沉井和地下连续墙等几种类型,其中以历史悠久的桩基应用最为广泛。

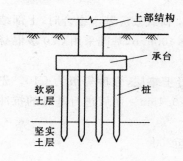

图 9-1　低承台桩基础示意图

　　如图 9-1 所示,桩基础是通过承台把若干根桩的顶部联结成整体,共同承受动静荷载的一种深基础,而桩是设置于土中的竖直或倾斜的基础构件,其作用在于穿越软弱的高压缩性土层或水,将桩所承受的荷载传递到更硬、更密实或压缩性较小的地基持力层上,我们通常将桩基础中的单桩称之为基桩。

　　随着近代科学技术的发展,桩的种类和桩基形式、施工工艺和设备以及桩基理论和设计方法等都有了很大的发展。桩基已成为在土质不良地区修建各种建筑物,特别是高层建筑、重型厂房、桥梁、码头和具有特殊要求的建筑物、构筑物所广泛采用的基础形式,全国每年使用的基桩数量不计其数。

　　桩基础按承台位置可以分为高桩承台基础和低桩承台基础(简称高承台桩基和低承台桩基)。如图 9-1 所示,低承台桩基的承台底面位于地面以下,其受力性能好,具有较强的抵抗水平荷载的能力,在工业与民用建筑中,几乎全部使用低承台桩基;高承台桩基的承台底面位于地面以上,且常处于水下,水平受力性能差,但可避免水下施工及节省基础材料,多用于桥梁及港口工程。

　　通常对于下列情况,可考虑采用桩基础方案:

　　(1) 软弱地基或某些特殊性土上的各类永久性建筑物,不允许地基有过大沉降和不均匀沉降时;

（2）对于高重建筑物，如高层建筑、重型工业厂房和仓库、料仓等，地基承载力不能满足设计需要时；

（3）对桥梁、码头、烟囱、输电塔等结构物，宜采用桩基以承受较大的水平力和上拔力时；

（4）对精密或大型的设备基础，需要减小基础振幅、减弱基础振动对结构的影响时；

（5）在地震区，以桩基作为地震区结构抗震措施或穿越可液化地基时；

（6）对于水上基础，施工水位较高或河床冲刷较大，采用浅基础施工困难或不能保证基础安全时。

9.2　桩的分类

按施工工艺、承载性状、使用功能、挤土效应等可对桩进行分类。

9.2.1　按施工工艺分类

桩按施工工艺可分为预制桩和灌注桩两大类。

1. 预制桩的种类

预制桩系指借助于专用机械设备将预先制作好的具有一定形状、刚度与构造的构件打入、压入或振入土中的桩型。

（1）预制钢筋混凝土桩

预制钢筋混凝土桩最常用的是实心方桩，该桩型质量可靠，制作方便，沉桩快捷，是近几十年以来应用最普遍的一种桩型。预制钢筋混凝土桩断面尺寸从 200mm×200mm 到 600mm×600mm，可在现场制作，也可在工厂预制，每节桩长一般不超过 12m。分节制作的桩应保证桩头的质量，满足桩身承受轴力、弯矩和剪力的要求，接桩的方法有：钢板角钢焊接，法兰盘螺栓和硫磺胶泥锚固等。当采用静压法沉桩时，常用空心方桩；在软土层中亦有采用三角形断面，以节省材料，增加侧面积和摩阻力。

（2）预应力钢筋混凝土桩

预应力钢筋混凝土桩是预先将钢筋混凝土桩的部分或全部主筋作为预应力张拉，对桩身混凝土施加预应力，以提高桩的抗冲（锤）击能力与抗弯能力。预应力钢筋混凝土桩简称为预应力桩。

预应力钢筋混凝土桩与普通钢筋混凝土桩比较，其强度重量比大，含钢率低，耐冲击、耐久性和抗腐蚀性能高，以及穿透能力强，因此特别适合于用作超长桩（$l>50$m）和需要穿越夹砂层的情况，所以是高层建筑的理想桩型之一，但制作工艺要求较复杂。

预应力桩按其制作工艺分为两类：一类是立模浇制的，断面形状为含内圆孔的正方形，称为预应力空心方桩，或简称预应力空心桩；另一类是离心法旋转制作的，断面形状为圆环形的高强预应力管桩，简称 PHC 桩。

目前常用的预应力空心方桩主要有两种规格：500mm×500mm 和 600mm×600mm。PHC 桩主要有以下几种规格：外径 Φ500mm、Φ550mm、Φ800mm、Φ1000mm，壁厚 90～130mm，桩段长 4～15m，钢板电焊或螺栓连接，混凝土强度达 C60～C80。

（3）钢桩

钢桩有两种：钢管桩和 H 形钢桩。

钢管桩系由钢板卷焊而成,常见直径有 $\Phi406mm$,$\Phi609mm$,$\Phi914mm$ 和 $\Phi1200mm$ 几种,壁厚通常是按使用阶段应力设计的,10mm 左右。

钢管桩具有强度高、抗冲击疲劳性能好、贯入能力强、抗弯刚度大、单桩承载力高、便于割接、质量可靠、便于运输、沉桩速度快以及挤土影响小等优点。但钢管桩抗腐蚀性能较差,须做表面防腐蚀处理,且价格昂贵。因此,在我国一般只在必须穿越砂层或其他桩型无法施工和质量难以保证,或必须控制挤土影响,或工期紧迫等情况下以及重要工程才选用。

H 形钢桩系一次轧制成型,与钢管桩相比,其挤土效应更小,割焊与沉桩更便捷,穿透性能更强。H 形钢桩的不足之处是侧向刚度较弱,打桩时桩身易向刚度较弱的一侧倾斜,甚至产生施工弯曲。在这种情况下,采用钢筋混凝土或预应力混凝土桩身加 H 形钢桩尖的组合桩则是一种性能优越的桩型,实践证明这种组合桩能顺利穿过夹块石的土层,亦能嵌入 $N_{63.5}>50$ 的风化岩层。

(4)预制桩的施工工艺

预制桩的施工工艺包括制桩与沉桩两部分,沉桩工艺又随沉桩机械而变,主要有三种:锤击式、静压式和振动式。

锤击法的施工参数是不同深度的累计锤击数和最后贯入度,压桩法的施工参数是不同深度的压桩力,它们包含着桩身穿过的土层的信息,在相似场地中积累了一定施工经验后,可以根据这些施工参数预估单桩承载力的大小,桩尖是否达到了持力层的位置,如果场地内不同区域之间施工参数出现明显变化,将预示着地基不均匀。如果个别桩施工参数出现明显变化时,可能是桩遇到了障碍物或桩身已经损坏,因此,设计确定的沉桩控制标准,有时要求设计标高和锤击贯入度双重控制。

2. 灌注桩的种类

灌注桩系指在工程现场通过机械钻孔、钢管挤土或人力挖掘等手段在地基土中形成桩孔,然后在孔内放置钢筋笼,并灌注混凝土而做成的桩。依照成孔方法不同,灌注桩分为沉管灌注桩、钻孔灌注桩和挖孔灌注桩等几大类。

(1)钻(冲)孔灌注桩

钻孔灌注桩(简称钻孔桩)与冲孔灌注桩(简称冲孔桩)是指在地面用机械方法取土成孔的灌注桩,其施工顺序如图 9-2 所示,主要分三大步:成孔、沉放钢筋笼、导管法浇灌水下混凝土成桩。水下钻孔桩在成孔过程中,通常采用具有一定重度和黏度的泥浆进行护壁,泥浆不断循环,同时完成携土和运土的任务。两者区别仅在于前者以旋转钻机成孔,后者以冲击钻机成孔。

这种成孔工艺可穿过任何类型的地层,桩长可达 100m,桩端不仅可进入微风化基岩而且可扩底。目前常用钻(冲)孔灌注桩的直径为 600mm 和 800mm,较大的可做到 2000mm 以上的大直径桩,单桩承载力和横向刚度较预制桩大大提高。

钻(冲)孔灌注桩施工过程无挤土、无(少)振动、无(低)噪音,环境影响较小,在城市建设中获得了越来越广泛的运用。

(2)人工挖孔灌注桩

人工挖孔灌注桩简称挖孔桩,是先用人力挖土形成桩孔,在向下掘进的同时,将孔壁衬砌以保证施工安全,在清理完孔底后,浇灌混凝土。这种方法可形成大尺寸的桩,满足了高层建筑对大直径桩的需求,成本较低,对周围环境也没有影响,因此,成为一些地区高层建筑

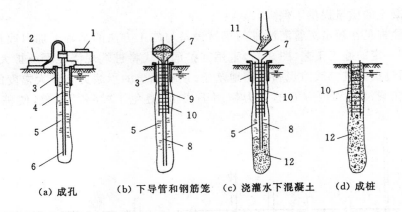

(a) 成孔　　(b) 下导管和钢筋笼　(c) 浇灌水下混凝土　(d) 成桩

1—钻机；2—泥浆泵；3—护筒；4—钻杆；5—护壁泥浆；6—钻头；7—漏斗；

8—混凝土导管；9—导管塞；10—钢筋笼；11—进料斗；12—混凝土

图 9-2　钻孔灌注桩施工顺序

和桥梁桩基础的一种常用桩型。

　　护壁可有多种方式，最早用木板钢环梁或套筒式金属壳等，现在多用混凝土现浇，整体性和防渗性更好，构造形式灵活多变，并可做成扩底，如图 9-3 所示。当地下水位很低，孔壁稳固时，亦可无护壁挖土。由于工人在挖土时的安全问题，挖孔桩挖深有限，最忌在含水砂层中开挖，主要适用于场地土层条件较好，在地表下不深的位置有硬持力层，而且上部覆土透水性较低或地下水位较低的情况。它可做成嵌岩端承桩或摩擦端承桩，直身桩或扩底桩，实心桩或空心桩。挖孔桩因为直径较大，相应的桩长较小，也称作为墩。

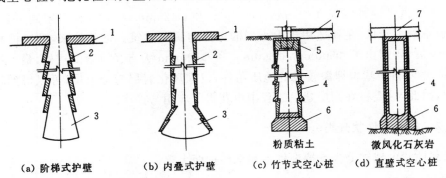

(a) 阶梯式护壁　　(b) 内叠式护壁　　(c) 竹节式空心桩　　(d) 直壁式空心桩

1—孔口护板；2—孔壁护圈；3—扩底；4—配筋护壁兼桩身；5—顶盖；6—混凝土封底；7—基础梁

图 9-3　挖孔桩的护壁形式和空心桩构造

　　（3）沉管灌注桩和夯扩桩

　　沉管灌注桩又称套管成孔灌注桩，这类灌注桩是采用振动沉管打桩机或锤击沉管打桩机，将带有活瓣式桩尖，或锥形封口桩尖，或预制钢筋混凝土桩尖的钢管沉入土中，然后边灌注混凝土，边振动或边锤击，边拔出钢管而形成灌注桩。该方法具有施工方便、快捷以及造价低的优点，是国内目前应用较为广泛的一种灌注桩。

　　沉管灌注桩是最早出现的现场灌注桩，其施工程序一般包括四个步骤：沉管、放笼、灌注、拔管，如图 9-4 所示。沉管灌注桩的优点是在钢管内无水环境中沉放钢筋笼混凝土，从而为桩身混凝土的质量提供了保障。

夯扩灌注桩是在锤击沉管灌注桩的机械设备与施工方法的基础上加以改进,增加一根内夯管,按照一定的施工工艺(图9-4),采用夯扩的方式将桩端现浇混凝土扩大成大头形的一种桩型,通过扩大桩端截面积和挤密地基土,使桩端土的承载力有较大幅度的提高,同时桩身混凝土在柴油锤和内夯管的压力作用下成型,避免了"缩颈"现象,使桩身质量得以保证。

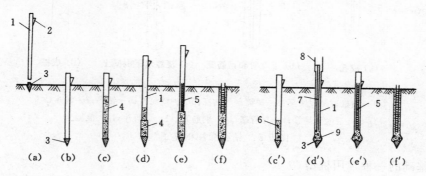

1—桩管;2—混凝土注入口;3—预制桩尖;4—混凝土;5—钢筋笼;
6—初灌扩底混凝土;7—夯锤;8—吊绳;9—扩大头

(1) 沉管灌注桩工艺:图(a)打桩机就位;图(b)沉管;图(c)浇灌混凝土;图(d)边拔管,边振动;图(e)安放钢筋笼,继续浇灌混凝土;图(f)成型。

(2) 夯扩桩工艺:图(c′)浇灌扩底混凝土;图(d′)内夯扩底;图(e′)安放钢筋笼,继续浇灌混凝土;图(f′)成型。

图9-4　沉管灌注桩与夯扩桩的施工顺序

沉管灌注桩常用桩径为 Φ325mm、Φ377mm 和 Φ425mm,桩长受机具限制不超过30m,因此,单桩承载力较低,主要适用于中小型的工业与民用建筑。近几年来,夯扩桩技术有了进一步的发展,研制出了 Φ500mm、Φ600mm 和 Φ700mm 大直径沉管灌注桩,最大施工长度超过40m,并可利用基岩埋深较浅的地质条件,以强风化岩层为持力层,可以得到较高的单桩承载力,因此,这类桩在高层建筑工程中也获得了应用与推广。

9.2.2　按承载性状分类

按承载性状可把桩分为摩擦型桩和端承型桩两大类。

1. 摩擦型桩

摩擦型桩是指在竖向极限荷载作用下,桩顶荷载全部或主要由桩侧阻力承受。根据桩侧阻力分担荷载的大小,摩擦型桩可分为摩擦桩和端承摩擦桩两类。

在深厚的软弱土层中,无较硬的土层作为桩端持力层,或桩端持力层虽然较坚硬但桩的长径比 l/d 很大,传递到桩端的轴力很小,以至在极限荷载作用下,桩顶荷载绝大部分由桩侧阻力承受,桩端阻力很小可忽略不计的桩,称其为摩擦桩。

当桩的 l/d 不很大,桩端持力层为较坚硬的黏性土、粉土和砂类土时,桩顶荷载由桩侧阻力和桩端阻力共同承担,但大部分桩顶荷载由桩侧阻力承受,称其为端承摩擦桩,这类桩所占比例很大。

2. 端承型桩

端承型桩是指在竖向极限荷载作用下，桩顶荷载全部或主要由桩端阻力承受，桩侧阻力相对桩端阻力而言较小，或可忽略不计的桩。根据桩端阻力发挥的程度和分担荷载的比例，又可分为摩擦端承桩和端承桩两类。桩端进入中密以上的砂土、碎石类土或中、微化岩层，桩顶荷载由桩侧阻力和桩端阻力共同承担，但主要由桩端阻力承受，称其为摩擦端承桩。

当桩的 l/d 较小（一般小于 10），桩身穿越软弱土层，桩端设置在密实砂层、碎石类土层、微风化岩层中，桩顶荷载绝大部分由桩端阻力承受，桩侧阻力很小可忽略不计时，称其为端承桩。

对于钻（冲）孔灌注桩，桩侧与桩端荷载分担比还与孔底沉渣有关，一般为摩擦型桩。

9.2.3　按使用功能分类

按使用功能可把桩分为竖向抗压桩、竖向抗拔桩、水平受荷桩、复合受荷桩等。

1. 竖向抗压桩

主要承受竖向下压荷载的桩，如图 9-5（a）所示，应进行竖向承载力计算，必要时还需进行桩基沉降计算、软弱下卧层承载力验算及负摩阻力产生的下拉荷载验算。

2. 竖向抗拔桩

主要承受竖向上拔荷载，如抗浮桩基、输电塔桩基等，如图 9-5（b）所示，应进行桩身强度和抗裂计算及抗拔承载力验算。

3. 水平受荷桩

主要承受水平荷载的桩，如图 9-5（c），（d）所示，应进行桩身强度和抗裂计算及水平承载力和位移验算。

4. 复合受荷桩

承受竖向、水平荷载均较大的桩，应按抗压（或抗拔）桩及水平受荷桩的要求进行验算。

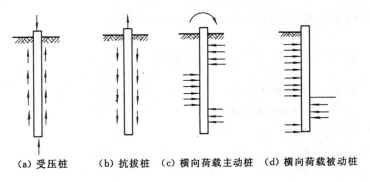

　　(a) 受压桩　　(b) 抗拔桩　　(c) 横向荷载主动桩　　(d) 横向荷载被动桩

图 9-5　不同功能的桩

9.2.4　按挤土效应分类

按挤土效应可把桩分为挤土桩、部分挤土桩、非挤土桩等三类。

1. 挤土桩

实心的预制桩、下端封闭的管桩、木桩及沉管灌注桩等,在贯入过程中将桩位处的土挤开,因而使桩周土的结构受到扰动而破坏,黏性土因而降低了抗剪强度(强度可慢慢恢复),松散的无黏性土由于振动挤密而使其抗剪强度提高。

2. 部分挤土桩

开口钢管桩、H形钢和开口的预应力混凝土管桩等,置入土中时对桩周土稍有挤土作用,但土的强度和变形性质变化不大。

3. 非挤土桩

钻孔桩、人工挖孔桩等在成桩过程中都将孔中土体清除出去,故桩对土没有排挤作用,桩周土反而产生松弛效应,因而,非挤土桩的桩侧摩阻力有所减小。

9.3 竖向荷载下桩的受力特性

9.3.1 单桩荷载传递过程

桩顶不受力时,桩静止不动,桩侧、桩端阻力为零,桩顶受力后,桩发生一定的沉降后达到稳定,桩侧、桩端阻力总和与桩顶荷载平衡,随着桩顶荷载的不断增大,桩侧、桩端阻力也相应地增大,当桩顶在某一荷载作用下,出现不停滞下沉时,桩侧、桩端阻力才达到极限值。这说明桩侧、桩端阻力的发挥,需要一定的桩土相对位移,即桩侧、桩端阻力是桩土相对位移的函数。

如图 9-6 所示,桩顶在竖向荷载作用下,深度 z 处桩身轴力为:

从 dz 微单元体的竖向力的平衡可得:

$$q_s(z) = -\frac{1}{u} \cdot \frac{dQ(z)}{dz} \tag{9-1}$$

进而可得到桩土体系荷载传递过程的基本微分方程为:

$$\frac{ds^2(z)}{dz^2} - \frac{u}{A_p E_p} q_s(z) = 0 \tag{9-2}$$

式中　$s(z)$——深度 z 处的桩身位移;

　　　$q_s(z)$——深度 z 处的桩侧摩阻力;

　　　u——桩身截面周长;

　　　A_p——桩身截面积;

　　　E_p——桩身弹性模量。

由式(9-1)、式(9-2)可获得竖向荷载下沿深度桩身位移和轴力分布、桩侧摩阻力分布,图 9-6 为单桩荷载传递示意图。

由图 9-6 可见,桩身轴力位移在桩顶最大,自上而下逐步减小,因此,桩侧摩阻力发挥程度也总是在桩顶附近最高,然后向下不断减小。由于发挥桩端阻力所需的极限位移,明显大于桩侧阻力发挥所需的极限位移,一般桩侧摩阻力总是先于桩端阻力发挥。

试验表明:桩底阻力的充分发挥需要有较大的位移值,在黏性土中约为桩底直径的

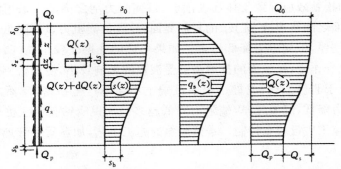

(a) 桩的受力分析　(b) 桩的位移分布　(c) 桩侧摩阻力分布　(d) 桩身轴力分布

图 9-6　为单桩荷载传递示意图

25%，在砂性土中为 8%～10%。对于钻孔桩，由于孔底虚土、沉渣压缩的影响，发挥端阻极限值所需位移更大。而桩侧摩阻力只要桩土间有不太大的相对位移就能得到充分的发挥，具体数量目前认识尚不能有一致的意见，但一般认为黏性土为 4～6mm，砂性土为 6～10mm。对大直径的钻孔灌注桩，如果孔壁呈凹凸形，发挥侧摩阻力需要的极限位移较大，可达 20mm 以上，甚至 40mm，约为桩径的 2.2%，如果孔壁平直光滑，发挥侧摩阻力需要的极限位移较小，只有 3～4mm。

9.3.2　极限桩侧阻力、桩端阻力的影响因素

1. 深度效应

当桩端进入均匀持力层的深度小于某一深度时，其端阻力一直随深度的增大而增大；当进入深度大于该深度后，极限端阻力基本保持恒定不变，该深度称为端阻力的临界深度，该恒定极限端阻力为端阻稳定值。临界深度随砂的相对密度和桩径的增大而增大，随覆盖压力的增大而减小。端阻稳定值随砂的相对密度增大而增大，而与桩径及上覆压力无关。

当桩端持力层下存在软弱下卧层，且桩端与软弱下卧层的距离小于某一厚度时，端阻力将受软弱下卧层的影响而降低，该厚度称为端阻的临界厚度。临界厚度主要随砂的相对密度和桩径的增大而加大。

对桩端进入粉砂不同深度的打入桩进行了系列试验结果表明，临界深度在 $7d$（d 为桩的直径）以上，临界厚度为 $5～7d$；硬黏性土中的临界深度与临界厚度接近相等，约为 $7d$。

2. 成桩效应

(1) 挤土桩、部分挤土桩的成桩效应

非密实砂土中的挤土桩，成桩过程使桩周土因挤压而趋于密实，导致桩侧、桩端阻力提高，对于桩群，桩周土的挤密效应更为显著。饱和黏土中的挤土桩，成桩过程使桩周土受到挤压、扰动、重塑，产生超孔隙水压力，随后出现孔压消散、再固结和触变恢复，导致侧阻力、端阻力产生显著的时间效应，即软黏土中挤土摩擦型桩的承载力随时间的增长而增长，距离沉桩时间越近，增长速度越快。

(2) 非挤土桩的成桩效应

非挤土桩（钻、冲、挖孔灌注桩）在成孔过程中由于孔壁侧向应力解除，出现侧向土松弛

变形。孔壁土的松弛效应导致土体强度削弱,桩侧阻力随之降低。采用泥浆护壁成孔的灌注桩,在桩土界面之间将形成"泥皮"的软弱界面,导致桩侧阻力显著降低,泥浆越稠,成孔时间越长,"泥皮"越厚,桩侧阻力降低越多。如果形成的孔壁比较粗糙(凹凸不平),由于混凝土与土之间的咬合作用,接触面的抗剪强度受泥皮的影响较小,使得桩侧摩阻力能得到比较充分的发挥。对于非挤土桩,成桩过程中桩端土不仅不产生挤密,反而出现虚土或沉渣现象,因而使端阻力降低,沉渣越厚,端阻力降低越多。这说明钻孔灌注桩承载特性受很多施工因素的影响,施工质量较难控制。掌握成熟的施工工艺,加强质量管理对工程的可靠性显得尤为重要。

3. 群桩效应

群桩在竖向荷载作用下,由于承台、桩、土之间相互影响和共同作用,群桩的工作性状趋于复杂,桩群中任一根桩的工作性状都不同于孤立的单桩,群桩承载力将不等于各单桩承载力之和,群桩沉降也明显地超过单桩,这种现象就是群桩效应。群桩效应可用群桩效率系数 η 和沉降比 ζ 表示。

群桩效率系数 η 是指群桩竖向极限承载力 P_u 与群桩中所有桩的单桩竖向极限承载力 Q_u 总和之比,即 $\eta = P_u / nQ_u$(n 为群桩中的桩数)。沉降比 ζ 是指在每根桩承担相同荷载条件下,群桩沉降量 s_n 与单桩沉降量 s 之比,即 $\zeta = s_n / s$。群桩效率系数 η 越小,沉降比 ζ 越大,则表示群桩效应越强,也就意味着群桩承载力越低、沉降越大。

群桩效率系数 η 和沉降比 ζ 主要取决于桩距和桩数,其次与土质和土层构造、桩径、桩的类型及排列方式等因素有关。

由端承桩组成的群桩,通过承台分配到各桩桩顶的荷载,其大部或全部由桩身直接传递到桩端。因而通过承台土反力、桩侧摩阻力传递到土层中的应力较小,桩群中各桩之间,承台、桩、土之间的相互影响较小,其工作性状与独立单桩相近。因而端承型群桩的承载力可近似取为各单桩承载力之和,即群桩效率 η、沉降比 ζ 可近似取为1。

由摩擦桩组成的群桩,桩顶荷载主要通过桩侧摩阻力传布到桩周和桩端土层中,在桩端平面处产生应力重叠。承台土反力也传递到承台以下一定范围内的土层中,从而使桩侧阻力和桩端阻力受到干扰。就一般情况而言,在常规桩距(3~4)d 下,黏性土中的群桩,随着桩数的增加,群桩效率明显下降,且 $\eta < 1$,同时,沉降比迅速增大,ζ 可以从 2 增大到 10 以上;砂土中的挤土桩群,有可能 $\eta > 1$;而沉降比则除了端承桩 $\zeta = 1$ 外,均为 $\zeta > 1$。

9.3.3 桩的负摩阻力

1. 负摩阻力产生的原因

正如前述,在一般情况下,桩受轴向荷载作用后,桩相对于桩侧土体作向下位移,使土对桩产生向上作用的摩阻力,称正摩阻力。但是,当桩周土体因某种原因发生下沉,其沉降速率大于桩的下沉速率时,则桩侧土就相对于桩作向下位移,而使土对桩产生向下作用的摩阻力,称其为负摩阻力,如图 9-7 所示。

桩的负摩阻力的发生将使桩侧土的部分重力传递给桩,因此,负摩阻力不但不能成为桩承载力的一部分,反而变成施加在桩上的外荷载,对入土深度相同的桩来说,若有负摩力发生,则桩的外荷载增大,桩的承载力相对降低,桩基沉降加大,这在桩基设计中应予以注意。

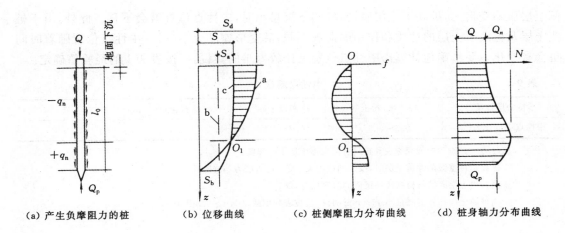

| (a) 产生负摩阻力的桩 | (b) 位移曲线 | (c) 桩侧摩阻力分布曲线 | (d) 桩身轴力分布曲线 |

S_d—地面沉降;S—桩的沉降;S_a—桩身压缩;S_b—桩底下沉;

Q_n—由负摩阻力引起的桩身最大轴力;Q_p—桩端阻力

图 9-7   中心点的位置及荷载传递

桩的负摩阻力是否产生,主要看桩与桩周土的相对位移发展情况。桩的负摩阻力产生的原因有:

(1) 在桩基础附近地面大面积堆载,引起地面沉降,对桩产生负摩阻力,对于桥头路堤高填土的桥台桩基础,地坪大面积堆放重物的车间、仓库建筑桩基础,均要特别注意负摩阻力问题;

(2) 土层中抽取地下水或其他原因,地下水位下降,使土层产生自重固结下沉;

(3) 桩穿过欠固结土层(如填土)进入硬持力层,土层产生自重固结下沉;

(4) 桩数很多的密集群桩打桩时,使桩周土中产生很大的超孔隙水压力,打桩停止后桩周土的再固结作用引起下沉;

(5) 在黄土、冻土中的桩,因黄土湿陷、冻土融化产生地面下沉。

从上述可见,当桩穿过软弱高压缩性土层而支承在坚硬的持力层上时最易发生桩的负摩阻力问题。要确定桩身负摩阻力的大小,就要先确定土层产生负摩阻力的范围和负摩阻力强度的大小。

2. 中性点及其位置的确定

桩身负摩阻力并不一定发生于整个软弱压缩土层中,产生负摩阻力的范围就是桩侧土层对桩产生相对下沉的范围,它与桩侧土层的压缩、桩身弹性压缩变形和桩底下沉直接有关。桩侧土层的压缩取决于地表作用荷载(或土的自重)和土的压缩性质,并随深度的增加而逐渐减小,如图 9-7(b)线 a 所示;而桩在荷载作用下,桩底下沉量 s_b 在桩身各截面都是定值,桩身压缩变形随深度的增加而逐渐减少,如图 9-7(b)线 c 所示。图 9-7(b)线 a 和线 c 在 O_1 点相交,表明桩侧土层下沉量在 O_1 点深度处与桩身位移量相等。在 O_1 点深度以上,桩侧土下沉大于桩的位移,桩身受到向下作用的负摩阻力;在 O_1 点深度以下,桩的位移大于桩侧土的下沉,桩身受到向上作用的正摩阻力。O_1 点为正、负摩阻力变换处的位置,即称中性点。图 9-7(c)、(d)分别为存在负摩阻力的桩侧摩阻力分布曲线和桩身轴力分布曲线。

中性点的位置取决于桩与桩侧土的相对位移,与作用荷载和桩周土的性质有关。当桩侧土层压缩变形大,桩底下土层坚硬,桩的下沉量小时,中性点位置就会下移。此外,由于桩侧土层及桩底下土层的性质和作用的荷载不同,其变形速度会不一样,中性点位置随着时间也会有变化。要精确地计算出中性点位置是比较困难的,目前可按表 9-1 的经验值确定。

表 9-1   中性点深度 l_n

持力层性质	黏性土、粉土	中密以上砂	砾石、卵石	基岩
中性点深度比 l_n / l_0	0.5~0.6	0.7~0.8	0.9	1.0

注: ① l_n,l_0——分别为中性点深度和桩周沉降变形土层下限深度。
② 桩穿越自重湿陷性黄土层时,按表列值增大 10%(持力层为基岩除外)。
③ 当桩周土层固结与桩基固结沉降同时完成时,取 $l_n = 0$;
④ 当桩周土层计算沉降量小于 20mm 时,l_n 应按表列值乘以 0.4~0.8 折减。

9.4　单桩竖向抗压承载力特征值

单桩竖向抗压承载力特征值是指静载试验测定的单桩压力变形曲线线形变形段内规定的变形所对应的压力值。单桩竖向抗压极限承载力是指单桩在竖向荷载作用下到达破坏状态前或出现不适于继续承载的变形前所对应的最大荷载。《建筑地基基础设计规范》(GB 50007—2011)确定单桩竖向承载力特征值的方法为静载荷试验法,对设计等级为丙级的建筑物可采用静力触探及标贯试验参数确定,初步设计时也可按公式估算。

9.4.1　竖向静载荷试验方法

1. 试验装置

试验装置主要由加载系统和量测系统组成。

加载反力装置可根据现场条件选择锚桩横梁反力装置、压重平台反力装置、锚桩压重联合反力装置、地锚反力装置。图 9-8 所示为锚桩横梁反力装置和压重平台反力装置。加载反力装置应符合下列规定:

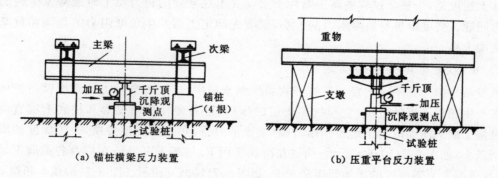

（a）锚桩横梁反力装置　　　　　（b）压重平台反力装置

图 9-8　单桩静荷载试验的装置

（1）加载反力装置能提供的反力不得小于最大加载量的 1.2 倍。

（2）应对加载反力装置的全部构件进行强度和变形验算。

（3）应对锚桩抗拔力(地基土、抗拔钢筋、桩的接头)进行验算;采用工程桩作锚桩时,锚桩数量不应少于 4 根,并应监测锚桩上拔量。

（4）压重宜在检测前一次加足，并均匀稳固地放置于平台上。

（5）压重施加于地基的压应力不宜大于地基承载力特征值的 1.5 倍，有条件时宜利用工程桩作为堆载支点。

量测系统主要由千斤顶上的应力环、应变式压力传感器（测荷载大小）及百分表或电子位移计（测试桩沉降）等组成。荷载大小也可采用并联于千斤顶油路的压力表或压力传感器测定油压，再根据千斤顶率定曲线换算得到。为准确测量桩的沉降，消除相互干扰，要求有基准系统，由基准桩、基准梁组成，且保证在试桩、锚桩（或压重平台支墩）和基准桩相互之间有足够的距离，一般应不小于 4 倍桩直径，且大于 2.0m。

2．试验方法

为设计提供依据的竖向抗压静载荷试验应采用慢速维持荷载法。

加载应分级进行，采用逐级等量加载；分级荷载宜为最大加载量或预估极限承载力的 $1/8 \sim 1/10$，其中第一级可取分级荷载的 2 倍。每级加载后，按 5，10，15，30，45，60min 测读桩顶沉降，以后每隔 30min 测读一次。当每小时沉降不超过 0.1mm，并连续出现两次（从分级荷载施加后第 30min 开始，按 1.5h 连续三次每 30min 的沉降观测值计算），则认为沉降已达到相对稳定，可加下一级荷载。

当符合下列条件之一时，可终止加载。

（1）某级荷载作用下，桩顶沉降量大于前一级荷载作用下沉降量的 5 倍（当桩顶沉降能相对稳定且总沉降量小于 40mm 时，宜加载至桩顶总沉降量超过 40mm）。

（2）某级荷载作用下，桩顶沉降量大于前一级荷载作用下沉降量的 2 倍，且经 24h 尚未达到相对稳定标准。

（3）已达到设计要求的最大加载量。

（4）当工程桩作锚桩时，锚桩上拔量已达到允许值。

（5）25m 以上的非嵌岩桩当荷载-沉降曲线呈缓变型时，可加载至桩顶总沉降量 60～80mm；在特殊情况下，可根据具体要求加载至桩顶累计沉降量超过 100mm。

终止加载后进行卸载，每级基本卸载量按每级基本加载量的 2 倍控制，并按 15min，30min，60min 测读回弹量，然后进行下一级的卸载。卸载至零后，应测读桩顶残余沉降量，维持时间为 3h，测读时间为第 15，30min，以后每隔 30min 测读一次。

当有成熟的地区经验时，也可采用快速维持荷载法（每隔 1h 加一级荷载）。如果有选择地在桩身某些截面（如土层分界面）的主筋上埋设钢筋应力计，在静载荷试验时，可同时测得这些截面的应变，进而可得到这些截面的轴力、位移，并可算出两个截面之间的平均摩阻力，这是研究基桩在竖向荷载作用下荷载传递特性的试验方法。

3．试验成果与单桩极限承载力 Q_u 的确定。

采用以上试验装置与方法进行试验，测试结果一般可整理成荷载-沉降（Q-s）、沉降-时间对数（s-$\lg t$）等曲线，如图 9-9 所示。

根据 Q-s 曲线和 s-$\lg t$ 曲线，按下列方法综合分析确定单桩极限承载力 Q_u：

（1）根据沉降随荷载变化的特征确定：对于陡降型 Q-s 曲线，取其发生明显陡降的起始点对应的荷载值。

（2）根据沉降随时间变化的特征确定：取 s-$\lg t$ 曲线尾部出现明显向下弯曲的前一级荷

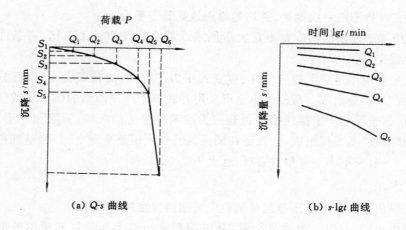

| (a) Q-s 曲线 | (b) s-lgt 曲线 |

图 9-9　单桩极限承载力的确定

载值。

（3）出现终止加载第 2 款情况，取前一级荷载值。

（4）对于缓变型 Q-s 曲线可根据沉降量确定，宜取 $s=40mm$ 对应的荷载值；当桩长大于 40m 时，宜考虑桩身弹性压缩量；对直径大于或等于 800mm 的桩，可取 $s=0.05D$（D 为桩端直径）对应的荷载值。

当按上述四款判定桩的竖向抗压承载力未达到极限时，桩的竖向抗压极限承载力应取最大试验荷载值。

4. 单桩承载力特征值 R_a

试桩结果统计值：

（1）参加统计的试桩结果，当满足其极差不超过平均值的 30% 时，取其平均值为单桩竖向抗压极限承载力。

（2）当极差超过平均值的 30% 时，应分析极差过大的原因，结合工程具体情况综合确定，必要时可增加试桩数量。

（3）对桩数为 3 根或 3 根以下的柱下承台，取最小值。

将单桩竖向抗压极限承载力除以安全系数 2，为单桩竖向抗压承载力特征值 R_a。

9.4.2　公式估算

初步设计时，单桩竖向承载力特征值可按下式估算：

$$R_a = u_p \sum q_{sai} l_i + q_{pa} A_p \tag{9-3}$$

式中　q_{sai}，q_{pa}——分别为桩侧阻力特征值和桩端阻力特征值，kPa，由当地静载荷试验结果统计分析算得；

A_p——桩底端横截面面积，m^2；

u_p——桩身周边长度，m；

l_i——第 i 层岩土的厚度，m。

当桩端嵌入完整及较完整的硬质岩中时，可按下式估算单桩竖向承载力特征值：

$$R_a = q_{pa}A_p \qquad (9\text{-}4)$$

式中，q_{pa} 为桩端岩石承载力特征值，kN。

[例 9-1]　某 PHC 桩，桩直径 0.5m，承台埋深 1m，桩长 12.5m。从地面起土层分布情况为：淤泥层厚 4.0m，桩侧阻力特征值 $q_{sa}=11$kPa；粉土层厚 8.0m，$q_{sa}=50$kPa；砾砂层厚 5m，$q_{sa}=116$kPa，端阻力特征值 $q_{pa}=6300$kPa。试求初步设计时单桩竖向承载力特征值 R_a。

解　$R_a = u_p \sum q_{sai}l_i + q_{pa}A_p$

$\qquad = 3.14 \times 0.5 \times (3.0 \times 11 + 8.0 \times 50 + 1.5 \times 116) + 3.14 \times 0.25^2 \times 6300$

$\qquad = 953.5 + 1237.0 = 2190.5$kN

9.5　桩基础设计

桩基的设计与施工应综合考虑地质条件、上部结构类型、荷载特征、施工技术条件与环境、检测条件等因素，精心设计、精心施工。桩基础设计包括以下内容：

（1）选择桩的类型和几何尺寸；

（2）确定桩的承载力特征值；

（3）确定桩的数量、间距和平面布置；

（4）验算桩基承载力和沉降；

（5）桩身结构设计；

（6）承台设计；

（7）绘制桩基础施工图，提出施工说明。

在设计桩基础之前，必须掌握各种设计资料，如上部结构的类型、平面布置、荷载大小及性质、构造和使用上的要求，岩土工程勘察报告，施工单位的设备和技术条件，材料供应情况，施工现场及周围的环境条件及当地的用桩经验等。

9.5.1　桩的类型和几何尺寸的选择

1. 桩的类型

桩型与工艺选择应根据建筑结构类型、荷载性质、桩的使用功能、穿越土层、桩端持力层土类、地下水位、施工设备、施工环境、施工经验、制桩材料供应条件等，选择经济合理、安全适用的桩型和成桩工艺。

（1）环境条件

在居民生活、工作区周围应当尽量避免使用锤击、振动法沉桩的桩型。当周围环境存在市政管线或危旧房屋，对挤土效应较敏感时，尽可能不使用挤土桩，如必须选用预制桩，可采用压桩法沉桩，并采取减小挤土效应的措施。

（2）结构荷载条件

荷载的大小是选择桩型时重要考虑的条件。受建筑物基础下布桩数量的限制，一般建筑层数越多，所需的单桩承载力越高，对于预制小方桩、沉管灌注桩，受桩身穿越硬土层能力和机具施工能力的限制，不能提供很大的单桩承载力，因此仅适用于多层、小高层建筑；而对于大直径钻孔（扩底）灌注桩、钢管桩、嵌岩桩等几种桩型，可以提供很大的竖向、侧向单桩承载力,可满足超高层建筑和桥梁、码头的要求。

（3）地质、施工条件

桩型的选择要求所选定桩型在该地质条件下是可以施工的,施工质量是有保证的,能够最大限度地发挥地基和桩身的潜在能力。

不同的打入桩,穿越硬土层的能力是不一样的,工程实践表明,普通钢筋混凝土桩一般只能贯入 $N_{63.5} \leqslant 50$ 击的土层或强风化岩上部浅层;钢管桩可贯入 $N_{63.5} \leqslant 100$ 击的土层或强风化岩;而 H 型钢组合桩则可嵌入 $N_{63.5} \leqslant 160$ 击的风化岩。钻孔灌注桩如要进入卵石层或微风化基岩较大的深度也都可能给施工队伍现实的技术条件造成较大的障碍。

对于基岩或密实卵砾石层埋藏不深的情况,通常首先考虑桩的端承作用:采用夯扩桩,如地下水位较深或覆盖层渗透系数很低,可采用大直径挖孔扩底桩,如需采用钻孔灌注桩,可进而采用后压浆工艺。

当基岩埋藏很深时,则只能考虑摩擦桩或摩擦端承桩;但如果建筑物上部结构要求不能产生过大的沉降,应使桩端支承于具有足够厚度的性能良好的持力层（中密以上的厚砂层或残积土层）,这可在静力触探曲线上做出正确判断。

不同的桩型有不同的工艺特点,成桩质量的稳定性也差异较大,一般预制桩的质量稳定性要好于灌注桩。

在自重湿陷性黄土地基中,宜采用干作业法的钻、挖孔灌注桩。桥梁、码头的水上桩基础宜采用预制桩和钻孔灌注桩。

（4）经济条件

桩型的最后选定还要看技术经济指标,技术经济指标除考虑工程桩在内的总造价外,还应包括承台（基础底板）的造价和整个桩基工程的施工工期,因为桩型也会影响筏板的厚度和工程桩的施工工期。如果某高层采用较低承载力的桩型,需要较多的桩数,满堂布桩,就要有比较厚的基础底板,将上部荷载传递给桩顶;如果采用高承载力的桩型,只需要较少的桩数,布置在墙下或柱下,仅仅需要较薄的基础底板,承受基底的水浮力和土压力。此外,一般项目投资,都需要银行贷款,工期越长,投资回报越慢,因此缩短工期,也可以带来可观的经济效益,在各种桩型当中,预制桩的施工速度要快于钻孔灌注桩。

2. 几何尺寸的选择

确定基桩几何尺寸也应综合考虑各种有关的因素。基桩几何尺寸受桩型的局限,选择桩型的一些影响因素,也影响基桩几何尺寸的确定。除此之外,还应考虑如下几个方面:

（1）同一结构单元宜避免采用不同桩长的桩

一般情况下,同一基础相邻桩的桩底标高差,对于非嵌岩端承型桩,不宜超过相邻桩的中心距。对于摩擦型桩,在相同土层中不宜超过桩长的 1/10。

（2）选择较硬土层作为桩端持力层

根据土层的竖向分布特征,尽可能选定硬土层作为桩端持力层和下卧层,从而可初步确定桩长,这是桩基础要具备较好的承载变形特性所要求的。强度较高、压缩性较低的黏性土、粉土、中密或密实砂土、砾石土以及中风化或微风化的岩层,是常用的桩端持力层,如果饱和软黏土地基深厚,硬土层埋深过深,也可采用超长摩擦桩方案。

（3）桩端全断面进入持力层的深度

桩端全断面进入持力层的深度,对于黏性土、粉土不宜小于 $2d$,砂土不宜小于 $1.5d$,碎

石类土不宜小于 $1d$。当存在软弱下卧层时，桩基以下硬持力层厚度不宜小于 $4d$。当硬持力层较厚且施工条件许可时，桩端全断面进入持力层的深度宜达到桩端阻力的临界深度；如果持力层较薄，下卧层土又较软，要谨慎对待下卧软土层的不利影响，这是桩端承载性能的深度效应决定的。嵌岩桩灌注桩周边嵌入完整和较完整的未风化、微风化、中风化硬质岩体的最小深度不宜小于 0.5m。

（4）同一建筑物应该尽量采用相同桩径的桩基

一般情况下，同一建筑物应该尽量采用相同桩径的桩基，但当建筑物基础平面范围内的荷载分布很不均匀时，可根据荷载和地基的地质条件采用不同直径的基桩。各类桩型由于工程实践惯用以及施工设备条件限制等原因，均有其常用的直径，设计时要适当顾及。扩底灌注桩的扩底直径，不应大于桩身直径的 3 倍。

（5）考虑经济条件

当所选定桩型为端承桩而坚硬持力层又埋藏不太深时，尽可能考虑采用大直径（扩底）单桩；对于摩擦桩，则宜采用细长桩，以取得桩侧较大的比表面积，但要满足抗压能力的要求。

9.5.2 确定桩的承载力特征值

一般建筑桩基都承受竖向抗压荷载，需确定桩的竖向抗压承载力特征值，具体确定方法见本章第四节。

对高层建筑、港口码头，通常受风力、波浪力等作用，或考虑震动力作用，需确定桩的水平承载力特征值。

当地下结构的重量小于所受的浮力（如：地下车库、水池放空时），或高耸结构（如：输电塔等）受到较大的倾覆弯矩时，需要设置抗拔桩基础，对其进行设计，需确定桩的竖向抗拔承载力特征值。

桩的水平承载力特征值、竖向抗拔承载力特征值的确定方法可参见《建筑基桩检测技术规范》（JGJ 106—2014）。

9.5.3 确定桩的数量、间距和平面布置

1. 桩数估算

竖向轴心荷载和竖向偏心荷载作用下的桩数可按下式估算：

$$n = \psi_n \psi_G = \frac{F_k}{R_a} \tag{9-5}$$

式中 F_k——相应于荷载效应标准组合时，作用于桩基承台顶面的竖向力，kN；

        R_a——单桩竖向承载力特征值，kN；

        ψ_G——考虑承台及其上土自重的增大系数，可取 1.05～1.10；

        ψ_n——考虑偏心荷载的增大系数，可取 1.0～1.2，若仅为竖向轴心荷载作用，取 1.0。

按估算的桩数进行布桩，然后进行桩基承载力验算，若不满足要求，则应重新估算，直至满足要求。

2. 桩的中心距

摩擦型桩的中心距不宜小于桩身直径的 3 倍；扩底灌注桩的中心距不宜小于扩底直径

的 1.5 倍,当扩底直径大于 2m 时,桩端净距不宜小于 1m。在确定桩距时尚应考虑施工工艺中挤土等效应对邻近桩的影响。

3. 桩的平面布置

在确定桩数、间距后可进行布桩,桩在平面上可分为行列式或梅花式布置,也可采用不等距布置,如图 9-10 所示。经验表明,桩的合理布置对发挥桩的承载力、减少建筑物的沉降量(特别是不均匀沉降量)至关重要。桩的布置原则是:

(1)宜使桩群形心与长期荷载重心重合,并使桩基受水平力和力矩较大方向有较大的抵抗矩;

(2)在有门洞的墙下布桩时,应将桩布置在门洞的两侧;对于桩箱基础,宜将桩布置于墙下;对于带梁(肋)桩筏基础,宜将桩布置于梁(肋)下;对于大直径桩宜采用一柱一桩。

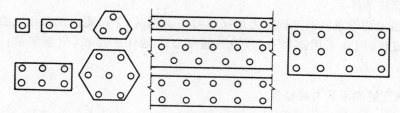

(a) 柱下桩基 等桩距排列 (b) 墙下桩基 等桩距排列 (c) 柱下桩基 不等桩距排列

图 9-10 桩的平面布置示例

9.5.4 桩基承载力和沉降验算

1. 承载力验算
轴心竖向力作用下

$$Q_k \leqslant R_a \tag{9-6}$$

$$Q_k = \frac{F_k + G_k}{n} \tag{9-7}$$

式中 Q_k——相应于荷载效应标准组合轴心竖向力作用下任一单桩的竖向力,kN;

G_k——桩基承台自重及承台上土自重标准值,kN。

偏心竖向力作用下,除满足式(9-6)外,尚应满足下式

$$Q_{kmax} \leqslant 1.2R_a \tag{9-8}$$

$$Q_{kmax} = \frac{F_k + G_k}{n} + \frac{M_{xk} y_{max}}{\sum y_i^2} + \frac{M_{yk} x_{max}}{\sum x_i^2} \tag{9-9}$$

式中 Q_{kmax}——相应于荷载效应标准组合偏心竖向力作用下单桩所受的最大竖向力,kN;

M_{xk}, M_{yk}——相应于荷载效应标准组合作用于承台底面通过桩群形心的 x, y 轴的弯矩,kN·m;

x_i, y_i——桩 i 至桩群形心 y, x 轴线的距离,m;

x_{max}, y_{max}——受竖向力最大的桩至桩群形心 y, x 轴线的距离,m。

2. 沉降验算

对以下建筑物的桩基应进行沉降验算:

(1) 地基基础设计等级为甲级的建筑物桩基;

(2) 体型复杂、荷载不均匀或桩端以下存在软弱土层的设计等级为乙级的建筑物桩基;

(3) 摩擦型桩基。

桩基础的沉降不得超过建筑物的沉降允许值,并应符合第八章表 8-4 的规定。

计算桩基础沉降时,最终沉降量宜按单向压缩分层总和法计算:

$$s = \psi_p \sum_{j=1}^{m} \sum_{i=1}^{n_j} \frac{\sigma_{j,i} \Delta h_{j,i}}{E_{sj,i}} \tag{9-10}$$

式中 s ——桩基最终计算沉降量,mm;

m ——桩端平面以下压缩层范围内土层总数;

$E_{sj,i}$ ——桩端平面下第 j 层土第 i 个分层在自重应力至自重应力加附加应力作用段的压缩模量,MPa;

n_j ——桩端平面下第 j 层土的计算分层数;

$\Delta h_{j,i}$ ——桩端平面下第 j 层土的第 i 个分层厚度,m;

$\sigma_{j,i}$ ——桩端平面下第 j 层土第 i 个分层的竖向附加应力,kPa,可分别按实体深基础布辛奈斯克(Bousinnesq)公式、明德林(Mindlin)公式计算;

ψ_p ——桩基沉降计算经验系数,各地区应根据当地的工程实测资料统计对比确定。

按实体深基础计算桩底平面处的附加应力,其基底面积按图 9-11 采用。图 9-11(a)考虑桩群侧阻力扩散计算基底面积,图 9-11(b)不考虑桩群侧阻力扩散作用。实体深基础桩基沉降计算经验系数 ψ_p 应根据地区桩基础沉降观测资料及经验统计确定,在不具备条件时值可按表 9-2 选用。

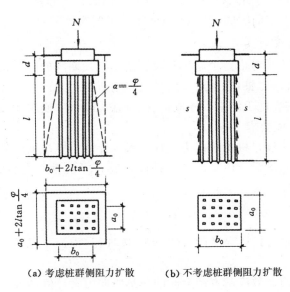

(a) 考虑桩群侧阻力扩散   (b) 不考虑桩群侧阻力扩散

图 9-11   实体深基础的底面积

表 9-2

表 9-2   **实体深基础计算桩基沉降经验系数 ψ_p**

$\bar{E}_s$/MPa	<15	25	35	>45
ψ_p	0.5	0.4	0.35	0.25

注：① 表内数值可内插。

    ② $\bar{E}_s$ 为变形计算深度范围内压缩模量的当量值，见式(3-11)。

9.5.5 桩身结构设计

1. 桩和桩基的构造要求

(1) 预制桩的混凝土强度等级不应低于 C30；灌注桩不应低于 C20；预应力桩不应低于 C40。

(2) 桩的主筋应经计算确定。打入式预制桩的最小配筋率不宜小于 0.8%；静压预制桩的最小配筋率不宜小于 0.6%；灌注桩最小配筋率不宜小于 0.2%～0.65%（小直径桩取大值）。

(3) 配筋长度：

① 受水平荷载和弯矩较大的桩，配筋长度应通过计算确定。

② 桩基承台下存在淤泥、淤泥质土或液化土层时，配筋长度应穿过淤泥、淤泥质土层或液化土层。

③ 坡地岸边的桩、8 度及 8 度以上地震区的桩、抗拔桩、嵌岩端承桩应通长配筋。

④ 桩径大于 600mm 的钻孔灌注桩，构造钢筋的长度不宜小于桩长的 2/3。

(4) 桩顶嵌入承台内的长度不宜小于 50mm。主筋伸入承台内的锚固长度不宜小于钢筋直径（Ⅰ级钢）的 30 倍和钢筋直径（Ⅱ级钢和Ⅲ级钢）的 35 倍。对于大直径灌注桩，当采用一柱一桩时，可设置承台或将桩和柱直接连接。桩和柱的连接可按高杯口基础的要求选择截面尺寸和配筋，柱纵筋插入桩身的长度应满足锚固长度的要求。

(5) 在承台及地下室周围的回填中，应满足填土密实性的要求。

2. 桩身结构强度计算

桩身结构强度验算需考虑整个施工阶段和使用阶段期间的各种最不利受力状态。在许多场合下，对于预制混凝土桩，在吊运和沉桩过程中所产生的内力往往在桩身结构计算中起到控制作用；而灌注桩在施工结束后才成桩，桩身结构设计由使用荷载确定。

1) 桩身混凝土强度要求

桩身混凝土强度应满足桩的承载力设计要求。计算中应按桩的类型和成桩工艺的不同将混凝土的轴心抗压强度设计值乘以工作条件系数 ψ_c。桩轴心受压时，桩身强度应符合下式要求：

$$Q \leqslant A_p f_c \psi_c \tag{9-11}$$

式中 f_c——混凝土轴心抗压强度设计值，kN，按现行《混凝土结构设计规范》(GB 50010) 取值；

    Q ——相应于荷载效应基本组合时的单桩竖向力设计值，kN；

    A_p——桩身横截面积，m^2；

    ψ_c——工作条件系数，非预应力预制桩取 0.75，预应力桩取 0.55～0.65，灌注桩取

0.6～0.8（水下灌注桩、长桩或混凝土强度等级高于C35时用低值）。

2）预制桩施工过程桩身结构计算

预制桩在施工过程中的最不利受力状况，主要出现在吊运和锤击沉桩时。

桩在吊运过程中的受力状态与梁相同。一般按两支点（桩长 l <18m 时）或三支点（桩长 l >18m 时）起吊和运输，在打桩架下竖起时，按一点吊立。吊点的设置应使桩身在自重下产生的正负弯矩相等，如图 9-12 所示。图中最大弯矩计算式中的 q 为桩单位长度的自重；k 为反映桩在吊运过程中可能受到的冲撞和振动影响而采取的动力系数，一般取 $k=1.5$。按吊运过程中引起的内力对上述配筋进行验算，通常情况下桩的吊运对其配筋起决定作用。

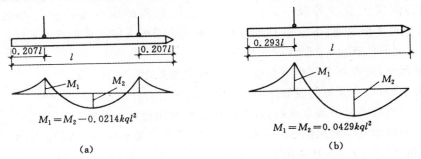

图 9-12　预制桩的吊点位置及弯矩图

沉桩常用的有锤击法和静力压桩法两种。静力压桩法在正常的沉桩过程中，其桩身应力一般小于吊运运输过程和使用阶段的应力，故不必验算。

锤击法沉桩在桩身中产生了应力波的传递，桩身受到锤击压应力和拉应力的反复作用，需要进行桩身结构的动应力计算。对于一级建筑桩基、桩身有抗裂要求和处于腐蚀性土质中的打入式预制混凝土桩、钢桩，锤击压应力应小于桩材的轴心抗压强度设计值（钢材为屈服强度值），锤击拉应力值应小于桩身材料的抗拉强度设计值。计算分析和工程实践表明，预应力混凝土桩的主筋常取决于锤击拉应力。

桩内主筋通常都是沿着桩长均匀分布，一般设 4 根（截面边长 a <300mm）或 8 根（$a=$ 350～550mm）主筋，主筋直径 12～25mm。配筋率通过计算确定，一般为 1%左右，最小不得低于 0.8%。箍筋直径 6～8mm，间距不大于 200mm。

当桩身混凝土强度达到设计强度 70% 时方可起吊，达到 100% 时才能运输。

9.5.6　承台设计

1. 承台构造要求

桩基承台的构造，除满足抗冲切、抗剪切、抗弯承载力和上部结构的要求外，尚应符合下列要求：

（1）承台的宽度不应小于 500mm。边桩中心至承台边缘的距离不宜小于桩的直径或边长，且桩的外边缘至承台边缘的距离不小于 150mm。对于条形承台梁，桩的外边缘至承台梁边缘的距离不小于 75mm；

（2）承台的最小厚度不应小于 300mm；

（3）承台的配筋，对于矩形承台其钢筋应按双向均匀通长布置（图 9-13（a）），钢筋直径不宜小于 10mm,间距不宜大于 200mm;对于三桩承台,钢筋应按三向板带均匀布置,且最里面的三根钢筋围成的三角形应在柱截面范围内(图 9-13(b))。承台梁的主筋除满足计算要求外,尚应符合现行《混凝土结构设计规范》(GB 50010)关于最小配筋率的规定,主筋直径不宜小于 12mm,架立筋不宜小于 10mm,箍筋直径不宜小于 6mm(图 9-13(c));

柱下独立桩基承台的最小配筋率不应小于 0.15%。钢筋锚固长度自边桩内侧(当为圆桩时,应将其直径乘以 0.886 等效为方桩)算起,锚固长度不应小于 35 倍钢筋直径,当不满足时应将钢筋向上弯折,此时钢筋水平段的长度不应小于 25 倍的钢筋直径,弯折段的长度不应小于 10 倍的钢筋直径。

(4) 承台混凝土强度等级不应低于 C20,纵向钢筋的混凝土保护层厚度不应小于 70mm,当有混凝土垫层时,不应小于 50mm;且不应小于桩头嵌入承台内的长度。

(5) 承台之间的连接,应符合以下几条:

① 单桩承台,应在两个互相垂直的方向上设置连系梁;

② 两桩承台,应在其短向设置连系梁;

③ 有抗震要求的柱下独立承台,宜在两个主轴方向设置连系梁;

④ 连系梁顶面宜与承台位于同一标高。连系梁的宽度不应小于 250mm,梁的高度可取承台中心距的 1/10～1/15,且不小于 400mm;

⑤ 连系梁的主筋应按计算要求确定。连系梁内上下纵向钢筋直径不应小于 12mm 且不应少于两根,并应按受拉要求锚入承台。

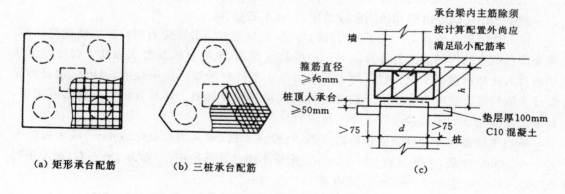

(a) 矩形承台配筋　　**(b) 三桩承台配筋**　　　　　**(c)**

图 9-13　承台配筋示意

2. 承台设计计算

承台设计计算的内容包括承台内力计算、配筋和构造要求等。作为一种位于地下的钢筋混凝土构件,承台内力计算包括局部承压强度计算、冲切计算、斜截面抗剪计算和正截面抗弯计算等,必要时还要对承台的抗裂性甚至变形进行验算。在此主要介绍承台内力计算分析方法,当内力确定后,可按现行《混凝土结构设计规范》进行相应的配筋计算。

1) 承台的正截面抗弯计算

将承台视作桩反力作用下的受弯构件进行计算。

(1) 柱下多桩矩形承台(图 9-14(a))

计算截面取在柱边和承台高度变化处(杯口外侧或台阶边缘),按下式计算:

$$M_x = \sum N_i y_i \tag{9-12a}$$

$$M_y = \sum N_i x_i \tag{9-12b}$$

式中　M_x, M_y—— 垂直 y 轴和 x 轴方向计算截面处的弯矩设计值,kN·m;

　　　x_i, y_i—— 垂直 y 轴和 x 轴方向自桩轴线到相应计算截面的距离,m;

　　　N_i——扣除承台和承台上土自重后相应于荷载效应基本组合时的第 i 桩竖向力设计值,kN。

(2) 柱下三桩承台

① 等边三桩承台(图 9-14(b))

$$M = \frac{N_{max}}{3}\left(s - \frac{\sqrt{3}}{4}c\right) \tag{9-13}$$

式中　M——由承台形心至承台边缘距离范围内板带的弯矩设计值,kN·m;

　　　N_{max}——扣除承台和其上填土自重后的三桩中相应于荷载效应基本组合时的最大单桩竖向力设计值,kN;

　　　s——桩距,m;

　　　c——方柱边长,m,圆柱时取 $0.866d$(d 为圆柱直径)。

② 等腰三桩承台(图 9-14(c))

$$M_1 = \frac{N_{max}}{3}\left(s - \frac{0.75}{\sqrt{4-a^2}}c_1\right) \tag{9-14}$$

$$M_2 = \frac{N_{max}}{3}\left(\alpha s - \frac{0.75}{\sqrt{4-a^2}}c_2\right) \tag{9-15}$$

式中　M_1, M_2——分别为由承台形心到承台两腰和底边的距离范围内板带的弯矩设计值,kN·m;

　　　s——长向桩距,m;

　　　α——短向桩距与长向桩距之比,当 α 小于 0.5 时,应按变截面的二桩承台设计;

　　　c_1, c_2——分别为垂直于、平行于承台底边的柱截面边长,m。

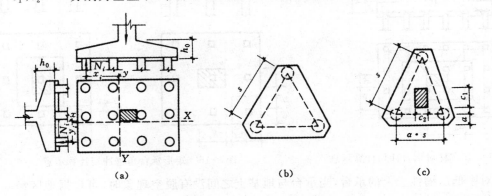

图 9-14　承台弯矩计算示意

2) 承台抗冲切计算

有两种情况:柱对承台冲切和角桩对承台冲切,相应从柱边、角桩边分别按不小于 45°和

45°向承台冲切,验算斜面混凝土抗拉强度。

(1) 柱对承台的冲切(图 9-15)

$$F_l \leqslant 2[\beta_{ox}(b_c + a_{oy}) + \beta_{oy}(h_c + a_{ox})]\beta_{hp}f_t h_0 \qquad (9\text{-}16)$$

$$F_l = F - \sum N_i \qquad (9\text{-}17)$$

$$\beta_{ox} = \frac{0.84}{\lambda_{ox} + 0.2} \qquad (9\text{-}18)$$

$$\beta_{oy} = \frac{0.84}{\lambda_{oy} + 0.2} \qquad (9\text{-}19)$$

式中 F_l——扣除承台及其上填土自重作用,在冲切破坏锥体上相应于荷载效应基本组合的冲切力设计值,kN,冲切破坏锥体应采用自柱边或承台变阶处至相应桩顶边缘连线构成的锥体,锥体与承台底面的夹角不小于 45°(图 9-15);

f_t—— 混凝土轴心抗拉强度设计值,kPa;

h_0—— 冲切破坏锥体有效高度,m;

β_{hp}——受冲切承载力截面高度影响系数,当承台台阶高度 h 不大于 800mm 时,取 1.0;当 $h \geqslant 2000mm$ 时,取 0.9;其间按线性内插法取用;

β_{ox},β_{oy}——冲切系数;

λ_{ox},λ_{oy}——冲跨比,$\lambda_{ox} = a_{ox}/h_0$、$\lambda_{oy} = a_{oy}/h_0$,$a_{ox}$ 和 a_{oy} 为柱边或变阶处至桩边的水平距离;当 $a_{ox}(a_{oy}) < 0.25h_0$ 时,$a_{ox}(a_{oy}) = 0.25h_0$;当 $a_{ox}(a_{oy}) > h_0$ 时,$a_{ox}(a_{oy}) = h_0$;

F——柱根部轴力设计值,kN;

$\sum N_i$——冲切破坏锥体范围内各桩的净反力设计值之和,kN;

h_c,b_c——柱截面边长,m。

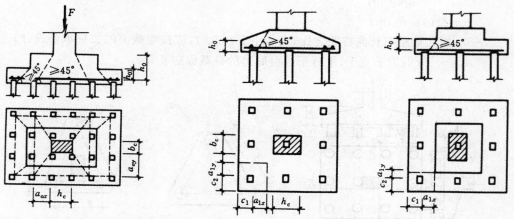

图 9-15 柱对承台冲切计算示意   图 9-16 矩形承台角桩冲切计算示意

对中低压缩性土上的承台,当承台与地基土之间没有脱空现象时,可根据地区经验适当减小柱下桩基础独立承台受冲切计算的承台厚度。

(2) 角桩对承台的冲切

① 多桩矩形承台(图 9-16)

多桩矩形承台受角桩冲切的承载力应按下式计算：

$$N_1 \leqslant \left[\beta_{1x} \left(c_2 + \frac{a_{1y}}{2} \right) + \beta_{1y} \left(c_1 + \frac{a_{1x}}{2} \right) \right] \beta_{hp} f_t h_0 \qquad (9\text{-}20)$$

$$\beta_{1x} = \frac{0.56}{\lambda_{1x} + 0.2} \qquad (9\text{-}21)$$

$$\beta_{1y} = \frac{0.56}{\lambda_{1y} + 0.2} \qquad (9\text{-}22)$$

式中　N_1——扣除承台和其上填土自重后的角桩桩顶相应于荷载效应基本组合时的竖向力设计值，kN；

β_{1x}，β_{1y}——角桩冲切系数；

λ_{1x}，λ_{1y}——角桩冲跨比，其值满足 $1.0 \sim 0.25$，$\lambda_{1x} = \dfrac{a_{1x}}{h_0}$，$\lambda_{1y} = \dfrac{a_{1y}}{h_0}$；

c_1，c_2——从角桩内边缘至承台外边缘的距离，m；

a_{1x}，a_{1y}——从承台底角桩内边缘引 45°冲切线与承台顶面或承台变阶处相交点至角桩内边缘的水平距离，m；

h_0——承台外边缘的有效高度，m。

② 三桩三角形承台（图 9-17）

三桩三角形承台受角桩冲切的承载力可按下列公式计算：

底部角桩

$$N_1 \leqslant \beta_{11} (2c_1 + a_{11}) \tan \frac{\theta_1}{2} \beta_{hp} f_t h_0 \qquad (9\text{-}23)$$

$$\beta_{11} = \frac{0.56}{\lambda_{11} + 0.2} \qquad (9\text{-}24)$$

顶部角桩

$$N_1 \leqslant \beta_{12} (2c_2 + a_{12}) \tan \frac{\theta_2}{2} \beta_{hp} f_t h_0 \qquad (9\text{-}25)$$

$$\beta_{12} = \frac{0.56}{\lambda_{12} + 0.2} \qquad (9\text{-}26)$$

式中　λ_{11}，λ_{12}——角桩冲跨比，其值满足 $0.25 \sim 1.0$，$\lambda_{11} = \dfrac{a_{11}}{h_0}$，$\lambda_{12} = \dfrac{a_{12}}{h_0}$；

a_{11}，a_{12}——从承台底角桩内边缘向相邻承台边引 45°冲切线与承台顶面相交点至角桩内边缘的水平距离，m；当柱位于该 45°线以内时则取柱边与桩内边缘连线为冲切锥体的锥线。

对圆柱及圆桩，计算时可将圆形截面换算成正方形截面。

3. 承台斜截面受剪计算（图 9-18）

柱下桩基独立承台应分别对柱边和桩边、变阶处和桩边连线形成的斜截面进行受剪计算。当柱边外有多排桩形成多个剪切斜截面时，尚应对每个斜截面进行验算斜截面。受剪

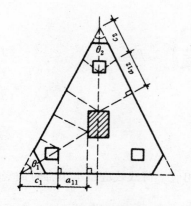

图 9-17 三角形承台角桩冲切计算示意

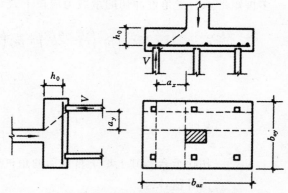

图 9-18 承台斜截面受剪计算示意

承载力可按下列公式计算:

$$V \leqslant \beta_{hs}\beta f_t b_0 h_0 \tag{9-27}$$

$$\beta = \frac{1.75}{\lambda + 1.0} \tag{9-28}$$

式中 V ——扣除承台及其上填土自重后相应于荷载效应基本组合时斜截面的最大剪力设
计值,kN;

b_0 ——承台计算截面处的计算宽度,m;对阶梯形和锥形承台,截面处的计算宽交于根
据公式(8-34)—式(8-37)确定。

h_0 ——计算宽度处的承台有效高度,m;

β ——剪切系数;

β_{hs} ——受剪切承载力截面高度影响系数,按公式(8-46)计算;

λ ——计算截面的剪跨比,$\lambda_x = \dfrac{a_x}{h_0}$,$\lambda_y = \dfrac{a_y}{h_0}$,$a_x$ 和 a_y 为柱边或承台变阶处至 x 和 y 方
向计算一排桩的桩边的水平距离,当 $\lambda < 0.25$ 时,取 $\lambda = 0.25$;当 $\lambda > 3$ 时,取 $\lambda =$
3。

截面处的计算宽度 b_0 可根据第 8 章 8.7 节扩展基础的设计计算的内容确定。

4. 承台局部受压计算

当承台的混凝土强度等级低于柱或桩的混凝土强度等级时,尚应按现行《混凝土结构设
计规范》(GB 50010)验算柱下或桩上承台的局部受压承载力:

$$N \leqslant 0.9 f_c A_1 \tag{9-29}$$

式中 N —— 柱轴力设计值或桩顶反力设计值,kN;

f_c —— 承台混凝土轴心抗压强度设计值,kPa;

A_1 —— 柱截面面积,或桩顶截面面积,m^2。

9.5.7 设计实例

某工业厂房工程位于软土地区,采用桩基础。已知荷载效应标准组合和基本组合时,上
部结构作用在桩基础顶面的荷载设计值为:轴力 $F = 2\,800$kN,弯矩 $M = 400$kN・m,剪力 V

＝40kN。柱截面尺寸为900mm×500mm。根据勘察报告,各土层厚度及物理力学性质指标见表9-3,地下水位埋深1.8m。试设计该桩基础。

表9-3　　　　　　　　　　　　　　各土层物理力学指标

土层号	土层名称	厚度/m	含水量 w/%	重度 γ/(kN·m^{-3})	孔隙比 e	塑限 w_P/%	液限 w_L/%	压缩模量 E_s/kPa	黏聚力 c/kPa	内摩擦角 φ/(°)	承载力特征值 f_{ak}/kPa
①	填土	0.8	18	18.0							
②	黏土	1.0	32	18.0	0.86	25.3	43.5	9500	33	13	60
③	淤泥质黏土	9.0	49	17.5	1.34	24.0	39.5	4036	13	11	80
④	粉质黏土	4.2	32.8	18.9	0.80	27.0	38.0	11000	3	18	
⑤	黏土	3.6		20.0				11800			

1. 选择桩型、确定桩长和截面尺寸

选用预制混凝土方桩,桩身混凝土强度等级为C30,截面尺寸300mm×300mm。根据土层分布,桩端宜进入粉质黏土层1.0m($>2d＝600$mm),确定承台埋深1.8m,则桩长为10.0m,如图9-19。

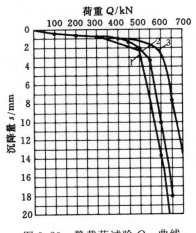

图9-19　桩深位置　　　　　图9-20　静载荷试验 Q-s 曲线

2. 确定桩数和桩的平面布置

如图9-20所示为3根试桩静载荷试验 Q-s 曲线,根据9.3节内容,可以确定单桩极限承载力:$Q_{u1}＝500$kN,$Q_{u2}＝550$kN,$Q_{u3}＝600$kN。3根试桩极限承载力极差未超过平均值的30%,故取平均值 $Q_{um}＝550$kN 为单桩竖向抗压极限承载力,单桩竖向抗压承载力特征值 $R_a＝Q_{um}/2＝275$kN。

由下式估算桩数:

$$n=\psi_n\psi_G\frac{F}{R_a}=1.1\times1.05\times\frac{2800}{275}=11.8$$

选择桩数 $n=12$ 根。

摩擦型桩中心距不宜小于桩身直径(边长)的 3 倍,这里取 4 倍桩截面边长为 1.20m,边距取 0.3m。则承台面积 3.0m×4.2m,并设承台高 1.5m。桩的平面布置如图 9-21 所示。

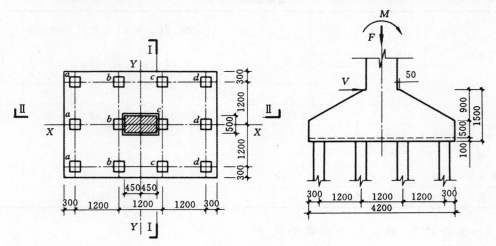

图 9-21 桩基承台示意图

3. 桩基承载力验算

承台及其上土自重 $G_k=3.0×4.2×1.8×20=453.6kN$。

轴心竖向力作用下单桩竖向力

$$Q_k=\frac{F_k+G_k}{n}=\frac{2800+453.6}{12}=271.1kN<R_a=275kN \quad (满足)$$

偏心竖向力作用下单桩最大竖向力

$$Q_{kmax}=\frac{F_k+G_k}{n}+\frac{M_y x_{max}}{\sum x_i^2}$$

$$=271.1+\frac{(400+40×1.5)×1.8}{6×1.8^2+6×0.6^2}$$

$$=309.4kN<1.2R_a=330kN \quad (满足)$$

4. 沉降验算

按布辛奈斯克公式计算附加应力,则桩基础沉降计算公式(9-10)可写为

$$s=\psi_p\sum_{i=1}^{n}\frac{4p_0(z_i\alpha_i-z_{i-1}\alpha_{i-1})}{E_{si}}$$

上式中其他符号可见第三章地基变形计算中的有关内容。

按不考虑桩群侧阻力扩散,桩端附加应力 p_0 等于承台底附加应力,即

$$p_0=\frac{F+G_k}{A}-\gamma d=\frac{2800+453.6}{3.0×4.2}-18.0×1.8=225.8kPa$$

沉降量计算结果列于表 9-4 中。

i	z_i/m	$a/b=1.4$				E_{si}/kPa	$4p_0(z_i\alpha_i - z_{i-1}\alpha_{i-11})/E_{si}$
		z_i/b	α_i	$z_i\alpha_i$	$z_i\alpha_i - z_{i-1}\alpha_{i-1}$		
0	0	0	0.250	0	0	—	—
1	3.2	2.13	0.175	0.56	0.56	11 000	0.046
2	5.2	3.46	0.136	0.707	0.147	11 800	0.011

压缩模量当量值

$$\bar{E}_s = \frac{\sum\limits_{i=1}^{n} A_i}{\sum\limits_{i=1}^{n} \dfrac{A_i}{E_{si}}} = \frac{\sum\limits_{i=1}^{n}(z_i\bar{\alpha}_i - z_{i-1}\bar{\alpha}_{i-1})}{\sum\limits_{i=1}^{n}\dfrac{(z_i\bar{\alpha}_i - z_{i-1}\alpha_{i-1})}{E_{si}}} = \frac{0.56+0.147}{\dfrac{0.56}{11\,000}+\dfrac{0.147}{11\,800}} = 11.2\mathrm{MPa}$$

查表 9-2,可取桩基沉降经验系数 $\psi_p = 0.5$,则

$$s = \psi_p \sum_{i=1}^{n} \frac{4p_0(z_i\alpha_i - z_{i-1}\alpha_{i-1})}{E_{si}} = 0.5\times(0.046+0.011) = 0.0285\mathrm{m}$$

5. 承台设计验算

采用锥形承台,承台高度 1 500mm,承台混凝土强度等级为 C20,混凝土轴心抗拉强度 $f_t = 1.1\mathrm{MPa}$。钢筋选用 HPB235 钢筋,钢筋抗拉强度设计值 $f_y = 210\mathrm{MPa}$。承台底钢筋保护层厚度 100mm,则承台有效高度 $h_0 = 1\,500-100 = 1\,400\mathrm{mm}$。

(1) 承台正截面抗弯计算和配筋

各桩净反力:

a 排桩 $N_a = \dfrac{F}{n} - \dfrac{M_y x_a}{\sum x_i^2} = \dfrac{2\,800}{12} - \dfrac{460\times1.8}{6\times1.8^2+6\times0.6^2} = 195\mathrm{kN}$

b 排桩 $N_b = \dfrac{F}{n} - \dfrac{M_y x_b}{\sum x_i^2} = \dfrac{2\,800}{12} - \dfrac{460\times0.6}{6\times1.8^2+6\times0.6^2} = 220.6\mathrm{kN}$

c 排桩 $N_c = \dfrac{F}{n} + \dfrac{M_y x_c}{\sum x_i^2} = \dfrac{2\,800}{12} + \dfrac{460\times0.6}{6\times1.8^2+6\times0.6^2} = 246.1\mathrm{kN}$

d 排桩 $N_d = \dfrac{F}{n} + \dfrac{M_y x_d}{\sum x_i^2} = \dfrac{2\,800}{12} + \dfrac{460\times1.8}{6\times1.8^2+6\times0.6^2} = 271.7\mathrm{kN}$

Ⅰ—Ⅰ 截面弯矩:

$$M_{\mathrm{I}} = \sum N_i x_i = 3N_d \times 1.35 + 3N_c \times 0.15 = 1\,211.1\mathrm{kN\cdot m}$$

Ⅱ—Ⅱ 截面弯矩:

$$M_{\mathrm{II}} = \sum N_i y_i = (N_a + N_b + N_c + N_d)\times0.95 = 886.7\mathrm{kN\cdot m}$$

长边方向配筋:

$$A_{s\mathrm{I}} = \frac{M_{\mathrm{I}}}{0.9 f_y h_0} = \frac{1\,211.1}{0.9\times210\times1\,400}\times10^6 = 4\,577.1\mathrm{mm}^2$$

则承台长边方向选取 $18\phi18@170(A_{s\,\mathrm{I}}=4\,578.1\mathrm{mm}^2)$

短边方向配筋：

$$A_{s\,\mathrm{II}}=\frac{M_{\mathrm{II}}}{0.9f_y(h_0-18)}=\frac{886.7}{0.9\times210\times(1\,400-18)}\times10^6=3\,548.8\mathrm{mm}^2$$

则承台短边方向选取 $18\phi16@220(A_{s\,\mathrm{II}}=3\,617.3\mathrm{mm}^2)$

（2）柱对承台的冲切验算

根据式(9-16)—式(9-19)验算柱对承台的冲切。

$$F_1=F-\sum N_i=2\,800-(N_b+N_c)=2\,333.3\mathrm{kN}$$

$$a_{ox}=1.20\mathrm{mm},a_{oy}=0.80\mathrm{mm},h_0=1.4\mathrm{m}$$

$$\lambda_{ox}=\frac{a_{ox}}{h_0}=0.857,\lambda_{oy}=\frac{a_{oy}}{h_0}=0.571$$

β_{hp} 采用线性插值取 $0.96,h_c=0.9\mathrm{m},b_c=0.5\mathrm{m}$

$$\beta_{ox}=\frac{0.84}{\lambda_{ox}+0.2}=0.795,\beta_{oy}=\frac{0.84}{\lambda_{oy}+0.2}=1.089$$

$$2[\beta_{ox}(b_c+a_{oy})+\beta_{oy}(h_c+a_{ox})]\beta_{\mathrm{hp}}f_th_0$$

$$=2[0.795\times(0.5+0.8)+1.089\times(0.9+1.2)]\times0.96\times1.1\times10^3\times1.4$$

$$=9817.8\mathrm{kN}>F_1\quad（满足）$$

（3）角桩对承台的冲切验算

根据式(9-20)—式(9-22)验算角桩对承台的冲切。

$$N_1=N_d=271.7\mathrm{kN}$$

$$c_1=c_2=0.45\mathrm{m},\quad a_{1x}=0.85\mathrm{m},\quad a_{1y}=0.45\mathrm{m}$$

$$\lambda_{1x}=\frac{a_{1x}}{h_0}=\frac{0.85}{1.4}=0.607,\quad \lambda_{1y}=\frac{a_{1y}}{h_0}=\frac{0.45}{1.4}=0.321$$

$$\beta_{1x}=\frac{0.56}{\lambda_{1x}+0.2}=0.694$$

$$\beta_{1y}=\frac{0.56}{\lambda_{1y}+0.2}=1.075$$

$$\left[\beta_{1x}\left(c_2+\frac{a_{1y}}{2}\right)+\beta_{1y}\left(c_1+\frac{a_{1x}}{2}\right)\right]\beta_{\mathrm{hp}}f_th_0$$

$$=[0.694\times(0.45+0.45/2)+1.075\times(0.45+0.85/2)]\times0.96\times1.1\times10^3\times0.5$$

$$=744.0\mathrm{kN}>N_1\quad（满足）$$

（4）承台斜截面抗剪验算

根据式(9-27)、式(9-28)验算承台斜截面抗剪强度。

Ⅰ—Ⅰ面：

$$\lambda_x = \frac{a_x}{h_0} = \frac{1.2}{1.4} = 0.875, \quad \beta_{hs} = \left(\frac{800}{h_0}\right)^{0.25} = \left(\frac{800}{1\,400}\right)^{0.25} = 0.869$$

$$\beta_x = \frac{1.75}{\lambda_x + 1.0} = 0.933$$

$$V_1 = 3N_d = 815.1\text{kN}$$

$$b_{y0} = \left[1 - 0.5\frac{h_1}{h_0}\left(1 - \frac{b_{y2}}{b_{y1}}\right)\right]b_{y1} = \left[1 - 0.5 \times \frac{0.9}{1.4}\left(1 - \frac{0.6}{3.0}\right)\right] \times 3.0 = 2.229\text{m}$$

$$\beta_{hs}\beta_x f_t b_{y0} h_0 = 0.869 \times 0.933 \times 1.1 \times 10^3 \times 2.229 \times 1.4$$

$$= 2\,783.1\text{kN} > V_1 \quad （满足）$$

Ⅱ—Ⅱ截面：

$$\lambda_y = \frac{a_y}{h_0} = \frac{0.8}{1.4} = 0.57$$

$$\beta_y = \frac{1.75}{\lambda_y + 1.0} = 1.115$$

$$V_2 = N_a + N_b + N_c + N_d = 933.3\text{kN}$$

$$b_{x0} = \left[1 - 0.5\frac{h_1}{h_0}\left(1 - \frac{b_{x2}}{b_{x1}}\right)\right]b_{x1} = \left[1 - 0.5 \times \frac{0.9}{1.4}\left(1 - \frac{1.0}{4.2}\right)\right] \times 4.2 = 3.171\text{m}$$

$$\beta_{hs}\beta_y f_t b_{x0} h_0 = 0.869 \times 1.115 \times 1.1 \times 10^3 \times 3.171 \times 1.4$$

$$= 4\,731.6\text{kN} > V_2 \quad （满足）$$

9.6　基桩质量问题和桩身完整性检测

9.6.1　基桩质量问题

基桩属于隐蔽性工程，在施工过程中由于各种主观或客观原因可能会造成质量问题，有时候问题很严重，以至于不得不报废，需重新成桩，造成很大的经济损失。以下介绍预制桩和灌注桩在施工过程中常见的质量问题。

1. 预制桩质量问题

1）钢桩

（1）锤击应力过高时，易造成钢管桩局部损坏，引起桩身失稳。

（2）H型钢桩因桩本身的形状和受力差异，当桩入土较深而两翼缘间的土存在差异时，易发生朝土体弱的方向扭转。

（3）焊接质量差，锤击次数过多或第一节桩不垂直时，桩身易断裂。

2）混凝土预制桩

（1）桩锤选用不合理，轻则桩难于打至设定标高，无法满足承载力要求，或锤击数过多，造成桩疲劳破坏；重则易击碎桩头，增加打桩破损率。

（2）锤垫或桩垫过软时，锤击能量损失大，桩难于打至设定标高；过硬则锤击应力大，易击碎桩头，使沉桩无法进行。

（3）锤击拉应力是引起桩身开裂的主要原因。混凝土桩能承受较大的压应力，但抵抗拉应力的能力差,当压力波反射为拉伸波,产生的拉应力超过混凝土的抗拉强度时,一般会在桩身中上部出现环状裂缝。

(4)焊接质量差或焊接后冷却时间不足,锤击时易造成在焊口处开裂。

(5)桩锤、桩帽和桩身不能保持一条直线,造成锤击偏心,不仅使锤击能量损失大,桩无法沉入设定标高,而且会造成桩身开裂、折断。

(6)桩间距过小,打桩引起的挤土效应使后打的桩难于打入或使地面隆起,导致桩上浮,影响桩的端承力。

(7)在较厚的黏土、粉质黏土层中打桩,如果停歇时间过长,或在砂层中短时间停歇,桩就不易打入,此时如硬打,将击碎桩头,使沉桩无法进行。

2. 灌注桩质量问题

1)钻(冲)孔灌注桩

(1)对于有泥浆护壁的钻(冲)孔灌注桩,桩底沉渣及孔壁泥皮过厚是导致承载力大幅降低的主要原因。

(2)水下浇注混凝土时,施工不当,如导管下口离开混凝土面、混凝土浇筑不连续时,桩身会出现断桩的现象,而混凝土搅拌不均、水灰比过大或导管漏水均会产生混凝土离析。

(3)当泥浆相对密度配置不当,地层松散或呈流塑状,或遇承压水层时,导致孔壁不能直立而出现塌孔时,桩身就会不同程度地出现扩径、缩颈或断桩现象。

(4)钢筋笼的错位(如钢筋笼上浮或偏靠孔壁)也是这类桩经常出现的质量问题。

(5)对于干作业钻孔灌注桩,桩底虚土过多是导致承载力下降的主要原因,而当地层稳定性差出现塌孔时,桩身也会出现夹泥或断桩现象。

2)沉管灌注桩

(1)拔管速度快是导致成管桩出现缩颈、夹泥或断桩等质量问题的主要原因,特别是在饱和淤泥或流塑状淤泥质软土层中成桩时,控制好拔管速度尤为重要。

(2)当桩间距过小时,邻桩施工易引起地表隆起和土体挤压,产生的振动力、上拔力和水平力会使初凝的桩被振断或拉断,或因挤压而缩颈。

(3)当地层存在有承压水的砂层,砂层上又覆盖有透水性差的黏土层,孔中浇灌混凝土后,由于动水压力作用,沿桩身至桩顶出现冒水现象,凡冒水桩一般都形成断桩。

(4)当预制桩尖强度不足,沉管过程中被击碎后塞入管内,当拔管至一定高度后下落,又被硬土层卡住未落到孔底,形成桩身下段无混凝土的吊脚桩。对采用活瓣桩尖的振动沉管桩,当活瓣张开不灵活,混凝土下落不畅时,也会产生这种现象。

3)人工挖孔桩

(1)混凝土浇筑时,施工方法不当将造成混凝土离析,如将混凝土从孔口直接倒入孔内或串筒口到混凝土面的距离过大(大于2.0m)。

(2)当桩孔内有水,未完全抽干就灌注混凝土,会造成桩底混凝土严重离析,进而影响桩的端阻力。

(3)干浇法施工时,如果护壁漏水,将造成混凝土面积水过多,使混凝土胶结不良,强度降低。

(4)地下水渗流严重的土层,易使护壁坍塌,土体失稳塌落。

(5)在地下水丰富的地区,采用边挖边抽水的方法进行挖孔桩施工,致使地下水位下降,下沉土层对护壁产生负摩擦力作用,易使护壁产生环形裂缝;当护壁周围的土压力不均匀时,易产生弯矩和剪力作用,使护壁产生垂直裂缝;而护壁作为桩身的一部分,护壁质量差、裂缝和错位将影响桩身质量和侧阻力的发挥。

9.6.2 桩身完整性检测

针对基桩在施工过程中容易出现质量问题,为保证工程质量,需在成桩后进行桩身完整性检测。基桩桩身完整性检测的方法有低应变动测法、高应变动测法、钻芯法和声波透射法等。对桩径较小、桩长不大、桩周土阻力相对较小的工程桩可采用低应变动测法进行桩身完整性检测;对桩较长或桩周土阻力相对较大的工程桩可采用高应变动测法进行桩身完整性检测;对于大直径桩,宜采用钻芯法、声波透射法进行桩身完整性检测。桩身完整性检测宜采用两种或多种合适的检测方法进行。

桩身完整性检测结果评价,应给出每根受检桩的桩身完整性类别,如表 9-5 所示。

表 9-5   桩身完整性分类表

桩身完整性类别	分类原则
Ⅰ类桩	桩身完整
Ⅱ类桩	桩身有轻微缺陷,不会影响桩身结构承载力的正常发挥
Ⅲ类桩	桩身有明显缺陷,对桩身结构承载力有影响
Ⅳ类桩	桩身存在严重缺陷

1. 低应变动测法

常用的低应变动测法有应力波反射法和机械阻抗法,其中应力波反射法应用得最为广泛。这里仅介绍应力波反射法。

波动理论中用到波阻抗的概念,波阻抗 Z 以下式表示:

$$Z = \rho C A \qquad (9-30)$$

式中 ρ——介质密度,kg/m^3;

      C——波速,m/s;

      A——截面面积,m^2。

波阻抗反映了波在介质传播过程中波速、介质密度和介质截面的变化。

应力波反射法的基本原理是在桩身顶部进行竖向激振,弹性波沿着桩身向下传播,当桩身存在明显波阻抗差异的界面(如桩底、断桩、缩径或扩径等),将产生反射波,检测和分析反射波的到达时间、幅值和波形特征,就可判别桩身的完整性,测试系统如图 9-22 所示。

以完整的首次桩底反射时间 Δt,计算该桩的波速

$$C = \frac{2L}{\Delta t} \qquad (9-31)$$

式中 L——完整桩的桩长,m;

      Δt——完整桩桩底反射波的传递时间,s。

由该工程完整桩的平均波速 C_m 计算缺陷的位置:

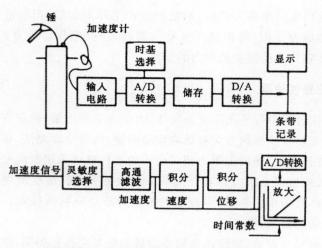

图 9-22 应力波反射法测试系统示意图

$$L_i = \frac{1}{2}\Delta t_i C_m = \frac{1}{2} \cdot \frac{C_m}{\Delta f_i} \qquad (9\text{-}32)$$

式中　Δt_i——桩缺陷处反射波的传递时间，s；

　　　L_i——桩缺陷的位置，m；

　　　Δf_i——幅频曲线所对应缺陷的相邻振峰间的频差，Hz。

2. 高应变动测法

高应变动测法是用重锤冲击桩顶，使桩-土产生相对位移，通过安装在桩身两侧的力和加速度传感器接收应力波信号，根据实测锤击力-时间（F-t）曲线和速度与波阻抗乘积-时间（vZ-t）曲线对桩身完整性做出判别（图 9-23）。

对于等截面桩，桩顶下第一个缺陷可用 β 值大小结合可靠的实际经验进行评价：

$$\beta = \frac{[F(t_1)+Zv(t_1)]-2R_x+[F(t_x)-Zv(t_x)]}{[F(t_1)+Zv(t_1)]-[F(t_x)-Zv(t_x)]} \qquad (9\text{-}33)$$

式中　β——桩身完整性系数，$\beta=1.0$ 为完好桩；$\beta<1.0$，存在不同程度缺陷，β 越小，缺陷越严重；

　　　t_1——速度第一峰所对应的时刻，s；

　　　t_x——缺陷反射峰所对应的时刻，s；

　　　$F(t_1),F(t_x)$——为 t_1 和 t_x 时刻的锤击力，kN；

　　　$v(t_1),v(t_x)$——为 t_1 和 t_x 时刻的质点运动速度，m/s；

　　　Z——桩身截面阻抗，kN·s/m；

　　　R_x——缺陷以上部位土阻力的估计值，kN，等于缺陷反射波起始点的力 F 减去速度与波阻抗乘积 vZ，取值方法如图 9-23 所示。

桩身缺陷位置 x 可按下式计算：

$$x = \frac{1}{2}C(t_x-t_1) \qquad (9\text{-}34)$$

式中，C 为应力波沿桩身的传播速度，m/s。

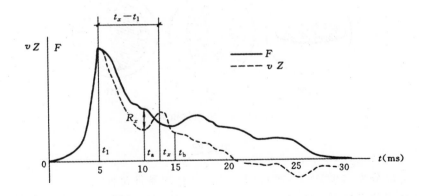

图 9-23　桩身结构完整性系数计算

3. 钻芯法

钻芯法是用岩芯钻具从桩顶沿桩身直至桩端下 1.5 倍桩径处钻孔,钻芯直径有 55mm,71mm,91mm 和 100mm 等多种。钻进过程中,钻头和芯样筒在一定外压力下周期旋转,使芯样周圈磨出一道沟槽,压力水进入芯管和钻头,通过循环水将岩屑带出孔外,取出的芯样按一定顺序沿深度摆好编号,便可对钻孔区域的混凝土质量做出直观的判别。

钻取桩身混凝土芯样进行状态和强度检验,是一种较可靠直观的方法。状态检验指的是桩身是否有断桩、夹泥,以及混凝土密实度和桩底沉渣厚度等。强度检验是切取混凝土芯样在压力机上进行抗压强度试验,检验混凝土是否达到设计要求。合理的钻芯法,可以达到检验桩身完整性、桩身混凝土强度是否符合设计要求、桩底沉渣是否符合设计及施工验收规范要求、桩端持力层是否符合设计要求、施工记录桩长是否属实、成孔深度是否符合设计要求等目的。

4. 声波透射法

利用预埋管(图 9-24)或钻孔由超声脉冲发射源在桩身混凝土内激发高频弹性脉冲波,并用高精度的接收系统记录该脉冲波在混凝土内传播过程中表现的波动特性。当混凝土内存在不连续或破损界面时,将产生波的透射和反射,使接收到的透射波能量明显降低;当混凝土内存在松散、蜂窝、孔洞等严重缺陷时,将产生波的散射和绕射。根据波的初至到达时间和波的能量衰减特性、频率变化及波形畸变程度等特征,可以获得测区范围内混凝土的密实度参数。测试记录不同侧面、不同高度上的波动特征,经过处理分析就能判别测区内混凝土的参考强度和内部存在缺陷的大小及空洞位置。

声测管的数量根据桩径的大小确定,测管数量越多,测区覆盖面积就越大。建筑基桩检测技术规范(JGJ 106-2014)对声测管埋深数量的规定如下:桩径小于或等于 800mm 时,不得少于 2 根声测管;桩径大于 800mm 且小于或等于 1600mm 时,不得少于 3 根声测管;桩径大于 1600mm 时,不得少于 4 根声测管;桩径大于 2500mm 时,宜增加声测管数量。

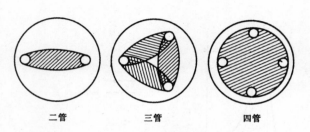

二管　　　　　三管　　　　　四管

图 9-24　声测管布置

思考题

9-1　桩可以分为多少类? 各类桩的优缺点和适用条件是什么?

9-2　轴向荷载沿桩身是如何传递的? 影响桩侧阻力、桩端阻力的因素有哪些?

9-3　什么是桩的负摩阻力和中性点?

9-4　如何确定单桩竖向抗压承载力特征值?

9-5　桩基础设计的步骤和内容是什么? 如何计算桩基础的沉降?

9-6　预制桩和灌注桩容易出现的质量问题有哪些? 基桩完整性检测方法有哪些? 各种检测方法的基本原理是什么?

习　题

9-1　表 9-6 给出一钻孔灌注桩试桩结果,请完成以下工作:①绘制 Q-s 曲线;②在半对数纸上,绘制 s-$\lg t$ 曲线;③判定试桩的承载力特征值 R_a。

表 9-6　　　　　　　　　　　　　一钻孔灌注桩试桩结果

Q /kN ＼ t /min ＼ s /mm	0	15	30	45	60	90	120	150	180	210
800	0	0.58	0.75	0.85	0.93	0.98	1.01			
1200	1.01	1.15	1.22	1.30	1.38	1.43	1.49	1.52		
1600	1.52	1.58	1.62	1.71	1.79	1.86	1.93	1.98	2.02	
2000	2.02	2.08	2.11	2.20	2.26	2.31	2.37	2.42	2.46	
2400	2.46	2.55	2.61	2.68	2.75	2.81	2.86	2.92	2.97	3.01
2800	3.01	3.06	3.11	3.24	3.28	3.35	3.41	3.47	3.53	3.58
3200	3.62	3.73	3.88	4.01	4.06	4.10	4.16	4.22	4.27	4.33
3600	4.42	4.65	5.03	5.08	5.13	5.22	5.28	5.35	5.41	5.48
4000	5.68	6.02	6.48	6.78	6.98	7.32	7.46	7.58	7.70	7.80
4400	8.21	9.21	10.78	11.28	11.78	12.28	12.84	13.28	13.65	13.92
4800	15.22	21.80	23.82	25.02	25.86	27.0	28.70	29.60	31.40	44.0
4000			54.0		53.80					
3200			53.40		53.10					
2400			52.55		52.30					
1600			51.40		50.80					
0			48.70		47.50	46.10	45.20			

答案　试桩的承载力特征值 $k_a = 2200$kN

9-2 已知桩身轴力分布如图 9-25 所示,桩截面尺寸$(400\times400)\,mm^2$,则桩侧摩阻力和下拉荷载有多大?该桩中性点深度是多少?

答案 桩侧阻力 AB 段$-50kPa$,BC 段 62.5kPa。中性点深度 5m

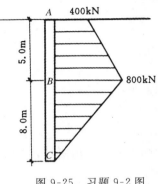

图 9-25 习题 9-2 图

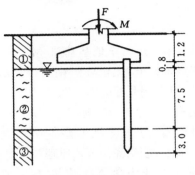

图 9-26 习题 9-3 图

9-3 柱子传到地面的荷载为:$F=2500kN$,$M=560kN\cdot m$。选用预制钢筋混凝土打入桩,桩的断面为 30cm×30cm,有效桩长为 11.3m,桩尖打入灰黄色粉质黏土内 3m,经静载荷试验确定单桩承载力特征值 $R_a=250kN$。承台底面在地面下 1.2m 处,见图 9-26。地基土层物理力学参数如表 9-7 所示。试确定桩数、桩的布置及承台尺寸,并验算单桩承载力。

表 9-7 土层物理力学参数

土层编号	土层名称	厚度 /m	重度 γ /(kN·m⁻³)	含水量 w /%	液限 w_L /%	塑限 w_P /%	孔隙比 e	压缩系数 a_{1-2} /(MPa⁻¹)	黏聚力 c /kPa	内摩擦角 φ /(°)
1	黏 土	2.0	18.2	41	48	23	1.09	0.49	21	18
2	淤 泥	7.5	17.1	47	39	21	1.55	0.96	14	8
3	灰黄色粉质黏土	未穿透	19.6	26.7	32.7	17.7	0.75	0.25	18	20

答案 桩数 $n=12$;桩中心距 1.2m,边距 0.3m,承台尺寸 3.0m×4.2m

9-4 柱下矩形独立承台如图 9-27 所示,承台底面钢筋保护层为 7cm,承台混凝土强度等级 C25,其抗拉强度设计值 $f_t=1.27MPa$。试对承台进行验算。

答案 柱、角桩对承台冲切以及斜截面受剪都满足要求

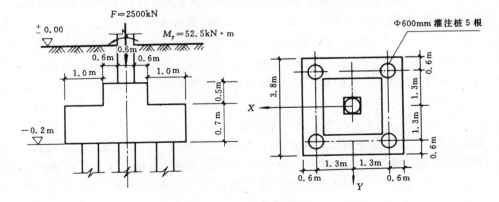

图 9-27 习题 9-4 图

参考文献

[1] 陈希哲. 土力学地基基础[M].5 版. 北京:清华大学出版社,2013.

[2] 卢廷浩. 土力学[M]. 南京:河海大学出版社,2002.

[3] 陈仲颐,周景星,王洪瑾. 土力学[M]. 北京:清华大学出版社,1994.

[4] 王成华. 土力学原理[M]. 天津:天津大学出版社,2002.

[5] 韩晓雷. 土力学地基基础[M]. 北京:冶金工业出版社,2004.

[6] 钱家欢,殷宗泽. 土工原理与计算[M].2 版. 北京:中国水利水电出版社,2000.

[7] 杨小平. 土力学[M]. 广州:华南理工大学出版社,2001.

[8] 王杰. 土力学及基础工程[M]. 北京:中国建筑工业出版社,2003.

[9] 蔡伟铭,胡中雄. 土力学与基础工程[M]. 北京:中国建筑工业出版社,1991.

[10] 王旭鹏. 土力学与基础工程[M]. 北京:中国建材工业出版社,2004.

[11] 徐梓炘,张曙光,杨太生. 土力学与基础工程[M]. 北京:中国电力出版社,2004.

[12] 松冈元. 土力学[M]. 罗汀,姚仰平,译. 北京:中国水利电力出版社,2001.

[13] 赵明华,李刚,曹喜仁. 土力学地基与基础疑难释义[M]. 北京:中国建筑材料工业出版社,2001.

[14] 胡中雄. 土力学与环境土工学[M]. 上海:同济大学出版社,1997.

[15] 高大钊. 土力学与基础工程[M]. 北京:中国建筑工业出版社,2006.

[16] 高大钊,袁聚云. 土质学与土力学[M].3 版. 北京:人民交通出版社,2007.

[17] 孔宪立,石振明. 工程地质学[M]. 北京:中国建筑工业出版社,2001.

[18] 高大钊,李镜培. 注册土木工程师(岩土)专业考试辅导教程[M]. 上海:同济大学出版社,2003.

[19] 陈凡,徐天平,陈久照,等. 基桩质量检测技术[M]. 北京:中国建筑工业出版社,2003.

[20] 席永慧,潘林有. 土力学与基础工程[M]. 北京:高等教育出版社,2002.

[21] 任文杰. 土力学及基础工程习题集[M]. 北京:中国建筑材料工业出版社,2004.

[22] 袁聚云,汤永净. 土力学复习与习题[M]. 上海:同济大学出版社,2004.

[23] GB 50007—2011 建筑地基基础设计规范[S]. 北京:中国建筑工业出版社,2012.

[24] GB/T 50123—1999 土工试验方法标准[S]. 北京:中国计划出版社,1999.

[25] GB 50021—2001 岩土工程勘察规范(2009 版)[S]. 北京:中国建筑工业出版社,2009.

[26] GB/T 50145—2007 土的工程分类标准[S]. 北京:中国建筑工业出版社,2007.

[27] GB 50330—2013 建筑边坡工程技术规范[S]. 北京:中国建筑工业出版社,2014.

[28] JGJ 87—92 建筑工程地质钻探技术标准[S]. 北京:中国建筑工业出版社,1993.

[29] GB 50010—2010 混凝土结构设计规范[S]. 北京:中国建筑工业出版社,2011.

[30] GB 50009—2012 建筑结构荷载规范[S]. 北京:中国建筑工业出版社,2012.

[31] JGJ 106—2014 建筑基桩检测技术规范[S]. 北京:中国建筑工业出版社,2014.